에피메테우스의 고뇌

에피메테우스의 고뇌

발행일	2024년 5월 21일

지은이	김진수, 이종인, 김동일		
펴낸이	손형국		
펴낸곳	(주)북랩		
편집인	선일영	편집	김은수, 배진용, 김현아, 김다빈, 김부경
디자인	이현수, 김민하, 임진형, 안유경, 한수희	제작	박기성, 구성우, 이창영, 배상진
마케팅	김회란, 박진관		
출판등록	2004. 12. 1(제2012-000051호)		
주소	서울특별시 금천구 가산디지털 1로 168, 우림라이온스밸리 B동 B113~115호, C동 B101호		
홈페이지	www.book.co.kr		
전화번호	(02)2026-5777	팩스	(02)3159-9637

ISBN	979-11-7224-116-2 03530 (종이책)	979-11-7224-117-9 05530 (전자책)

(주)북랩 성공출판의 파트너

북랩 홈페이지와 패밀리 사이트에서 다양한 출판 솔루션을 만나 보세요!

홈페이지 book.co.kr • **블로그** blog.naver.com/essaybook • **출판문의** book@book.co.kr

작가 연락처 문의 ▸ ask.book.co.kr

작가 연락처는 개인정보이므로 북랩에서 알려드릴 수 없습니다.

불 과 소 방, 안 전 한 삶 의 근 원

에피메테우스의 고뇌

김진수 · 이종인 · 김동일 지음

북랩

세상에 나쁜 질문은 없다.
불친절한 답변이 있을 뿐이다.

- 김재혁, 우주천문학자 -

⋮

    요즘엔 학제적 연구가 과학의 일반적 흐름이다. 소방은 건축, 화공, 기계, 전기, 전자, 통신 등 공학의 학제를 넘어 소화, 위험물관리, 구조 활동 및 재난에 대한 사회정책까지 사회적 융합과 통섭의 개념이 강한 분야다. 그럼에도 소방이 낯설게 느껴지는 이유는 소방이 아직은 종합 적으로 개념화할 만큼 학문적으로 정립되지 못했기 때문이다.

    쉬운 인문학 열풍에 과학강좌까지 모든 분야에서 담장 허물기가 열 풍이지만, 정작 그 지식기반이 넓음에도 깊은 지식을 요구하지 않아 접근하기 쉬운 화재소방분야는 물리학이나 천문학보다 실생활에 훨씬 가까움에도 그 울타리가 아직도 드높다. 화재안전은 전문가나 소방당 국의 노력 이전에 일상의 상식이 바탕이지만, 상식의 범위가 넓어지고 불에 대한 지식이 깊어지면서 어느새 슬며시 상식을 벗어나 전문분야 라는 가면을 쓰고 대중에게서 멀어졌다.

    소방분야에서 일반인과 전문가 그룹을 격리하는 울타리를 허물고 자 한다. 모두를 위한 소방학을 표방하며 모든 시민의 흥미로운 상식 이 될 총론적 개론서를 의도하였다. 개론서는 전문분야의 경계로서 일반인들에게는 전문분야를 들여다보는 창구가 되고 전문인들에게는 잠시 숨을 돌려 기본을 되돌아보는 성찰의 계기가 된다. 이 책이 그러한 기능에 충실하기를 바라는 마음 간절하지만 평가는 오롯이 독자의 몫이다. 누구나 들여다보기 쉽게 하려는 생각과 함께 소방 전공자들도 주제를 인문학적 시각으로 생각하는 기회를 나누고 싶어서 공학적 서술이 아닌 스토리텔링 방식으로 썼다. 이제는 거의 모든 학문분야에서 그러한 경향이 보편화되고 있다. 불 관련 지식 또한 가급적 친밀한 스토리텔링으로 화문학(火文學)의 주춧돌을 놓고자 한다.

뉴턴은 이학 전공자가 없었던 당시 환경에서 그저 문해(文解)에 밝은 지식인을 상대로 힘과 운동의 원리를 설명하여 고전역학을 완성했다. 후일 전자기학과 상대론, 그리고 양자역학이 나오면서 물리학은 일반의 사고범위를 넘어서게 되었지만, 세상에 대한 인식을 바꾼 〈프린키피아〉[1]의 독자층은 일반 식자층이었고 지금도 중등학교 물리학의 설명 수준은 〈프린키피아〉를 넘어서지 않는다.

고전역학의 말초적 응용분야인 소방공학은 350년 전 정상적 이해력을 가진 일반인이 이해했던 〈프린키피아〉의 설명보다 어렵지 않다. 다만 뉴턴처럼 직관을 바탕으로 하지 않고 복잡한 설명으로 질문의욕을 꺾는 것이 문제다.

어떤 질문이든 나쁜 질문은 없다. 다만 호기심을 꺾는 불친절함이 문제다. 모든 이에게 호기심과 질문 의욕을 불러일으키는 친절한 대화의 마당을 열고자 한다.

---

1 라틴어 원제는 PHILOSOPHIAE NATURALIS **PRINCIPIA** METHEMATICA. 우리말 번역은 '자연철학의 수학적 원리'이며 영어로는 다음과 같이 번역된다. 'The Mathematical Principles of Natural Philosophy'.

이 책은 언뜻 서로 낯설어 보이는 세 분야의 글을 실었다. 불과 소방의 이론적 성격은 불을 공학으로 천착하는 김진수가 드러내고자 하였으며, 불이 지나간 흔적을 더듬는 일은 반평생을 화재현장에 바친 이종인이 맡았다. 일상에 깃든 불의 이미지는 불의 관념을 DNA에 새긴 김동일이 그려냈다. 이 과업은 영월소방마이스터고등학교 박내석 선생(소방기술사)이 아동용으로 지은 〈불의 과학 이야기〉를 보고 그와 같은 일반용 도서의 필요성을 절감하여 시작한 것이다. 계기가 된 박 선생께 깊이 감사드린다.

2024년 초여름에
공저자 김진수 · 이종인 · 김동일

차례

화문학 개론   김진수

화문학 개론

· 김진수 ·

앞의 그림은 라파엘로의 '아테네 학당'의 일부이다.
화문학의 새로운 시야를 여는 상징을 의도하였다.
이미지 출처: Public domain

◇◇◇

소방분야는 책머리에 서술하였듯이 매우 폭넓은 스펙트럼으로 구성되어 하나의 학문체계로 정립하기가 어렵다. 그 때문에 4년제 정규대학의 커리큘럼에 '소방학'이 통일된 과목 구성으로 정립되지 못하고 사회적으로도 소방서라는 공공기관으로만 인식되고 있다.

토목공학 분야에 수문학이 있다. 물의 생성과 순환을 주로 다루는 과목인데 水門學이 아니라 水文學, 물의 문학이다. 원제인 Hydrology를 문학의 이름으로 번역하여 보편화한 것은 참으로 우아한 일이다. 인류의 문명을 일컫는 인문의 서브컬처로 토목은 수문학을 드러냈고 이제 소방은 화문학을 세우려 한다. 그러나 이름만 문학이라 붙여서는 의미가 없을 것이고, 그 이름에 걸맞은 서술형식과 품위가 있어야 할 것이다. 생각과 의욕들이 모이면 오래지 않아 이루어지리라 믿는다.

천문학은 원래 천문을 읽어 세상 이치를 예측하는 하늘의 학문이었지만 과학의 단계를 거쳐 이제는 칼 세이건의 역필로써 인문학의 자리로 내려왔다. 그러한 대문호의 선구적 경지를 감히 바랄 것은 아니지만 소방학도 칼 세이건이 바랐던 것처럼 사람을 중심에 놓아야 할 것이다.

기계적 이성을 수단으로 삼는 차가운 관행에서 벗어나 사람의 눈과 감정으로 불과 소방의 공학적 측면을 그리고자 하였다. 그림을 그리고 수학적으로 설명하지 않아도 귀로 들어 알 수 있는 공학이 가능할 것이다. 맨발로 걷다 보면 어느새 광장에서 사람들을 만나는 그런 세상을 향해 울타리의 기둥 하나를 뽑고자 한다.

1. 에피메테우스의 고뇌

에피메테우스의 고뇌

　인류의 인식 지평의 확대에 따라 생활 주변의 모든 대상이 문화라는 개념으로 포섭되고 있다. 인류의 문화가 이루어 놓은 성과의 축적이 많아질수록 지켜야 할 것이 많아지고 지키는 기능으로서 소방의 중요성도 커진다. 그러한 소방의 대표적 주제들을 인문학적 시각으로 살펴본다.

　그리스 신화에서 인간을 창조한 신은 프로메테우스[2]다. 프로메테우스는 인간이 신들의 노예상태에서 벗어나 문명을 창조할 수 있도록 제우스로부터 불을 훔쳐다 주기도 했다. 이 사건은 신을 빙자한 압제로부터의 해방인 그리스 민주주의 정신으로 해석되기도 하고 문명의 창조로 해석되기도 한다.

　문명의 단초를 받은 인류는 그 불을 관리하는 방법은 스스로 깨우쳐야 했으며, 그 과정에서 신들이 인류에게 저주의 선물로 준 판도라의 상자에서 퍼져 나온 온갖 재앙 중에 가장 파괴적인 것이 화재였다.

2　프로메테우스(Προμηθεύς, Prometheus)는 '먼저 생각하는 자', 즉 선구자 혹은 예언자라는 뜻의 그리스어. 머리글자인 프로(προ, pro)는 prologue(프롤로그, 서막, 서문)라는 낱말에서 익숙하다.

문명의 도구인 불조차 재난의 성격을 갖는 것에 대한 신화적 유추다.

　문명의 자각은 일회성으로 족하지만, 재난의 가능성은 영원한 과제다. 문명 창조의 선의를 무력화하는 재난의 가능성은 인류에게 남겨진 과제로서 프로메테우스의 손을 떠났다. 형인 프로메테우스의 경고를 잊고 판도라의 아름다움에 취했던 에피메테우스[3]는 그 재난을 수습할 숙명을 떠안았다. 신들의 시대는 지나갔지만 그의 고뇌는 영원하다. 에피메테우스의 후예들인 소방 종사자들은 끝없는 고뇌를 바탕으로 희생을 바치며 더 안전한 세상을 향한 연구를 계속하고 있다. 판도라의 상자에서 재앙들이 퍼져 나갈 때에도 희망 하나는 지킬 수 있었던 것처럼 인류사회의 재난에 희망을 주는 소방의 기능은 크다. 에피메테우스의 이름처럼 미리 예측하는 혜안보다 지난 뒤에 경험을 얻는 우직함이 더 크지만, 소중한 경험을 결코 헛되이 하지 않는 지혜로운 집단지성이 인류의 특성이다.

　과학은 인간의 인식능력을 체계화한 것을 가리키는 말이다. 과학을 뜻하는 영어의 science는 라틴어로 '안다'는 뜻의 접두사 scio를 갖는 scientia에서 나왔으며, 지금 우리말로 쓰는 과학이라는 말은 서구로부터 그 개념을 도입한 일본에서 물리학 화학 생물학 등으로 나뉜 '분과학문'이라는 말을 줄인 것이라고 한다.

　과학은 어둠을 기반으로 발전하였다. 어둠 속에서 인류는 맨눈으로 우주를 인식할 수 있었으므로 가장 원초적인 학문인 '천문'은 밤에 태

---

3 에피메테우스(Επημηθεύς, Epimetheus)는 '나중에 생각하는 자'라는 뜻의 그리스어다. 머리글자인 에피(επη, epi)는 epilogue(에필로그, 맺음말)라는 낱말에서 익숙하다.

동하고 '지리'는 낮에 발전한 것이다. 인류는 시각적 어둠을 해소하기 위해 불을 다루는 방법을 발명하고, 그 불을 기초로 기술을 발전시켰다. 불에서 비로소 통제 가능한 에너지를 얻을 수 있었기 때문이다. 불은 모든 기술의 원천이지만 또한 어둠을 밝혀 어둠 속에서 일어나는 지식의 획득 수단으로도 중요한 역할을 했다. 어둠과 불이 공존하며 과학과 기술은 순환적 관계를 이루었다.

사람이 불을 다루다 실패하는 '화재'는 몹시 두려운 일이다. 우리말의 소방(消防)은 불을 끄고(消火) 막는(防火) 일을 합쳐서 부르는 말이다. 영어에서도 마찬가지로 불과 싸우는 소방대의 일과 불을 막는 방화[4](fire fighting & protection) 엔지니어링으로 구분된다. 엄밀히 말하자면 방화는 관리적 측면과 기술적 측면이 있는데, 소방서는 불과 싸우는 일과 화재 예방의 관리적 측면을 담당하고 민간 기술계는 기술적 측면을 담당한다.

산업규모로 보자면 소방산업의 규모는 타 산업분야에 비길 것이 못되는 왜소한 분야이지만 공공 서비스 분야에서 소방의 규모는 타 분야를 압도한다. 타 산업분야는 건설과 에너지 공급 분야의 막대한 몫을 담당하지만 소방의 기능은 전적으로 그 안전을 지키는 것이다. 당태종과 위징의 말을 빌리자면 창업의 뒤에서 수성의 역할을 담당하는 것이 소방이다.

문명의 새로운 산물이 창조될 때마다 새로운 화재를 여러 번 겪고 그 특성이 확인된 후에야 대책 수립이 가능하다는 점에서도 소방은

---

[4] 우리말로 방화는 불을 지른다는 放火와 불을 막는다는 防火의 두 가지 상반된 의미를 갖기 때문에 사용하기 조심스럽다.

에피메테우스의 업보일 수밖에 없다. 수많은 낯선 화학물질이나 전기 배터리 화재도 그러하다. 다만 에피메테우스의 처절한 희생 경험이 더 안전한 세상을 창조하는 프로메테우스의 지혜로 되돌림 되는 것이 인류 사회의 발전 법칙일 것이다.

물과 불

물과 불은 소방의 중심적 주제다.

물과 불은 적절한 규모와 상황에서는 문명의 가장 중요한 요소이며 우리 삶의 가장 중요한 재료와 수단이 되지만, 과유불급(過猶不及)이라 인간의 통제를 벗어나면 곧바로 재앙이 된다.

물은 생명의 근원이자 가장 파괴적인 재앙의 주체이기도 하다.

메소포타미아, 그리스, 힌두 등 고대문화의 중심권에서 인류의 가장 원초적 재난으로서 대홍수(大洪水)를 다루는데, 그 대홍수들은 단순한 재난이 아니라 혼란스러운 세상을 정화시키는 방법이기도 했다. 기독교 구약성서는 인간세상을 절멸시키는 데는 물이 사용되고 소돔과 고모라를 멸망시키는 국지적 징계에는 불이 사용된 것으로 그리고 있다. 불은 국지적 통제가 가능하지만 물이 재난이 되는 경우에는 지형에 따라 광범위한 지역에 영향이 미치기 때문이다. 이러한 이유로 인해 인류의 원초적 두려움의 대상 중에서 물의 위력과 두려움의 크기가 불보다 상위의 것으로 인식이 형성되었을 것이다.

소방에서도 물은 상위의 위력으로 불을 제압하는 것이 가장 주된 용도이며, 여러 가지 위험물을 희석하거나 쓸어내는 국지적 홍수의 용도로도 쓰인다. 중국의 설화는 물의 위험을 문명의 극복 대상으로 그린다. 요순시대에도 다스리지 못했던 황하의 범람을 우임금이 그 치수 (治水)에 성공하여 천하를 평안케 하고 하(夏) 왕조를 창시했다는 것이 다. 이렇게 물이 불보다는 훨씬 더 큰 포괄적 공포의 대상이지만, 정작 뜨거운 것을 가리킬 때에는 불의 언어로써 표현한다. 한자문화권에서 대표적인 경우가 뜨거운 물에 덴 것을 가리키는 화상(火傷)이다. 엄밀 하게는 탕상(湯傷)이라야 옳겠지만 물이든 불이든 뜨거운 것에 덴 것 은 모두 화상이라고 한다. 영어로도 화상은 burn이라고 한다. 불에 탔 다는 뜻이다.

과학기술의 발전으로 물과 불이 어우러져 효용을 발휘하는 시스템 이 많이 개발되었다. 그 대표적 사례가 물의 키워드로 보면 증기기관 이고 불의 키워드로 보면 화력발전이다. 불로써 물을 끓여 증기를 이 용하고 그 증기를 다시 물로써 냉각시켜 물로 되돌린 다음 다시 불로 써 가열하는 사이클이다. 고온의 가스를 물로써 냉각시키는 방식은 소 방에서도 사용된다. 연소가 지속되는 것은 연소에서 발생한 고온의 화염이 아직 타지 않은 연소물을 가열하여 연소시키는 사이클이 반복 되는 것인데, 물을 뿌려 화염의 온도를 낮추면 연소물을 가열할 수 없 게 되고, 또한 연소물을 적셔 연소물의 온도 상승을 막게 되는 것이 다. 증기기관이나 화력발전의 냉각은 가열 사이클 반복 과정의 일부이 지만 소방의 냉각은 가열 사이클의 반복 고리를 끊는 것이다.

과학기술은 물과 불의 통제 범위를 확장하여 생활의 편리를 확대한 다. 그러나 아직도 일상에서 물과 불의 통제는 여의치 않은 점이 많 다. 특히 불의 통제범위가 확장되는 만큼 위험 범위도 확장된다.

불을 다루는 것은 특정 목적으로 그 기능을 강화시켜 본질적 위력은 더 키우면서도 생활에 위해가 되지 않도록 하는 것인데, 이런 측면은 물에 대해서도 마찬가지다. 수위가 높아질수록 범람과 파괴의 위험은 커지지만 물의 에너지를 이용하고 필요할 때 항상 이용할 수 있도록 댐을 높이 쌓아 수위를 높인다.

물로 인한 피해는 아직도 가장 두려운 자연재해다. 과학기술의 발전은 수해를 예방하고 줄이는 기법과 시설을 발전시켜 왔지만 인구와 사회적 시설의 집중도를 높여서 피해규모를 더 키우는 측면도 있기 때문에, 지금까지 사회발전에 따라 수해의 빈도는 줄었지만 피해규모는 더 커져왔다. 2004년 인도네시아 반다아체 쓰나미, 2005년 허리케인 카트리나로 인한 뉴올리언스의 수해, 2011년 동일본 대지진으로 인한 쓰나미 등의 근본원인은 지진과 폭풍이었지만 직접원인은 물이었다. 급격한 기후변화로 인해 예측 불가능한 자연재해는 앞으로 더 많아질 것이고 그 결과의 대부분은 수해로 나타날 것이다. 2020년 양쯔강의 대홍수는 싼샤댐의 붕괴라는 극단적 우려까지도 유발했었다. 싼샤댐이 붕괴된다면 아마도 인류역사상 가장 큰 재앙이 될 것인데, 그럴 경우 그 재앙의 근본 원인은 과학기술의 발전과 함께 성장한 인류의 오만이라고 보아야 할 것이다.

세상의 모든 신화는 세상과 인간의 창조를 그리고 있다. 그러나 그 창조는 대개 땅(흙)과 물의 바탕 위에서 이루어진다. 모든 존재가 창조되었음을 믿는 셈족 신앙(유대교, 기독교, 이슬람)에서도 땅과 물은 태초 이전에 이미 있었다.[5] 물이 모든 것의 바탕이라는 이러한 관념은 아마

---

5 "땅이 혼돈하고 … 하나님의 영은 수면에 운행하시니라", 개역개정판 성서 창세기 1장 2절.

도 세계 모든 문명의 공통된 인식인 것 같다. 세상 모든 것이 물, 불, 공기, 흙으로 이뤄졌다는 고대 그리스의 4원소설(四元素說)이나 모든 물질적 존재의 근원이 지수화풍(地水火風)이라는 불교의 사대론(四大論) 은 세상의 물질적 조건에 대한 인식이 동서양에 공통임을 보여준다.

현대과학의 언어로 말하자면 사물의 일반적인 존재형태인 고체·액체·기체 상태를 흔히들 물질의 3상이라 한다. 동일한 분자들로만 이루어진 순수 물질은 대개 이런 3상의 형태를 가지는데, 그 차이는 분자들이 가진 활성에너지와 분자들 간 인력의 균형 때문에 분자들 간의 거리가 달라지기 때문이다. 기체가 되면 분자들이 서로의 인력을 벗어나 자유로운 상태가 된다. 그런데 기체의 분자들이 해체될 정도로 더 가열하면 이온이 된다. 이러한 이온들은 물질의 성질을 완전히 잃고 중고등학교 때 배운 주기율표의 원자핵과 전자들이 혼재된 상태가 된다. 원자핵과 전자들이 합쳐서 원자를 이룰 때에는 전기적으로 중성이지만 해체시켜 놓으면 원자핵은 양성, 전자는 음성의 전기를 띤다. 이러한 상태의 소립자를 이온이라 하고 이렇게 이온들이 섞여 있는 상태를 플라스마라 한다.

불꽃이 보통 플라스마 상태라고 설명된다. 그래서 고체·액체 기체의 3상 외에 플라스마를 더하여 4상이라고 부르기도 한다. 고체·액체·기체·플라스마의 4상은 각기 흙, 물, 공기, 불의 존재 형태다. 플라스마는 원자가 분리된 것이라서 물질의 종류와는 관계가 없는 궁극의 존재다. 불꽃이 바로 그런 궁극의 존재형태다. 불꽃은 가장 화려한 종말의 상징이다.

물은 세상의 기본요소일 뿐 아니라 우리 신체의 70%쯤을 차지하는 생명의 절대요소이기도 하다. 이처럼 물은 그 존재 자체로서 생명의 근원이지만 한편으로는 큰 재난의 원인이기도 하고 또 한편으로는 화재를 진압하는 고마운 재료이기도 하다.

중국의 고대 철학인 5행 사상에서는 만물의 생성과 극복이 金木水火土의 오행(五行)으로 이루어진다고 보았다. 고대 그리스의 '4원소설'이나 불교의 사대론과 비교해보면 물, 불, 흙(水火土)은 동일하고 공기 대신에 쇠와 나무(金木)가 들어 있다. 쇠와 나무가 모두 땅(土)에서 나오는 것임을 생각하면 만물의 원인으로서는 설득력이 부족하지만 상생과 상극의 상호 순환 관계라는 측면에서 논리적이다. 오행이 모두 눈에 보이는 물질이라는 점에서도 생활철학으로서는 익숙한 관념이다. 물이 자연계의 물질 중에서 불을 끄는 데 가장 좋은 물질인 이유는 물과 불이 이처럼 서로 순환하는 자연계의 원초적 관계 때문인 것이다.

주역(周易)에서는 세상의 구성원리를 8괘로 나타낸다. 그중 4괘는 원초적 구성원리(하늘 땅 물 불)요 나머지 4괘는 환경적 구성요소(산 호수 바람 우레)다. 원초적 구성원리 4개가 우리 태극기에 그려진 4괘다. 그중에서 불을 뜻하는 이괘(離: ☲)는 위아래에 양효(—)가 있고 속에는 음효(--)가 있다. 불의 강렬한 외면 안에 물의 요소가 포함돼 있다는 관념의 표현이 되기도 하고, 불꽃의 표면에서는 산소와의 원활한 반응으로 강렬한 연소가 일어나지만 속에서는 연료가 밀려나오기만 할 뿐 아직 연소는 되지 않는 현대적 확산화염 개념과도 상통하는 표현이다. 또한 불을 바탕으로 일어난 현대문명의 내부에 항상 만반의 화재 대비책을 갖추어야 함을 경계하는 자연철학적 함의이기도 하다.

물이 항상 불에 상극인 것만은 아니다. 리튬이나 나트륨 같은 일부 금속들은 오히려 물과 만나면 불이 나기 때문에 공기 중의 수분과도 접촉하지 못하게 화재 위험물인 석유류 안에 보관해야 하는 역설적 현상이 있다.

불이 탈 때 눈에 보이지는 않지만 사실은 물이 많이 발생한다. 생활 주변 가연성 유기물질의 대부분이 탄화수소(탄소와 수소의 화합물)여서 그 분자 속의 수소가 산화되어 물이 생기는 것이다. 자동차 배기구에서 나오는 물은 연료가 연소되며 생성된 수증기가 비교적 온도가 낮은 배기관에서 응결된 것이고, 굴뚝의 아래가 항상 축축하게 젖는 것도 그런 이유에서다. 연료의 각 성분과 산소가 만나 산화반응을 할 때의 이론적 발열량은 연료를 태워보지 않아도 계산으로 구할 수가 있지만, 실제로 태울 때에는 발생한 수분을 증발시키는 손실 때문에 이론적 발열량보다 적은 열량이 나온다. 이렇게 적게 생성되는 발열량을 저위(低位)발열량이라고 하며, 실제로 공학적으로 사용되는 값이다.

물을 만나면 불은 안 나지만 뜨거워지는 물질도 있는데, 대표적인 것이 황산이다. 황산과 물이 만나면 급격히 반응열이 발생하는데, 물 속에 떨어진 황산 한 방울과 접촉한 물은 주변의 압도적으로 많은 물 때문에 그리 많이 뜨거워지지 않고 황산을 희석시키지만 황산 속에 떨어진 물 한 방울은 급격히 뜨거워져 기화 팽창하면서 주변의 황산을 튀길 위험이 있고, 그렇게 튀겨 피부에 묻은 황산은 피부의 수분과 반응하여 발열하기 때문에 화상을 입게 된다. 이것은 중고등학교 화학 실험 때 반드시 경고되는 주의사항이지만, 그 경고는 대개 실제 실험실이 아니라 교과서에서만 이루어지는 것이 안타까운 현실이다.

가장 다루기 어려운 리튬(Li), 나트륨(Na), 칼륨(K), 마그네슘(Mg), 칼슘(Ca) 등의 경금속 물질이 인체에 필수적인 미네랄이라는 사실도 아니러니다. 인간의 성품이 잔잔한 안정상태부터 격렬한 흥분상태까지 다양한 변화를 하는 것이 아마도 이러한 인체구성 물질들의 다양한 성격 때문인지도 모를 일이다.

물은 자연적으로 존재하며 인류문화에서 모든 것을 제압하는 위력을 가진 원초적 물질이지만 불은 생활주변에서 임의로 만들어 쓰는 화학적 반응 현상이다. 따라서 그 이용 측면에서나 재난의 피해 측면에서나 불의 위력은 물에 미치지 못하지만 관리 실수로 인한 피해, 즉 인재(人災)의 측면에서는 조직적 관리를 하기 어려운 불의 피해가 훨씬 크다. 불 관리의 실수, 즉 실화(失火)는 단 한 번의 실수가 막대한 피해로 직결되는데, 그런 특성을 고려해서 여러 가지의 방화대책이 강구된다.

가장 기본적인 방법은 실화를 방지하는 엄격한 관리규칙을 세워 실행하는 것이다. 소방당국의 통계에서는 그간 담배가 실화의 가장 큰 원인으로 꼽혀왔다. 담배는 여러 가지 건축적 대책 덕분으로 화재 원인 우선순위에서 밀리면서 이제는 관심의 주체가 소방당국에서 보건당국으로 바뀌었다. 한때 버스 안에서도 피웠던 담배는 이제 화재원인보다 더 큰 사회악으로 승격되었는데, 사실은 표면적으로 강조되는 간접흡연의 피해보다 불쾌감의 문제가 더 크다. 아파트 아래층 어디선가 올라오는 담배 냄새는 거의 전적으로 위생의 문제가 아닌 불쾌감의 문제이고, 불쾌감을 적극적으로 표할 수 있는 민주적 사회 환경의 과실인 것이다.

건축적 대책으로는 불에 잘 타지 않는 건축재료를 사용하는 것이고, 그 다음으로는 한 곳에서 발생한 화재가 다른 부분으로 번지지 않도록 하는 방화구획이다. 이러한 대책들을 수동적 방화대책이라고 부른다.

발생한 화재에 직접 대처하는, 이른바 적극적 방화대책으로는 주로 물을 사용하는 수계 소화설비가 주를 이룬다. 불을 끄는 위력은 신화시대부터 이제까지 전적으로 물의 몫이었다. 다만 대용량의 전기시설이나 전산실 등 물 사용을 기피하는 장소에는 주로 가스계 소화약제가 쓰이는데, 이런 경우에도 물의 효용성이 피해 가능성보다 더 크다는 연구결과들이 나오고 있어서 수계 소화설비는 발전의 여지가 크다.

기름 화재에 물을 뿌리면 불꽃을 잡는 물의 적응성과 기름이 물 위에 떠서 불꽃을 퍼뜨리는 부적응성의 양면성이 있다. 그래서 물을 기름보다 가볍게 만들어 기름을 덮어서 끄는 거품 소화방식이 많이 쓰인다. 울산이나 여수 화학단지의 대규모 유류탱크에 사용하는 소화설비는 거의 모두 거품 소화설비인데, 거품의 주성분은 누구나 잘 알듯이 비누 섞인 물이다. 그런데 소화약제는 화재발생 즉시 대량의 거품을 만들어 내야 하므로 세탁용 비누로는 대처하기 어렵다. 그러한 신속한 거품 발생 능력과 대량 저장에 따른 경제성 등을 감안하다 보니 친환경성까지 모두 갖추기는 어려워서 소화용 거품약제는 물에 분해가 잘 안 되고 방출된 뒤에도 오랫동안 거품상태로 남는다. 불 끄는 효과를 높이기 위해 첨가하는 약제도 환경에 해로워서 관리를 잘 하지 않아 유출되면 문제가 된다. 대형 유류탱크의 화재는 다량의 매연과 연소가스 등이 발생하는 화재 자체로서도 큰 문제지만 불을 끄기 위해 사용하는 거품약제까지 환경에 여러 가지 문제를 부담시킨다.

현대의 모든 자연과학은 물리학으로 통합되고 있다. 전통적으로 물리학과 별개의 것으로 인식되던 화학이나 생물학이 전자기학과 분자생물학의 발달에 따라 물리학의 거대 범주로 통합되고 있다. 애초 모든 학문은 천문과 지리의 바탕에서 살아가는 인간의 윤리와 처신이 그 대상이었고, 창조신이든 섭리신이든 인간은 그 신들이 만든 거대원리에 순응하는 것이 유일한 도리였다. 인간의 행위가 세상을 창조한 신의 섭리에 더 이상 종속되지 않고 신처럼 자연을 대상화할 수 있다는 깨달음을 구체화한 것이 고대 그리스의 자연철학이었다. 불에 대한 프로메테우스 신화는 그런 깨달음의 결과인 것이다.

자연의 각 현상을 그 성질의 차이에 따라 구분하고 그 개별적 원리를 캐 나가던 인간이, 그 시야가 넓어짐에 따라 자연 전체를 아우르는 거대 원리를 차츰 깨닫게 됨으로써 세분화로만 치닫던 자연원리의 연구가 다시 통합단계로 접어드는 변증법적 순환 현상을 보이고 있다. 그러한 통합의 불가피성을 깨닫게 된 것은 자연의 모든 측면이 우리의 인지 체계에 포섭되었다는 인식 때문이다. 이제 더 이상 발견되지 않은 현상은 없으되 다만 그 근본 원리를 아직 규명하지 못했을 뿐이라는 인식이다.

그런데 우리 생활주변의 공학기술은 여전히 물, 불, 공기, 흙, 네 원소의 순환을 벗어나지 못한다. 동양이든 서양이든 고대 철학자들의 인식 범위는 자연에 대한 현대인의 인식 범위와 크게 다르지 않다. 그것이 인간의 감각인식의 한계다.

불을 살리는 것은 공기이고 불을 끄는 것은 물이나 흙인데, 고금동서를 막론하고 불을 끄는 데는 물이나 흙을 썼다. 현대기술로 수많은 가스계 소화약제가 개발되었으나 환경 문제로 퇴출되고 독성 문제로 기피되고 실제 효용성이 의심받는다. 물이나 흙처럼 덮어놓고 뿌리면 되는 훌륭한 소화약제는 어쩌면 영원히 못나올지도 모른다. 전기나 전자 기기가 많이 있는 공간에도 가스계 소화약제보다 물이 더 효과적이고 피해도 적다는 연구결과가 힘을 얻고 있다. 물을 어떤 형식으로 활용하여 효과를 극대화할 수 있는지에 대해 앞으로 수많은 연구와 진보가 이루어질 것이다. 화학제품 소화약제는 물이나 흙을 구할 수 없는 우주선에서만 쓰일지도 모른다.

현대과학의 통설에 따르면 우주는 빅뱅으로 태어났다. 모든 존재가 태초의 초거대 에너지의 폭발, 즉 불 속에서 태어났다. 초거대 에너지의 온도가 백 수십억 년 동안 팽창과정에서 식어 지금 우주의 평균 온도는 약 3K, 즉 영하 270℃쯤 된다는 것이다. 아직도 그 에너지 작용의 잔해가 태양과 같은 별들에 남아 핵융합작용으로 에너지를 방사하면서 식어 가는데, 이 이론의 흥미로운 점은 물의 원소도 그러한 에너지 폭발, 즉 불 속에서 태어난다는 점이다. 우주의 시초는 불이고 종말은 물이다.

인류의 존속은 불과 물의 순환 바탕 위에서 이루어진다. 과학적으로 불의 때는 지났고 기독교 성서에 따르면 물의 심판은 더 이상 없을 것인데, 실제로 인류의 종말은 불도 물도 아닌 환경적 재앙이 될 것이라는 게 다수의 의견이다. 아인슈타인이나 칼 세이건 같은 석학들은 국가적 이기심에 따른 핵전쟁을 경고했는데, 핵전쟁으로 인한 종말의 직접 요인은 파괴보다는 핵겨울에 의한 환경왜곡이다. 그 왜곡은 지구를 물리적으로 파괴하는 게 아니라 환경을 인류가 생존하기 어렵게 만드는 것이다.

열역학 제2법칙에 따르면 우주의 모든 시스템은 에너지의 평준화에 따른 엔트로피의 상실로 종말에 이르지만 이 작은 지구 생태계의 종말은 아주 작은 사건, 즉 환경의 오염 때문일 것이다.

공기 속에 2,500분의 1도 안 되는 미량물질인 이산화탄소와 물이 햇빛의 에너지로 화합하여 만들어지는 포도당과 전분으로 이루어지는 식물은 물과 공기의 에센스이며, 그 식물을 먹고 물과 공기를 마시며 사는 동물들도 역시 물과 공기의 에센스다. 그러한 미량의 에센스로 구성되는 생명은 그만큼의 작은 오염으로도 존속이 어려워질 수 있다.

화산

    그리스 문명이 꽃핀 동지중해 발칸반도 일대는 정치적으로도 화약고이지만 지진 화산대여서 자연적인 화약고이기도 하다. 인류에게 불을 전해 준 프로메테우스 신화도 최신을 바당으로 한 것일 게다.

    화산은 인류에게 재난 요인이기도 하지만 문명의 요람이기도 하다. 화산지역은 지열 덕분에 기후가 온화하고 온화한 기온에 의한 상승기류가 저기압을 만들어 비가 자주 오고 화산재가 비옥한 토지를 만들기 때문에 생물의 생육환경이 대단히 좋아서 다양하고도 풍부한 생태계가 조성된다. 그래서 지진과 화산 폭발만 피할 수 있으면 사람이 살기에도 대단히 좋다. 화산과 지진의 한복판에서 일본이 번성해 온 이유가 그것이다.

    그러나 예측하지 못하는 지진이나 화산 폭발은 엄청난 재해를 발생시킨다. 역사상 인류문명에 가장 가혹했던 화산 폭발은 폼페이를 묻어버린 베스비우스 화산 폭발과 에게해의 미노아 문명을 소멸시킨 산토리니 섬 폭발이라고 말해진다. 산토리니 섬 화산 폭발로 아틀란티스가 가라앉았다거나 그로 인한 쓰나미가 성서의 이집트 탈출 시 바다의 갈라짐 현상으로 나타났다는 설도 있으니 인류가 기억하는 문명에 끼친 영향은 참으로 크다.

인류가 화산이나 지진에 능동적으로 대처하는 수준은 아마도 영원한 미제일 터이지만, 불의의 재해 발생 시 사후 대처는 20세기 들어 많은 발전을 이루었다. 예측하고 대처하는 프로메테우스의 지혜에 한 걸음 가까이 가려는 노력과 함께 사후 대처에 총력을 기울이는 것은 에피메테우스 후예들의 숙명이다. 인류가 번영할수록 지진과 화산 폭발에 의한 피해 규모는 더 커질 것이므로 그에 대비하는 소방의 역할도 더 커질 것이다.

한반도의 세 꼭짓점은 화산이다. 백두산, 한라산, 울릉도 성인봉이 그 화산들이다. 그중 가장 최근에 분화한 것은 한라산(제주 비양도)으로서 1002년 고려 목종 때 분화된 것으로 신증동국여지승람에 기록되었다고 하나 비양도의 지질학적 증거는 2만7천 년 전에 만들어진 것으로 나온다고 하니 화산분화 생성설은 와전된 설화일 가능성이 크다. 실제로 한라산과 성인봉은 주변에 온천이 없고, 국내 도처의 구석기 유적에서 발견되는 화산유리 흑요석도 국내에서는 백두산에서만 나오는 것이어서 구석기 시대에 이미 일본 규슈지역과 무역이 있었던 증거로 보기도 하는 만큼 한라산과 성인봉은 완전한 사화산으로 보는 것이 옳을 것이다. 부산-대마도-이키섬-규슈를 잇는 바닷길은 각 섬까지 거리가 최장 50km밖에 안 되어 날씨 좋으면 뗏목으로도 하룻길이니 구석기 시대에도 항해가 어렵지 않았을 것이다. 비교하자면 고양시 김포대교 북단에서 구리시 강동대교 북단까지 강북강변로의 길이가 40km다.

백두산 폭발로 발해가 망했다는 설도 있으나 연대가 일치하는 증거는 없다. 어쨌든 우리 한반도 역사에 득실 간에 화산의 영향은 없었

던 것 같다. 굳이 말하자면 규슈에서 수입해온 구석기 시대의 흑요석
정도라고나 할까.

2. 화재의 역사

역사상 세계 3대 도시 화재

역사 이래 가장 외형적 피해가 컸던 도시 화재로 꼽히는 런던 대화재, 로마 대화재, 도쿄(에도) 대화재를 개괄해 본다. 이 화재들은 화재의 규모만이 아니라 화재 후 재건 과정에서 인류 도시 문화가 비약적으로 발전했다는 상징적 측면을 갖는다.

런던 대화재 1666년 9월 2일

영국에서는 16세기 들어 영주들과 대지주들이 대규모 농업과 목양업으로 진출하는 바람에 경작지를 잃은 소농민들이 일자리를 찾아 도시로 진출하게 되었다. 그에 따라 16세기 후반부터 인구가 급성장한 런던은 100여 년 만에 인구가 무려 5배 이상으로 증가하며 도시가 무절제하게 팽창하고 목조주택뿐 아니라 빈민가의 볏짚 가옥과 온갖 폐기물이 도시 곳곳에 난립하였다. 그러한 새로운 도시 현상을 따라가지 못한 전통 런던 지배층 위주의 비능률적 거버넌스로 인해 재난의 모든 조건이 충분히 예비된 상황이어서 런던이 화재로 망할 것이라는 여러 가지 예언들이 많았는데, 그러한 예언 중에는 노스트라다무스의 예언도 있었다고 한다.

골목길 빵집에서 시작된 화재는 나흘간 지속되며 런던시청, 관세청, 왕립 거래소, 세인트폴 대성당 등 주요 건물들과 함께 런던시 전체의 약 80%에 해당하는 면적과 주택 1만3천여 채를 태웠다. 당시 체계화된 대규모 방재 시스템과 경험이 없었을 뿐 아니라 교외에 석조주택을 짓고 살던 부유층의 피해가 별로 없었던 탓에 상황을 심각하게 인식하지 못한 당국의 안일함과 무능이 부실한 초기 대응으로 피해를 키웠다.

당시의 인식으로 빈민들이 정상적 보호대상으로 인정받기는 어려웠고 인구집계는 더더욱 어려웠던 사정을 감안히면 인명피해가 9명뿐이라는 공식 발표는 그리 놀라운 것이 아닐 수도 있었다.

런던 대화재는 여러 가지 변화를 가져왔다.

우선 도시정비의 측면에서, 완전한 폐허 위에 런던은 당시 유럽에서 가장 앞서가는 도시계획으로 재탄생할 수 있었다.

또한 근대적 공공 소방시스템과 화재보험이 탄생하는 계기가 되었다. 당시 각 직능별 조합이 조합원들 간 상호부조의 전통으로 합동 진화작업을 하는 것이 관례였으나 발화원이던 빵집이 조합원이 아니어서 방관하는 바람에 화재가 엄청난 재앙으로 변했다는 사실에서 공공 소방시스템의 필요성을 성찰하는 계기가 되었고, 대화재 이후 보험의 필요성을 절감한 정부의 후원 하에 1680년 니콜라스 바본(Nicholas Barbon)이 '화재사무소'라는 이름으로 최초의 화재보험회사를 설립하였다.

엉뚱한 방향으로 부수적인 효과를 거둔 것도 있는데, 당시 런던에 재유행하여 기승을 부리던 흑사병이 화재로 쥐들이 몰사하는 바람에 퇴치되었다는 것이다. 그 이전 1년 동안의 흑사병 희생자가 5만 명이었다고 하니 아마도 흑사병 퇴치로 살려낸 인명이 화재로 희생된 사람의 수보다 훨씬 더 많았을 것이다. 그게 사실이라면 런던 대화재는 적절한 시기에 영국의 발전을 위해 불가피했던 값진 통과의례였을 수도 있다.

대부분의 사회적 재난에 반드시 따르는 음모론과 희생양은 런던 대화재 때도 예외가 아니었던 모양이다. 영국 국교인 성공회 성립 때부터 줄곧 사이가 나빴던 교황청이 그 화재의 배후라는 음모론이 기승을 부리고 그 하수인으로 지목된 프랑스인을 붙잡아 처형했다는 것인데, 320년이 지난 1986년에 당시 발화원이었던 런던 베이커의 후손들이 자기 조상의 과실에 대해 사과문을 발표함으로써 억울한 범인의 무죄가 밝혀졌다는 후문이다.[6]

[그림 1] 런던 대화재. 작자 미상. 1675년 작. 런던 박물관 소장

---

6 중부일보 2017. 6. 19. 기사. 김청석, 네이버 블로그 '1666년 런던 대화재'.

[그림 2] 이 사진은 2016년 9월 4일 런던 대화재 350주년을 기념하는 퍼포먼스로
런던 템스강에 띄운 바시선 위에 길이 120m의 목재 모형을 세우고 불태워
당시의 화재를 재현한 것이다. 당시 여러 국내 언론 보도에 실린 사진이다.

[그림 3] 런던 대화재 기념탑   **[그림 4]** 2017. 6. 14. 런던 그렌펠 타워 화재
(구글 이미지)   (런던 AP=연합뉴스)

※ 하늘을 지향한다는 점에서 탑과 연기의 이미지는 유사하다,

로마 대화재

네로 재위 10년차였던 서기 64년 7월 18일, 로마의 한 빈민가에서 불이 나 도시 전역을 휩쓸며 9일 동안 맹위를 떨치다 사그라졌다. 화재에 대한 그 당시의 설명은 없으나 9살 때 그 사건을 목격했던 역사가 타키투스가 '영원한 도시'의 3분의 2가 파괴되었다고 서술한 것은 대화재 이후 대략 60년쯤 뒤다. 200만 인구의 대부분이 집을 잃었고 다수의 오래된 신전들 역시 파괴되었다. 과대망상과 잔혹함으로 평판이 나빴던 네로황제가 구경하기 좋은 높은 곳에서 화염에 맞춰 리라를 켰다는 소문이 돌았으나, 사실은 그가 시민들을 자기의 궁전에 들어오게 하고 긴급 구조계획을 폈다고 한다. 화재의 원인은 알 수 없으나 많은 시민들이 네로가 불을 질렀다고 믿었고, 네로는 대중의 비난을 돌리기 위해 로마를 악마의 도시요 음녀의 소굴이라고 비난했던 기독교도에게 책임을 씌웠다.[7] 음모론을 음모론으로 뒤엎으려 했던 어처구니없는 일이었지만, 그러한 일들은 역사에서 계속 반복된다.

화재 당시 로마에서 56km 떨어진 안치오에 머무르고 있다가 화재소식을 듣고 급히 달려와 전력을 다하여 진화와 이재민 지원에 힘썼음에도 불구하고, 인기 없는 네로가 평소 로마를 선진 문화도시로 재개발하려는 욕망을 자주 내보인 탓에 로마 재개발을 위해 고의로 방화했다는 악의에 찬 소문의 희생자가 됐다는 평가도 있다.

어쨌든 로마는 재건되었다. 네로의 미학적 취향과 창작열을 불태워

---

7 〈1001 DAYS〉, 피터 퍼타도 지음, 마로니에북스.

[그림 5] 18세기 프랑스 화가 휴 로버트 로베르의 그림.
아치 위에서 불구경하며 노래 부르는 네로를 그렸다.

후세의 찬사를 받을만한 업적을 이뤄냈다. 도로를 확장하고 직선화했
으며, 도로 양쪽에 주랑(柱廊)을 세워 그늘을 드리우고 분수대와 광장
을 많이 만들어 화재 위험을 줄였다. 신축건물은 현관과 1층을 모두
석재로 짓도록 의무화하고 건물마다 샛길로 구분하였으며 건물 뒤 정
원에 소방용 양동이와 물을 비치하게 하는 등 지금으로부터 거의 2천
년 전에 이미 현대적 의미의 방화개념을 적용한 진보적 도시계획을 실
행했다. 그러나 이러한 업적들이 도리어 그가 로마를 새로 만들기 위
해 불을 질렀다는 음모론을 지속시키는 원인이 되기도 했다.[8]

---

8 〈하이켈하임 로마사〉, 프리츠 하이켈하임 지음, 현대지성사.

네로가 설혹 그런 일을 저지를 만한 품성과 야망을 가졌을지라도 직접 저지르지는 않았을 것이라는 평가는 대개 일치하지만, 음모론의 무리수에 따른 대중적 인기 하락에 시달리다 화재 후 4년 만에 친위대의 반란으로 피살되었다.[9]

에도 대화재(메이레키 대화재)

1603년 도쿠가와 이에야스가 막부를 세워 에도를 개발하기 시작한 이래, 지역 세력들을 감시하고 통제하기 위해 각 영주들로 하여금 매년 정기적으로 에도에 와서 쇼군을 배알하며 일정기간 머물게 하고 그 가족들을 인질로 에도에 거주하게 하는 산킨코타이(參勤交代)제도를 시행하였다. 모든 영주들의 거처가 집결되고 경제활동을 함에 따라 에도는 급속히 팽창하여 일본의 경제중심이 되고 17세기 초반에 이미 인구 백만을 넘었다. 그러나 에도가 막부의 정치적 중심이었음에도 공식 수도는 천황이 있던 교토였는데, 1868년 메이지유신 이후 신정부가 막부세력을 장악하기 위해 에도로 천도하면서 공식 수도가 되어 이름을 도쿄로 바꾸게 된다. 도쿄(東京)라는 이름은 전통 수도였던 교토(京都)보다 동쪽에 있는 수도라는 뜻이다.

에도 시대에 대략 100번의 화재가 있었다는데, 그중 가장 피해가 컸던 것은 1657년 3월 2일부터 사흘간 계속된 화재로 당시 에도의 가옥

---

9 〈로마 이야기〉, 인드로 몬타넬리 지음, 서커스.

70%가 불에 탔고 10만 명 이상이 희생된 대화재다. 그 당시 일본 고사이 천황의 연호가 메이레키(明曆)여서 '메이레키 대화재'라고 부른다.

모든 대화재가 그러하듯이 화재의 피해가 컸던 것은 무절제한 도시 팽창으로 목조나 초가주택이 밀집했기 때문이다. 이 화재의 원인에 대해 밝혀진 것은 없으나 다른 대화재들과 달리 이 화재에는 흥미로운 전설이 얽혀있다. 일본 전통복장 기모노의 한 종류인 후리소데(振袖)에 얽힌 전설 때문에 이 화재는 '후리소데 화재'라고도 불린다.

어느 소녀가 사모하던 청년과의 결혼을 부모의 반대로 실패하고 상사병으로 죽었는데, 그 소녀를 화장하던 혼묘지(本妙寺)라는 절에서 소녀의 호화로운 후리소데를 탐낸 일꾼들이 그 후리소데를 빼내어 팔아버렸고, 그 후리소데를 사 입은 소녀가 저주를 받아 다음 해 같은 날에 죽는 일이 두 번이나 반복되었다는 것이다. 세 번째 희생자의 화장 현장에서 낯익은 후리소데의 반복 출현을 알아본 일꾼들이 불길함을 느껴 스님에게 고백하고 스님은 그 후리소데를 태워 저주를 끊으려 했는데, 불에 타던 후리소데가 때마침 불어온 돌풍에 날려 절의 본당 지붕에 떨어져 절을 다 태우고, 석 달 동안 가물어 건조한 상태의 에도 시내로 번져 화약고까지 타서 터지는 바람에 대화재가 됐다는 것이다. 이 메이레키(혹은 후리소데) 화재에 대한 이야기는 일본 혼묘지의 홈페이지(https://www.honmyoji.org)에서도 읽을 수 있다.

이 사건에 당시 막부의 합리적 판결이 돋보인다. 막부의 실력자 호시나 마사유키(2대 쇼군의 서자, 3대 쇼군의 동생)는 **"갖추어 놓지 않고 처벌하는 것은 불가하다"**는 명언으로 화재의 시초였던 혼묘지의 스님들을 처벌하지 않고 방화대책을 갖추지 못한 막부의 책임을 인정하는 판결을 함으로써 피해자 구제와 도시재건과 방화대책에 힘쓰도록 처분하였는데, 로마 대화재에서 그러했듯이 이러한 관대한 처분이 또한 음모론의 재료가 된다. 귀족 저택에서 발생한 화재를 사찰의 화재로 돌려놓고 처벌 없이 무마했다든가 도시 재개발을 목적으로 한 막부의 방화라든가 하는 음모론이 나돌았던 것이다. 그러나 막부의 고의로 보기에는 피해가 지나쳤다. 피해복구에 백만 냥이 들어갔는데, 당시 막부의 전 재산이 3백만 냥이었으니 그 피해복구는 막부의 재정에 무척 큰 타격을 주었다.[10]

---

10 〈처음 읽는 일본사〉, 전국역사교사모임 지음, 후마니타스.

[그림 6] 일본 소녀들의 화려한 후리소데 차림

[그림 7] 혼묘지의 사적 안내판.
서두에 후리소데 화재(振袖火事) 메이레키(明曆) 대화재 공양탑이라는 표현이 보인다.

[그림 8] 혼묘지의 메이레키 화재 공양탑

[그림 9] 에도 대화재. 田代幸春의 그림(도쿄 소방박물관)

그 외의 대화재

모스크바 대화재: 역사를 바꾼 화재

1812년 나폴레옹의 모스크바 침공 때 발생한 이 화재는 역사를 바꾼 화재로 기억된다.

화재의 시발은 1812년 9월 14일, 나폴레옹이 모스크바에 입성한 첫 날밤이었으나, 그것은 어렵지 않게 진화되었다. 그러나 그 다음날 발생한 화재는 강한 바람을 타고 걷잡을 수 없이 확산되어 사흘간 모스크바 시가지의 70% 이상을 태워버렸다. 역사적으로 기억되는 대부분의 대화재가 도시의 70~80%를 태운다. 당시 엘니뇨로 영하 38도까지 떨어졌던 모스크바의 추위는 침략군이나 주민 모두에게 닥친 재앙으로, 러시아인 10만 명이 숲속에서 추위와 굶주림으로 죽어갔다.[11]

모스크바 화재의 원인을 프랑스인은 모스크바 총독 라스토프친의 야민적 애국심으로 돌리고 러시아인은 프랑스군의 폭행으로 돌렸다. 그러나 그러한 원인은 존재하지도 않았고 있을 수도 없었다. 모스크바가 불탄 것은 어느 시가인들 목조인 한 불타지 않을 수 없는 상황에

---

[11] 톨스토이의 〈전쟁과 평화〉 제3부 제2편.

이르렀기 때문이다. 모스크바가 불타지 않을 수 없었던 것은 모스크바에서 시민이 떠나버렸기 때문이다. 주인이 없어진 데다 파이프(담배)를 피워대거나 광장에서 의자를 불태우기도 하고 먹을 것을 매일 두 차례씩이나 (모닥불로) 끓이는 군대에 점령당했을 경우 화재가 안 날 수 없는 것이다. 모스크바가 타버린 것은 집주인이 아닌 거주인의 태만 때문이었다.[12]

　주민과 통치체제의 절대다수가 대피하여 관리 시스템은 없어지고 새로이 점령군이 진주하는 혼란 속에서 실화의 발생은 당연한 것이며, 주인은 없고 감옥이 파괴되어 범죄자는 풀려나고 약탈이 난무하는 상황에서 화재의 통제는 사실상 불가능한 것이어서 계획적 방화든 아니든 그 결과는 필연적일 수밖에 없었을 것이다. 그 이전의 로마 도쿄 런던 대화재에서 주민들이 정상적으로 거주하는 환경이었음에도 피해가 극심했던 것을 생각하면 모스크바는 지극히 당연한 상황이었다고 할 수도 있겠다.

　기동력을 중시하는 나폴레옹의 전략과 지나치게 길어진 원정 거리 때문에 충분한 병참을 동반하지 못했던 프랑스군은 병참 물자를 현지 조달에 의존할 수밖에 없었는데, 점령지의 풍부한 식량과 피복으로 충당하려던 병참은 거의 불가능하게 되고 페테르부르크의 러시아 정부는 협상에 응하지 않는 상황에서 러시아의 혹독한 겨울이 다가오자 나폴레옹은 모스크바 입성 한 달 만에 철군을 결정하게 된다. 혹독한

---

12 톨스토이의 〈전쟁과 평화〉 제3부 제3편.

눈보라 속에 러시아군의 게릴라식 공격을 받으면서 두 달 이상 진행된 철군과정에서 전군이 거의 궤멸하여 철군을 시작한 9만여 명 중에 5천 명 정도가 살아서 귀국했다고 하나 사실은 믿을만한 통계조차 없다. 아마도 사망자보다 탈영자가 더 많았을 것이다. 러시아 원정 초기에 50만이 넘었던 원정군 중 대부분이 사망 및 탈영하는 손실을 회복하지 못한 나폴레옹은 결국 패망하게 되는데, 그 과정에서 가장 큰 고비가 됐던 모스크바 화재는 안전관리 실패의 후유증이 역사마저 바꾸게 된다는 교훈을 남겼다. 그리하여 사회사적 일화로 다루어지는 다른 화재와 달리 모스크바 대화재는 정치사 진생사적으로 중요한 의미를 갖는다.

모스크바 화재 역시 수복 이후 대대적인 재건으로 근대도시로서 부상하게 된다. 인류는 항상 파괴 이후 재건에서 한 단계 도약을 하게 되는데, 그 도약은 그 나라의 문명수준을 나타낸다.

[그림 10]　1812년 모스크바 대화재(화가 미상, 구글 이미지)

[그림 11]　나폴레옹의 퇴각. 1851년 아돌프 노르텐의 그림(출처: 위키백과)

시카고 대화재: 미국 역사상 가장 피해가 컸던 참사

[그림 12] 시카고 화재. 존 R. 캡틴 그림. 1871년(출처: Public domain)

1871년 10월 8일과 9일, 양일간에 걸쳐 발생한 대화재로 인해 시카고는 법원 건물과 수많은 기록들을 소실하였으며, 오페라하우스와 영화관, 은행, 보험사, 교회를 포함한 1만 8천여 채의 건물 등 도시 전체의 3분의 1에 달하는 규모가 화재의 1차 피해를 입었다.

시카고 시가는 화재피해 면적 8제곱킬로미터에 300여명의 인명피해와 10만여 명의 이재민이 발생한 정도였으나, 도시 바깥으로 번진 불에 의해 10월 8일부터 14일에 걸쳐 약 4,000제곱킬로미터 이상에 달하는 미시간과 위스콘신 산림 지역이 타버렸고, 직선거리 350km나 떨어진 위스콘신의 숙박 도시 페쉬티고(Peshtigo)까지 불똥이 튀어 주변

도시에서 1,000명 이상의 인명 피해가 있었다.

그러나 시카고는 신속한 재건작업으로 건축의 미학을 담은 현대도시로 부활했다. 사무실과 창고 및 백화점 등 상업시설 위주로 재개발됨으로써 상업 양식이라고 부르는 도시개발 개념이 등장하여 미국 건축양식의 현대화에 크게 일조한 계기가 되었다.[13]

화재의 원인은 별똥별에 의한 화재라는 설, 방화설, 심지어는 암소가 걷어찬 등잔에서 번진 불이라는 설까지 다양하지만 정확히 밝혀진 것은 없다.

대형사고에 항상 뒤따르는 음모론적 소문 중 하나인 암소 방화설은 캐서린 올리어리(Catherine O'Leary)라는 여인이 밤에 헛간에서 암소의 젖을 짜다가 소가 등잔을 걷어차는 바람에 불이 시작되었다는 목격자 증언 기사가 뉴욕타임즈에 실리는 바람에 대형 스캔들로 번져 그 가족은 평생 대중의 비난을 받으며 고통을 받았다고 한다. 소문을 처음 발표한 신문 기자 Michael Ahern이 1895년 올리어리 부인이 숨진 뒤 몇 년 후에야 확실치 않은 목격자 증언을 바탕으로 그 이야기를 꾸며냈음을 인정했다고 하니, 언론 윤리의 피폐가 어떻게 사람을 괴롭히는지 잘 보여주는 사례라 할 수 있겠다.

흥미로운 것은 대재앙의 원인으로 지목됐던 올리어리 부인과 암소가 대화재 이후 126년이 지나 누명을 벗었다는 사실이다. 지난 1997년 시카고 시의회는 대화재 당시 목격자 증언이라는 것을 신뢰할 수 없음을 공식화하여 올리어리 부인과 암소에게 무죄를 선언했다는데, 화재

---

13 다음 백과에서 축약 인용.

당시에도 반(反)아일랜드인 정서 때문에 아일랜드계인 올리어리 부인이 억울하게 누명을 썼다는 비판도 적지 않았다고 한다.[14] 백 년이 지나 잊혀진 일까지도 찾아내어 한을 풀어주는 미국 사회의 양식을 통해 인문학적 측면에서도 관심사가 되는 사건이다.

보스턴 대화재[15]

여타 대도시들이 그리했듯이 보스턴도 여러 번의 대화재에 시달렸다. 그중 가장 큰 화재가 1872년 화재인데, 그 화재는 화재 역사에서 나름대로 중요한 의미를 갖는다. 시카고 대화재(1871년)가 일어나고 바로 다음 해 11월 9일에 일어난 대화재는 보스턴 시내의 776개 건물을 포함하여 65에이커(26만 제곱미터)의 면적을 초토화함으로써 7,350만 달러(2020년 환산 약 15억 달러에 해당)의 피해를 입히고 17시간 만에 진화되었다.

다른 대화재에 비해 면적도 크지 않고 손실도 크지 않았지만 금융지구를 포함한 시가지의 중심을 태운 바람에 사실상 도시 기능을 소멸시키는 결과가 되었다.

1852년 보스턴은 세계 최초로 전신기술 기반 화재경보기 함을 설치하였다. 경보기 함 내부의 레버를 당기면 소방서에 통보되고 좌표계를 통해 경보기 위치를 추적할 수 있는 획기적인 장치였다. 그러나 경보

---

14 서울경제 2011년 7월 28일 '대화재, 잿더미서 꽃 핀 마천루의 향연'.

15 위키피디아에서 발췌 인용.

기 함은 오경보를 방지하기 위해 보스턴 각 지역의 몇몇 시민들에게 만 열쇠가 주어졌고, 다른 시민들 은 열쇠 보유자에게 화재를 신고해 야 소방서에 알릴 수 있었다고 한 다. 그럼에도 불구하고 화재 발견 20분 만에 소방서에 신고가 접수되 고 그 후 30분 만에 소방대가 현장 에 출동했다고 하니 소방서의 훈련 이나 관리는 상당히 잘돼 있었던 것으로 보인다.

11월의 저녁 7시, 사실상 밤에 발 생한 화재가 당시의 빈약한 통신수 단과 소방 인프라, 목조건물 위주

[그림 13] 1920년대 전신식
화재 경보기(도쿄 소방박물관 소장)

의 도시환경, 그리고 가로등 조명용 가스관의 폭발과 일부 약탈까지 겹치는 상황에서 17시간 만에 완전 진화에 성공한 것은 지금 기준으 로 보기에도 대단히 훌륭했다고 평가할 수 있겠다.

당시 보스턴의 건물 소유주는 화재 안전조치를 시행할 인센티브가 거의 없어서 건물은 실제 가치 이상으로 보험에 가입하는 경우가 많았 고 보험금을 얻기 위한 방화도 드물지 않아서 보험이 오히려 화재위험 을 높이는 요소가 되기도 했지만, 신속한 도시재건은 과잉보험금의 풍 부한 보상금 덕이라는 평가가 있다.

화재 이후 보스턴은 새로운 도시계획에 의해 근대적 대도시로 탈바

[그림 14] 보스턴 대화재의 폐허. 그림 출처: NFPA 홈페이지

꿈하고 중심가인 화재지구의 토지 가치가 증가함으로써 '불난 집이 잘된다'는 한국의 속설이 증명되었다.

당시 보스턴의 전문소방관으로 근무하던 John Damrell은 1873년에 National Association of Fire Engineers(NAFE, 현재 IAFC, International Association of Fire Chiefs, 국제 소방서장 협회)를 창립하고 초대 회장이 되었다. Damrell이 NAFE의 회장을 역임하는 동안 협회는 다음과 같은 건축 화재안전 문제 목록을 발표함으로써 미국 건축코드의 효시가 되었다.

- 가연성 및 가연성 건축자재
- 지상 사다리가 닿지 않는 과도한 높이의 건물

- 화재 탈출
- 상수도
- 건물 사이의 공간
- 복도 및 열린 계단
- 화재 경보

크리스탈 팰리스 화재

1851년 5월 1일부터 5개월간 런던에서 열린 만국박람회는 연면적 92,000㎡의 대형 전시장에 전 세계 14,000개 이상의 업체와 연인원 620만 명의 관람객이 참가함으로써 산업혁명을 선도하는 '해가 지지 않는 나라' 대영제국의 영화를 만방에 과시하였다.

당시 미증유의 거대한 건물을 짓기 위한 설계를 심사하던 끝에 수많은 세계적 건축가들의 아이디어를 물리치고 유명한 정원사(원예전문가)이던 조셉 팩스턴(Sir Joseph Paxton, 1801~1865)의 아이디어를 채택하여 런던의 하이드파크 대부분을 철골과 유리로 씌우게 된다. 거대한 철골 구조와 완전한 유리벽, 길이 560m가 넘는 사상 최대의 건물, 거대한 온실의 자연 냉방, 수세식 공중화장실 등 당시로선 상상하기 어려운 기술들이 집약된 이 건물의 이름은 Crystal Palace로 지어졌고 건물 자체만으로도 대영제국의 위용을 과시하기 충분한 것이었다. 이러한 거대 건축물이 불과 9개월 만에 지어졌다고 하니 당시 영국의 건축기술과 그 자재를 조달했던 영국의 산업발달은 참으로 놀라운 것이었다.

모든 문제를 해결한 것 같았던 이 건물의 운영과정에서 나타난 가장 큰 문제는 하이드파크의 숲에 서식하던 수많은 새였다고 한다. 아마도 새의 존재가 아니라 관객과 전시물 위로 내지르는 새들의 똥이 문제였을 것이다. 유리건물이라 총을 쏠 수도 없고 독약을 쓸 수도 없어서 나폴레옹 전쟁의 영웅이던 웰링턴 노공작에게 전략을 의논한 결과 매를 풀어 새를 잡게 했다는 일화가 전한다.

이 건물은 런던의 가장 큰 공원인 하이드파크를 점유했기 때문에 6개월의 전시회가 끝나면 옮기기로 사전에 계획되어 있어서 1852년 Sydenham Hill로 옮기는데, 일부 설계변경을 포함하여 2년 만에 해치운다. 해체와 운반을 포함하여 재건설하는 데 2년이라면 그 역시 놀라운 속도다.

옮겨진 후에도 수많은 대형 행사를 치르며 영국인들의 자부심이 되었던 이 건물은 1936년 11월 30일 밤의 화재로 전소되어 80여 년의 짧은 역사를 끝내고 말았다.

철골의 내화처리 인식이 없었던 당시에 피복 없이 노출해 놓았던 철골은 치명적 요인이었고 오직 유리로만 지어졌던 건물은 잔해조차 변변히 남지 않았다. 철이 녹는 온도는 1,300℃가 넘지만 강도는 500℃만 되어도 절반으로 줄어든다. 철골을 내화피복하는 현대건축의 경각심은 이 화재로부터 입은 바가 크다. 에펠탑이 노출된 구조물인 것은 참으로 다행한 일이다.

[그림 15] Sydenham Hill의 Crystal Palace. 공개 기록사진

[그림 16] 화재로 소실된 직후의 사진. 공개 기록사진

대규모 상업용 건물 화재

건물의 대형화와 고층화에 따라 화재안전에 관련된 건축법규들은 계속 발전해 왔지만 지금의 첨단 규정들은 수많은 시행착오의 결과물이다. 대규모 고층 건축물이 선구적으로 지어졌던 미국이 대형 화재의 피해를 타국보다 월등히 많이 겪었고, 그 쓰라린 경험을 바탕으로 세계의 방화기술을 선도해왔던 것은 필연이었다. 인류문화의 위대함은 실패를 통해 발전한다는 점이고 그 진리는 수많은 화재를 통해 증명되어 왔다. 그런 측면에서 미국에서 발생한 대형 건물 화재를 살펴본다.

보스턴, 코코넛 그로브(Cocoanut Grove) 나이트클럽 화재

1942년 11월 28일 밤에 발생한 보스턴 코코넛 그로브(Cocoanut Grove) 나이트클럽 화재는 미국 역사상 최악의 단일 건물 화재로 기록되었다. 마피아가 지배하던 밤의 환락가에서 발생하여 불에 잘 타는 유흥시설의 상식물, 돈을 받기 위해 막아버린 출입문 등 모든 문제가 집약된 화재로 492명이 희생됐다. 인명을 물신에게 바치는 희생물로 생각하는 이런 피난구 차단 문제는 그로부터 57년 후인 1999년 10월

30일 인천 인현동 호프집에서 10대 청소년 등 손님 55명이 희생된 화재에서 재현되기도 했었다.

최대 수용인원 460명의 나이트클럽에 당시 1,000여 명이 있었을 것으로 추정하는데, 제2차 세계대전 전쟁 중에도 그런 무절제한 환락과 무법이 판치고 있다는 사실을 드러내어 미국사회에 경종을 울렸다. 5년 후 미국의 건축법규가 바뀌는 중요한 계기가 되기도 했고, 이 지역 최초의 혈액은행인 Massachusetts 종합병원의 혈액은행이 처음으로 중요한 역할을 하게 된 사건이기도 하다.

시카고, La Salle 호텔 화재

1909년에 개관한 23층, 객실 1,000개짜리 럭셔리 호텔인 시카고의 La Salle 호텔은 시카고에서 가장 멋지다는 평가를 받았으나, 1946년 6월 5일 발생한 화재로 61명이 희생되고 200명 이상이 부상을 당하는 악몽의 장소가 됐다. 그중 다수가 어린이들이었고, 시카고 소방서의 소방대장 Eugene Freemon은 구조활동 중 연기에 휩싸여 희생되었다. 900여 명의 투숙객들은 자력으로 무사히 피난했으나 150여 명은 소방대의 구조를 받았고, 27명을 구조한 해군전역자 두 명을 비롯하여 수많은 영웅적 구조담이 나왔다.

야간 매니저인 브래드필드가 호텔 전화교환원 Julia C. Berry에게 빨리 나가라고 촉구했으나 그녀는 거절하고 연기에 질식하여 죽을 때까지 그곳에서 투숙객들에게 연락하여 수백 명의 생명을 구했다고 전한다.

　조사결과 각 층에 계획된 문이 하나도 설치되지 않아서 피난경로가 되어야 할 계단실은 굴뚝으로 바뀌었고, 결국 화열보다는 연기에 의한 희생이 더 많았다. 1935년에도 가연성 물질을 사용하던 라운지의 리모델링이 경찰 명령에 의해 중단되었으나 작업이 '합의에 의해' 재개되었다는 기록이 있다고 하는데, 건축허가가 어떻게 왜곡되었는지는 밝혀지지 않았다.

　너무나 파괴적인 결과 때문에 시카고 시의회에서 호텔 객실 내 화재 인지 지침과 자동 경보 시스템 설치를 포함하여 새로운 호텔 건축법규와 소방 활동 절차를 제정했다. 다음 해에 개정된 건축 피난 규정에서 연기 안전에 대한 규정이 강화된 것은 이 La Salle 호텔 화재로 얻은 교훈이었다.

Atlanta, Winecoff Hotel 화재

　Winecoff Hotel은 1913년 개관 당시 애틀랜타에서 가장 높은 15층 건물이었다(현재 Ellis Hotel 자리). 콘크리트 내화재로 보호된 철골 구조로서 '완벽한 내화성'을 광고의 키워드 내걸었었다. 그러나 당시의 건축법규는 완전치 않아서 내장재는 불에 잘 타는 재질이었고 하나뿐인 피난계단은 La Salle 호텔과 마찬가지로 복도로 개방뉘 구조였으며 스프링클러는 없었다. 전형적인 20세기 초기의 고층건물이었다.

　1946년 12월 7일 새벽에 발생한 화재로 304명의 손님 중 119명이 사망하고 65명이 부상을 당했으며 호텔의 소유주인 Winecoffs는 31년 간 살아오던 그 호텔 11층의 스위트룸에서 사망했다. 고층까지 닿는 사다리가 없어 호텔 양옆의 12층 건물과 6층 건물 사이에 사다리를 걸쳐 놓아 사람들을 구출했으나 도로 쪽의 방에 묵고 있던 사람들은 구출할 방도가 없었다. 그 결과 이 화재는 뛰어내리거나 침대시트 등으로 급조한 줄을 붙잡고 탈출하다가 추락사한 사람이 32명에 달하는 엉뚱한 기록을 세우기도 했다.

La Salle 호텔 화재 이후 6개월 만에 발생한 대규모 화재 피해는 고층 빌딩의 화재 취약성에 대한 문제의식을 불러일으켜 Truman 대통령이 그다음 해에 화재예방에 관한 전국 회의를 소집하였고, 그 결과 화재 및 연기 확산 경로가 되는 개방계단을 금지하고 피난계단을 확보하도록 건축 피난 규정(The Building Exits Code)이 개정되었다. 이 코드는 여러 차례의 수정을 거쳐 1955년에 지금 세계적으로 가장 영향력 있는 '건축물 인명안전기준' 〈NFPA 101: Life safety code〉가 되었다.

라스베이거스, MGM Grand Hotel 화재

1980년 11월 20일 아침 7시 경에 발생한 미국 라스베이거스 MGM Grand Hotel(지금 Bally's Hotel 자리) 화재는 한국의 대연각 호텔 화재 사건 이후 9년 만에 발생하여 선진국의 자존심을 구긴 사건이다. 85명의 희생자와 600여 명의 부상자가 발생하여 Winecoff Hotel 화재, Dupont Plaza Hotel 화재에 이어 미국 호텔화재 사상 세 번째로 피해가 컸던 화재로 꼽힌다.

1973년 12월 3일, 2,100개의 객실과 13,500m² 규모의 대형 컨벤션룸과 923개의 슬롯머신을 갖춘 세계 최대의 휴양시설로 개관한 26층 건물의 이면에서 42,000m² 규모의 카지노는 나무와 플라스틱을 비롯해 불에 잘 타는 소재들로 만들어졌으며, 스프링클러는 24시간 운영되는 시설에만 설치하는 것으로 허가를 받아 레스토랑에는 스프링클러가 없었고 카지노에도 일부에만 설치되었다. 카지노는 전체가 사실상 24시간 운영하는 시설이지만 왜 그곳에 스프링클러가 설치되지 않았는지는 밝혀지지 않았다. 자동식 화재경보장치도 없어서 직원들이 돌아다니며 화재경보기를 울렸다. 이 건물의 소방설비 설계 책임에 대한 법정공방은 화재 후 20년을 끌었다.

당시의 미국 행정이 그리 치밀하지 않았던 것은 전술한 1946년도의 대규모 호텔 화재 이후 34년이 경과한 시점에도 크게 개선되지 않았던 것 같다. 준공하기 불과 2년 전, 아마도 공사 착수 시점이었을 당시에 서울의 대연각 호텔에서 발생한 대규모 화재에서 아무런 교훈도 얻지 못한 선진국의 자만심은 비극으로 귀결했다.

당시 화재는 1층 별관의 주출입구 쪽 카지노에서 전기적 원인으로 발생하였는데, 10분도 안 되어 거대한 카지노 전체가 불길에 휩싸였다. 화재 진입과 구조를 위해 소방관 200여 명이 투입되었고, 화재는 다행히 카지노와 레스토랑 인근에서 크게 번지지 않아 소방대가 투입된 후 한 시간 만에 진화되기 시작하여 세 시간 만에 완진 진화됐지만 호텔에서 투숙객들과 종업원들이 모두 대피하는 데에도 그만큼의 시간이 걸렸다.

희생자 중 한 명은 불을 피해 건물 밖으로 뛰어내렸다가 숨졌고, 나머지 84명은 연기에 질식했다. 불이 난 카지노에서 18명이 사망했는데 그중 14명은 연기흡입으로 인한 일산화탄소 중독으로, 나머지 4명은 화상으로 사망했다. 67명은 화재현장과 거리가 먼 본관의 고층부에서 나왔는데, 시신의 위치가 기록된 61명 중 25명은 객실에서, 22명은 복도에서, 9명은 계단에서, 5명은 승강기에서 발견되었다.[16] 건물 내 계단과 승강기 승강로는 굴뚝의 역할을 했고 난방용 공기조화 시스템도 화재에 멈추지 않아 연기를 건물 전체에 퍼뜨렸다.

조사결과 스프링클러가 있었던 곳과 없었던 곳 사이에 피해가 확실히 갈렸다. 객실이나 복도에 전소된 곳이 없었음에도 불구하고 연기 때문에 수많은 인명피해가 있었는데, 정작 연기가 찬 곳은 없었다. 공조시설이 계속 가동하여 연기를 배출한 덕분에 시설의 피해가 작았던 것이다.

MGM 그랜드 호텔은 이후 8개월 간 문을 닫고, 5천만 달러를 들여 호텔을 리모델링하고 1981년 7월 재개장하기까지 10억 달러가량의 손실을 입었다고 한다. 화재에 의한 직접 손실액은 3천만 내지 5천만 달러로 추산한다.

이 화재로써 화재 시 연기를 취급하는 방법에 대한 인식에 일대 전환이 이루어져 1985년에는 NFPA(미국 방화협회, National Fire Protection Association)에 제연시스템 기술위원회가 생기고 1988년에는 화재 시 인명을 보호하는 제연기술에 대한 지침(NFPA 92A/B)을 펴내게 되었다.

---

16 LG건설 기술연구소, 〈초고층건물 화재 사례집〉.

푸에르토리코 산후안, Dupont Plaza Hotel 화재

1986년 12월 31일, 미국의 자치령인 푸에르토리코에서 발생한 이 사건은 전형적인 노사분규로 인한 방화였는데, 방화자의 의도와 달리 그 피해가 너무 커서 미국 역사상 두 번째로 큰 호텔화재로 기록됐다.

당시 직원 450명 중 250명이 가입했던 노조는 호텔측이 노조원 60명을 자르고 비노조원으로 대체하려는 데 반발하는 상황이었다. 원인은 알 수 없으나 대화재가 있기 전에 3번의 작은 화재가 발생했고 호텔은 경비원을 30명 더 늘렸다.

연말특수를 맞아 1,000여 명의 관광객이 투숙한 상태에서 파업을 결의한 노조는 호텔 관광객들에게 겁을 주기 위해, 오후 3시 30분 경 호텔 1층의 볼룸 근처, 매트리스와 의자 커튼 등의 새 가구들이 가득 찼던 창고에 불을 질렀다. 가구를 감쌌던 비닐랩이 순식간에 불타오르고, 불길이 급작스럽게 볼룸으로 번져 플래시오버[17] 현상이 일어났다. 플래시오버로 인해 불은 로비와 카지노를 가로막던 창문을 다 깨며 금세 카지노와 로비로 번졌고 유독가스가 순식간에 퍼져나갔다.

몇 달 전, 호텔 직원들이 도둑을 막겠다고 비상구들을 전부 잠가 버린 바람에 피난에 지장이 컸고, 그 전 해에 소방서 검사에서 소방설비에 대해 나쁜 판정을 받았던 전형적인 인재였다

사망자는 97명, 부상자는 140명이었는데, 사망자의 시신은 불에 너

---

17 환기가 잘 되지 않는 공간에 불이 나면 500℃ 이상의 고온 연소가스가 가득 차게 되는데 그 고온가스의 복사열에 의해 가연물들이 거의 일시적으로 발화하는 현상을 가리키는 말이다. 불이 점차로 옮겨가는 것이 아니라 폭발적으로 타오른다.

무 훼손되어 신원 확인에 시간이 오래 걸렸다. 사망자 중 84명이 카지노에서 나왔다.

이 화재로 플래시오버의 심각성을 인식하게 되어 이후 소방설계에서 플래시오버를 방지하기 위한 방법을 모색하는 계기가 되었다.

911 테러, 세계무역센터 붕괴

911 테러는 미국인들이 결코 잊을 수 없도록 뇌리에 새겨진 사건이며, 테러 규모의 무한정성을 세계인에게 인식시킨 사건이다.

세계무역센터는 총 7동의 건물 중 두 개의 쌍둥이건물이 1973년까지 세계에서 가장 높은 건물(110층, 높이 417m)이었고, 사고 당시에도 시카고의 시어즈타워[18]에 이어 두 번째로 높은 건물이었다.

2001년 9월 11일 오전 테러범들에게 납치당한 아메리칸 에어라인 AA11편과 유나이티드 항공 UA175편 2대의 여객기가 세계무역센터 쌍둥이건물에 충돌하였다. 오전 9시 59분 남쪽 건물이 먼저 무너지고, 이어 10시 28분 북쪽 건물이 무너졌으며, 그 잔해와 진동의 충격에 47층 높이의 부속건물인 제7 세계무역센터 빌딩이 타격을 입고 오후 5시 20분 경 무너졌다.

여객기가 건물에 충돌하자 10만 리터가량의 항공유가 타면서 격렬한 화재가 발생했다. 충돌 지점보다 상층에 있던 사람들은 계단이 붕

---

18 1974년에 시어즈 사가 지은 뒤 줄곧 '시어즈타워'로 불려왔으나 2009년 3월 윌리스 그룹이 인수하여 '윌리스타워'로 개칭하였다.

괴되어 대피로를 찾지 못했고 수많은 이들이 열기와 연기를 못 이겨 건물에서 뛰어내렸다. 이 사고로 인한 총 인명피해는 3,130명으로, 진주만 공습 때의 2,330명보다 800명이 더 많았다.

세계무역센터는 그보다 8년 전인 1993년에도 지하2층 주차장에서 격렬한 폭탄테러로 6명이 즉사하고 천여 명이 부상을 당한 사건이 있었다. 당시의 폭발로 6개 층의 바닥 일부가 무너지고 건물 아래를 지나던 지하철의 터널도 파손되었으며 수많은 차량이 불탔으나 건물의 전체적 안정성에는 문제가 없었다.

1993년의 사고로 확인된 건물 구조의 안정성은 대형 비행기 충돌 충격에 이어 10만 리터의 항공유가 타는 열기를 견디지 못한 철골구조물의 붕괴로 무너졌다.

대규모 사고에서 큰 교훈을 얻는 것이 인류의 능력이다. 사고 당시 계단실에 설치됐던 CCTV 카메라는 피난계단으로 밀려드는 피난자들의 거동을 자세히 관찰하는 계기가 됐다. 역사상 처음으로 얻은 이런 대규모 대피 기록은 초고층 건물에서의 피난 안전설계에 큰 도움을 주는 자료가 되었다.

프랑스, 노트르담 대성당 화재

노트르담 대성당 화재는 프랑스의 화재지만 세계인의 주목을 받고 인문학적 측면에서 생각해 볼 바가 있는 사건이다.

2019년 4월 15일 오후 6시 50분, 노트르담 대성당에 화재가 발생하여 96m에 이르는 첨탑이 무너져 내리고 지붕의 3분의 2가 소실됐다. 석조건물인 본체는 붕괴되지 않았고 수장하고 있는 미술품의 피해도 크지 않다고 하니 어쩌면 작아 보이기도 하는 이 화재 진압에 15시간이 걸렸다. 1872년 보스턴 대화재 진압에 걸린 17시간과 비교하면 엄청나게 오래 걸린 것인데, 건물 구석구석과 소장품들이 모두 귀중한 문화재들이라 다루기 어려웠던 점 때문에 불을 과격하게 끄는 것보다는 미연소 부분을 보존하면서 불이 커지지 않도록 관리했을 것이다.

1163년에 착공하여 1345년까지 182년이나 걸려 지은 이 건물은 우리나라에서 가장 오래된 봉정사 극락전과 비슷하게 오래된 건물인데, 그 규모나 역사성 및 예술성에서 찬란한 인류문명의 보고라는 평가를 받는다.

대부분의 역사유적들이 백성들의 고혈을 짜서 만든 권력자들의 사적인 취향놀음이라는 견지에서 노트르담 대성당도 다를 바가 없다. 그런데도 자유와 평등사상에 가장 진취적인 프랑스인들이 그 건물을 애지중지하며 그토록 안타까워하는 이유는 그 건물이 이미 역사의 심판을 받아 종교적 색채를 벗었기 때문이다. 1789년 프랑스 혁명 중에 그 건물은 분노한 군중에 의해 이번에 불타버린 그 첨탑이 불타버렸고 종교권력자들에 대한 증오 때문에 70여 년이나 방치되고 철거까지 논의되다가, 빅토르 위고의 명작 〈노트르담 드 파리(노틀담의 꼽추)〉가 선풍적 인기를 얻으면서, 그 건물의 예술적 가치를 재인식한 시민들의 응원으로 1860년에 복원되었다고 한다.

그 안에 있던 수많은 보물들이 화재규모에 비하면 피해가 크지 않고 하니 불행 중 다행이다. 그러나 가장 안도하는 보물이 예수의 가시관이라는 기사는 인간 이성의 취약점을 되돌아보게 한다. 생몰연대나 행적이 불분명할 뿐 아니라 프랑스인들은 역사적 실재 여부조차 잘 믿지 않는 인물, 더구나 이 땅에 남길 것은 말씀과 약속뿐이어야 할 존재의 유물이 진정 보물이라면 인간의 어리석음 내지 사기성을 증명한다는 의미에서다.

그런데 이번 프랑스에서는 복구성금 모금에 하루 만에 1조원이 넘는 돈이 모였다고 한다. 피노, 루이비통, 아르노 등 프랑스 최대 재벌들이 각 1억 유로(당시 환율로 1300억 원), 2억 유로(2600억 원) 등 경쟁적으로 기부를 했다니, 새벽의 자존심이 발휘되는 풍모기 우리 재벌들피는 참 많이 다르다. 그럼에도 프랑스 재벌들의 이런 기부에 찬사보다 비판이 더 많다는 것이 현지 분위기라 한다. 조세회피의 범법행위로 단물만 빨아먹으며 프랑스 빈민들에 대한 평소의 기부에는 인색하다가 생색나는 일에만 이렇게 기부경쟁을 해 댄다는 비판이니, 기부의 의미에 대해 가진 자와 못 가진 자 사이에 인식의 괴리가 큰 것이다. 부에 대한 진정한 존중이 어떤 것인지를 모두 함께 깨닫게 된다면 이 위대한 문화재의 화재에서 아마도 잃은 것보다 얻을 것이 더 클 것이다.

노트르담 성당 화재는 화재규모로만 보자면 전 세계적으로 매일 일어나는 숱한 화재 중 하나일 뿐이고 인명피해도 없었지만 문화재적 가치 때문에 세계인의 관심을 모았다. 진실로 필요한 것은 문화재의 경제적 가치나 관광자원으로서의 가치 보존이 아니라 인류의 이성과 삶의 전통이 빚어내는 문화 그 자체여야 할 것이다.

국내 대화재

　한국전쟁 이후 사회기반시설이 갖춰지지 못한 상태에서 일어난 수많은 화재는 빈약한 민생과 경제기반에 큰 타격을 입혔다. 특히 피난 임시 수도로서 과도한 밀집환경이었던 부산에서 피해가 컸는데, 그 대표적인 화재는 1953년 국제시장 화재, 부산역전 대화재 등이었으나 빈약한 재정과 사회적 여건으로 인해 도시를 재개발하는 기회를 가지지는 못하였다. 폐허가 된 땅에 다시 판잣집이 들어서고 빈약한 방재대책 때

[그림 17]　폐허로 변한 부산 국제시장 자리. 국가기록원 보존사진

문에 다시 재해가 발생하는 악순환이 가난한 나라의 공통된 현실이다.

역사상 3대 화재 등 거대화재 후 도시가 현대화되고 화재 전보다 오히려 발전하는 것은 그 사회가 그런 사고를 전화위복으로 감당할 충분한 능력이 있기 때문이다. 우리 사회가 그런 능력의 단초를 보인 것은 1977년 이리역 폭발사고부터다.

이리역 폭발 사고

1977년 11월 9일 인천을 출발하여 광주로 가던 한국화약주식회사(지금의 주식회사 한화)의 화약열차는 10일 11시 31분에 이리역에 도착하여 사고지점인 4번 입환대기선(入換待期線)에 머물러 있었다. 호송원은 화약류 등의 위험물은 역 내에 대기시키지 않고 곧바로 통과시켜야 하는 원칙을 무시하는 이리역 측에 항의를 제기했으나 묵살되자 이리역 앞 식당에서 저녁을 먹은 후 논산역에서 구입했다는 양초에 불을 붙여 화약상자에 세워 놓고 침낭 속에서 잠이 들었다. 끄지 않은 촛불이 화약상자에 옮겨 붙어 대규모 폭발사고가 발생했으며, 통행의 최우선 순위인 화약열차가 바로 통과되지 않은 이유는 급행료를 갈취하려고 이리역 측에서 고의로 막은 것이라는 수사결과가 발표됐다.

폭발한 열차에는 당시 다이너마이트 22톤, 초산암모늄 5톤, 초안(硝安) 폭약 2톤 등 합계 30톤 분 1,250상자의 화약물질이 실려 있었다. 다이너마이트가 터진 이리역 구내에는 깊이 10m, 직경 30m의 큰 웅덩이가 파였고 역 구내에 있던 열차 30여 량이 파손되고 전라선

[그림 18] 이리역 폭발 직후 현장 주변. 국가기록원 보존사진

240m와 호남선 130m가 붕괴되었으며, 전라북도가 집계한 인명피해
는 사망자 59명, 부상자 1,343명에 달했고, 반경 500m 이내의 피해 가
옥 동수는 9,500여 채, 이재민 수도 1,674세대 7,800여 명이나 되었다.

이리역 폭발사고 직후 중앙재해대책본부가 구성되어 재해 복구 활
동이 시작되었다. 정부는 천막촌을 건설하여 이재민을 수용했고, 민심
을 무마하기 위해 1977년 11월 19일 '새 이리 건설 계획'을 발표하여 역
주변의 도시 건설을 시행하고 이재민을 수용하기 위해 이 지역 최초의
주공아파트인 모현주공아파트가 건설되었다. 그러나 중앙집중이 강화
되던 시기에 지방도시의 한계로 현대적 발전은 어려웠다.

그러나 이리시의 인구가 1975년 11만 7천여 명에서 1980년 14만 5천

여 명으로 대폭 증가한 것은 1973년의 이리공단 지정과 함께 사고 이후의 도시개발 영향이 컸을 것으로 추정된다. 이리시는 1995년 전국 행정구역 개편 때 익산군과 하나로 통합되어 지금의 익산시가 되었다.

이 사고 당시 코미디언 이주일 씨[19]와 유명 가수 하춘화 씨의 관계도 후일담으로 널리 알려졌다.

대구 지하철공사장 폭발

한국의 도시 지하철은 단기간에 세계 최장의 철로망을 구축하는 돌관공사였던 만큼 공사현장의 사고가 많았지만, 그중 가장 큰 사고는 정작 자신의 과실로 인한 것이 아니었다.

대구지하철은 1995년 공사 도중에 대형 폭발사고를 겪었다.

1995년 4월 28일 오전 7시 10분께 대구백화점 상인점 신축 공사장 터파기를 하던 건설업체가 1.7m 땅속에 묻힌 도시 가스관을 파손하는 바람에 대량의 가스가 누출되었다. 가스 차단이 늦어 30분 간 고압으로 계속 방출된 다량의 가스는 77m 떨어진 학교 앞 네거리 지하철 공사장으로 유입됐고, 지하철 공사가 시작된 직후인 7시 10분께 폭발이 일어났다. 화재보다 폭발로 인한 붕괴로 피해가 컸다. 사망 101명에

---

19 이리역 앞 극장에서 하춘화 리사이틀 공연 중 천장이 무너지는 상황에서 당시 쇼무대 무명 MC이던 이주일 씨가 벽돌에 맞아 두개골이 함몰되는 중상을 입으면서도 하춘화 씨를 업고 나와 구하였으며, 후일 코미디 황제라는 스타덤에 오르기까지 하춘화 씨의 지원이 큰 힘이 되었다고 한다. 이주일 씨는 그 인기를 바탕으로 국회의원까지 되었으며 의정 활동에 대해 높은 평가를 받았다. 최불암, 이소룡과 1940년 동년생이며 폐암진단을 받고 금연전도사로 활약하다 62세에 타계했다.

부상 202명의 피해가 집계됐는데, 등교시간이어서 사망자 중 60명이 근처 중학교 학생이었고, 지하철 공사장이었던 관계로 매몰된 희생자도 많았다.

[그림 19]　대구 지하철공사장 폭발사고 현장(사진 출처: 국사편찬위원회 한국사연표)

대구지하철 화재 사고

2003년 2월 18일 9시 53분에 대구 도시철도 1호선 중앙로역에서 방화로 일어난 화재 참사로 그보다 8년 전에 아제르바이잔의 수도 바쿠에서 발생한 지하철 화재 참사[20]에 이어 세계 최악의 지하철 화재로

20　1995년 10월 28일, 289명이 사망하고 270명이 부상을 입었다.

꼽힌다.

방화범 김○○은 우울증과 뇌졸중이 겹쳐 증세가 호전될 가망이 없자 세상을 비관하여 주유소에서 휘발유 7,500원어치를 구입하고 지하철에 올라 불을 붙였다. 방화범은 자신의 옷에 순식간에 불이 붙자 휘발유통이 든 가방을 황급하게 객실 바닥에 던졌고 불길은 더욱 순식간에 객실 내로 번지면서 화재가 확산되었다.

화재가 발생한 1079열차의 승객 거의 대부분은 정차 중으로 문이 열려 있어 대부분 대피한 반면, 반대방향으로 운행 중이던 1080열차는 화재 상황을 잘 알지 못하는 상황에서 역에 진입하여 붙이 옮겨 붙으면서 화재가 확산되어 많은 사상자가 발생하였다.

암흑과 연기로 가득 찬 지하철 역사에서 치열한 구조작업이 이루어지고 화재 진압은 4시간 만에 완료되었으나 2개 편성 12량의 전동차가 모두 불타고, 192명의 사망자와 6명의 실종자 그리고 148명의 부상자가 발생하여 삼풍백화점 붕괴 사고 이후 최대 규모의 사상자가 발생했다.

그런 사고에 대비한 행동 지침서가 없어서 종합사령실과 기관사 사이의 통화는 우왕좌왕했고 승강장과 역사에도 효과적인 소방시설이나 피난대책은 없었다.

이후 주유소에서는 차량 이외에 휘발유 판매 단속이 강화되고, 전국의 지하철은 객차 내부 마감재와 좌석 시트를 모두 불연재나 난연재로 교체하였으며, 역사에도 소방시설이 많이 보강되었다.

숭례문 화재[21]

2008년 2월 10일 오후 9시께 시작된 불로 숭례문은 5시간 만에 무너졌다. 서울중부소방서는 불이 난 지 6분 만에 현장에 도착하였으나 숭례문을 최대한 보호하려는 소방당국의 결정에 따라 숭례문 지붕 위로 폭포처럼 물을 뿌렸다. 하지만 소방당국이 뿌린 물줄기는 불에 직접 닿지 않아 열을 식히지 못했다. 소방당국이 숭례문의 건축구조를 사전에 충분히 알고 있지 못했기 때문에 88대의 소방차가 총출동했지만 숭례문이 잿더미로 변하는 것을 막지 못했다.

숭례문의 2층 지붕은 전통 목조건축 양식으로, 지붕 위쪽부터 아래로 기와와 보토(진흙)층, 석회층, 적심(지붕에 넣은 원목), 개판(널판지), 서까래(통나무)로 된 6겹 구조다. 지난 1961~1963년 숭례문 보수공사를 할 때, 외부에서 들어오는 수분을 차단하여 목재 부분을 보호하기 위해서 기와 바로 밑에 있는 보토층에 석회 성분을 많이 넣었다고 한다. 그런데 아래쪽에서 붙인 불은 나무를 촘촘히 넣은 적심에 붙어 내부를 따라 타올랐고 지붕에 뿌린 엄청난 양의 물은 석회 성분의 방수 효과로 인해 불이 붙은 부위까지 스며들지 못했다. 결국 11시 50분께 기와 해체작업에 돌입했으나 3시간 동안 지붕에 쏟아부은 물이 꽁꽁 얼어 있어서 미끄러운 지붕에 서서 진화 작업을 펼치기 힘든데다 누각의 붕괴 위험까지 있어 내부에 들어간 진화 요원들도 철수했다. 결국 불이 2층 지붕을 모조리 태우고 누각도 무너졌다.

---

21 한국과학기술정보연구원, 〈KISTI의 과학향기〉에서 요약 인용.

이후 전국의 목조 문화재에 소방시설이 강화되었다. 대형목조건물 화재 경험이 많지 않았던 우리 소방능력에 발전의 계기가 되기도 했지만, 대구지하철 화재에 이어 사회적 소외감의 문제를 재확인한 것도 값비싼 대가를 치르고 얻은 소중한 수확이라 할 것이다.

방화범은 토지보상에 불만을 품고 정당한 절차에서 자기만 도외시된다는 피해망상에서 이미 창경궁에 불을 지른 전과가 있었고, 이번에도 종묘에 불을 지르려다 감시가 허술한 숭례문으로 바꿨다는 조사결과가 발표되었다. 60대 후반의 나이가 되도록 정상적인 사회성을 익히지 못한 정신적 소외자들에 대한 대책이 선진국 문턱에서 넘어야 할 중대한 과제임을 확인한 사건이었다.

서울 3대 화재

1971년부터 4년 동안 서울 역사상 3대 화재라고 할 만한 대규모 화재가 연이어 발생했는데, 대연각호텔 화재, 서울시민회관 화재, 청량리 대왕코너 화재가 그것이다.

1971년 대연각 호텔 화재

이 화재는 국제적으로 널리 알려져 소방 관련 책에도 주요 사례로 소개되는 사건이다.

1971년 12월 25일 크리스마스 아침에 서울 충무로에 있는 21층 건물인 대연각호텔에서 발생한 화재는 뛰어내린 사람 38명 포함해 163명이 사망하고 63명이 부상당하여 세계 최대의 호텔화재로 기록되었다. 화재 원인은 1층 호텔 커피숍의 프로판 가스 폭발로 밝혀졌는데, 호텔 내부가 가연성 소재로 마감되어 불길이 호텔 전체로 확대되었다. 하나뿐인 계단실은 옥내 개방형이어서 불길과 연기의 통로가 되었고 옥상 출입문이 닫혀 있어 옥상으로 피난을 할 수도 없었다. 미군 헬기를 포함한 15대의 헬기를 동원하였으나 강풍과 화열로 구조가 어려워 헬기

구조는 6명에 그쳤다고 한다. 당시 전 국민이 하루 종일 TV와 라디오로 화재 중계를 들어야 했다. 스프링클러는 물론 방화벽도 비상계단도 없었고, 건축허가 조건을 어기고 한 층을 더 높여 준공한 후 3년 만에 발생한 예정된 인재였다.

어느 신문에는 燃(불사를 연)이라는 글자를 포함한 大燃閣이라는 이름으로 인해 대규모 화재는 예정됐다는 성명철학적 논평까지 실렸는데, 커다란 비극 앞에 언론이 할 수 있는 농담은 아니었고 더구나 이름의 한자는 燃이 아닌 然이어서 사실상 비방성 허위보도였다.

1972년 서울시민회관 화재

서울시민회관 화재는 1972년 12월 2일, 지금의 세종문화회관 자리에 있었던 서울시민회관에서 발생하여 사망 51명, 부상 76명의 피해를 입혔다.

오후 8시 27분, 문화방송 개국 11주년 10대 가수 청백전 공연이 끝나 관객이 밖으로 나오던 때 갑자기 무대 위 조명장치가 터지면서 무대 커튼에 불이 옮겨 붙었다. 원인은 많은 사람이 목격했듯이 전기 과열로 인한 발화였다.

사람들이 나오고 있던 시점인데도 불구하고 무대장치와 실내 마감 재료 등이 불에 잘 타는 것이었고 정전으로 인한 암흑과 유독가스, 불충분한 피난 출구, 집단 피난에 따른 혼란으로 아수라장이 되어 계단에서 압사하는 사람, 창문이 깨지면서 추락하는 사람들이 생겨나 피해가 컸다. 어린이와 여자들이 주로 깔리고, 수십 명이 2층에서 1층으로 뛰어내려 2, 3층 사상자가 대부분이었다.

시민회관은 3층까지 공연장 건물이고, 4층에서 10층까지 면적이 좁은 타워로 구성되어 관리사무실 등 일반 사무실이 들어서 있었는데, 사망자의 절반이 그 타워에서 나왔다고 하니 방재대책 없고 계단 하나밖에 없는 그곳에서 화열보다 연기에 의한 질식이 먼저였을 것이다. 당시 불의 힘 때문에 1층 문을 밖으로 밀어서 열 수가 없었다고 하는 유명 가수 문주란 씨의 증언으로 화재상황에서의 연돌효과를 처음으로 인식하는 계기가 되기도 했다.

소방차 72대, 소방관 400명, 군병력 170명 등과 함께 군 헬기까지 동원해 두 시간 만에 불길을 완전히 잡았으나, 당시 서울의 대표 공연장이었던 서울시민회관의 허술한 소방시설이 비판의 도마에 올랐다. 형식적으로 설치된 소방시설은 무용지물이었고, 눈에 잘 띄지 않는 안전시설은 소홀하였다.

6년 후인 1978년에 같은 자리에 현대식 세종문화회관이 지어져 국립극장, 예술의전당과 함께 국내 예술공연의 주축이 되고 있다.

1974년 청량리 대왕코너 화재

1974년 11월 3일 청량리역 옆의 대왕코너에서 발생한 화재로서 사망 88명, 부상 35명으로 집계되었다.

대왕코너 건물 6층에 있던 브라운 호텔에서 조명기구의 합선으로 화재가 발생하여 삽시간에 나이트클럽 등이 있던 6층을 모두 태우고 7층으로 옮아가 전소시키며 순식간에 정전이 되어 일대 혼란에 빠지게 되었는데, 연기가 들어오기 시작한 후에도 나이트클럽 종업원들은 "돈 내고 나가라"고 문을 막아버려서 나이트클럽에서만 64명이 희생되었다고 한다. 후일 대구지하철 폭발 사고가 발생하기 이전, 대연각호텔에 이어 우리나라 화재사상 두 번째로 많은 희생자 수였다.

나이트클럽, 캬바레의 실내장식이 가연성인 이유로 준공검사에서 승인도 받지 못하고 다섯 차례에 걸친 소방시설 개수명령을 받았으나 그 또한 무시한 채로 영업을 강행한 전형적인 인재였다.

이 건물은 아파트까지 포함하는 복합상가 건축물이었는데, 당시 5층에 있던 아파트 주민들은 독립된 비상계단을 통하여 피난함으로써 인명 피해가 없었다고 하니, 방화구획과 용도별 동선의 분리가 비상시 안전에 중요한 기능임을 확인하는 계기가 되기도 했다.

이름에 대한 유식한 논평은 이때도 있었다. 그 이전 1972년에도 6명이 희생된 화재가 있었는데 大旺의 旺자가 '성할 왕'이라서 왕성한 기운에 불이 계속 난다는 것이다. 그런 부질없는 해석보다는 당시의 부족했던 안전의식 때문에 그 이듬해인 1975년에도 화재로 3명이 희생됐다. 4년 동안 한 건물에 대형화재가 세 번이나 발생했다는 사실은 당시 우리 사회의 안전관리 실태를 적나라하게 보여주는 증표였다.

이 건물은 그 후 맘모스백화점, 롯데백화점으로 주인이 바뀌다 재개발로 인해 2016년 철거되었다.

세기말 격동의 변환기

한국 사회는 문민정부 들어 폭발한 시민적 자유와 함께 1990년에 6,500달러였던 1인당 GDP가 불과 6년 만에 두 배 가까운 12,000달러로 뛰며 눈부신 경제발전을 달성하였다. 브레이크 없는 과속 발전으로 인한 과도한 자신감은 방심과 무절제로 온갖 문제점을 일시에 노출하였다. 가장 큰 충격은 IMF 구제금융 사태와 정신을 차리기 어려울 정도로 터지는 사고였다.

90년대 전반에는 육지, 해양, 공중, 지하, 호수, 건물, 교량, 화재, 붕괴, 폭발 등 상상 가능한 모든 분야를 망라하여 연이어 터지는 대형사고 때문에 다음 차례는 언제 어떤 분야가 될 것이라는 예측까지 성행했고 불행하게도 그 예측이 대부분 들어맞았다.

90년대 전반에 발생하여 모두의 기억에 선명히 남은 대형사고로 목포 아시아나 항공기 추락(1993), 부안 서해페리호 침몰(1993), 아현동 도시가스폭발(1994), 충주호 유람선 화재(1994), 성수대교 붕괴(1994), 삼풍백화점 붕괴(1995), 대구 지하철공사장 폭발(1995) 등이 20세기 말미를 장식했다.

21세기 들어서서도 2003년 대구지하철 화재, 2008년 숭례문 화재 등 분노로 인한 인위적 재난이 초기 십년을 이끌더니 2008년 이천 냉동창고 화재, 2014년 고양종합터미널 화재, 2014년 세월호 침몰, 2017년 동탄 메타폴리스 화재, 2017년 제천 스포츠센터 화재, 2018년 밀양 세종병원 화재 등 다시 안전관리 시스템 부실로 인한 재난이 대두되었다.

안전관리의 문제는 선진국으로 들어가기 위해 사회가 치러야 하는 일종의 통과의례라 할 수 있는데, 특히 세월호 사건에서는 재난대응 시스템의 총체적 무력화가 드러나 다시 음모론에 불을 붙였다. 음모론의 존재는 무기력한 시대상의 방증이다. 앞서 말한 1990년대의 대재난 시대에 음모론이 없었던 것은 당시 워낙 역동적이었던 시대상이 그 모든 비극으로 인한 정신적 충격을 음모라는 퍼즐심리에 기대지 않고서도 극복할 수 있었기 때문이다.

변환기를 지나 선진국으로 접어들면서 이제 분노조절장애 범죄가 대형화하는 선진국형 재난이 가장 걱정되는 시대가 되었는데, 코로나 이후 시대는 그런 무기력증후군이 더 심화될 것 같다는 것이 사회학자들의 공통적 시각이다. 분노조절장애는 방화만이 아니라 방화에 대처하는 소방인력에 대한 폭행으로도 나타나고 있다. 심지어는 자기를 구조해준 119 구조인력을 폭행하여 숨지게 하는 일마저 발생했다.

미국의 경우에는 인종적 증오로 인한 사소한 폭행이 대형 폭동으로 발전하는 일이 많은데, 이제 소방시설도 우연한 화재가 아닌 방화에 대비하는 성격을 갖춰야 한다.

3. 소방기술의 과학

연소 이론의 발달

　인류의 여러 고전적 관념에서 불은 세계를 구성하는 원초적 존재로 인식되었지만 17세기 들어 유럽의 학계에 여러 가지 화학적 발견들이 축적되면서 불을 과학적으로 설명하려는 시도가 이어졌다.

　1703년 독일의 연금술사인 슈탈(G. E. Stahl, 1660~1734)은 아리스토텔레스의 4원소설을 가공하여, 물질이 타는 데에 꼭 필요한 원소가 있다고 주장하며 '플로지스톤'이라 이름지었다. 불에 타는 물질 내부에는 불의 성분인 플로지스톤이 존재하며 물질에서 플로지스톤이 소모되면 재가 남는다는 것이다.

　그런데 측정기술이 발달함에 따라 나무나 종이 등이 타서 재가 될 때는 플로지스톤이 빠져나가니까 질량이 감소하지만 금속이 타서 금속재가 될 경우에는 오히려 질량이 증가하는 것을 알게 되었으나 그런 현상을 설명할 길이 없었다.

　프리스틸리(Joseph Priestley)[22]는 1774년 수은을 태운 결과 플로지스톤이 소모되고 남은 잔재인 산화수은을 집광렌즈를 이용한 태양열로 가열해서 산소를 얻어냈다. 즉 새로 얻은 공기는 '플로지스톤이 빠진

---

22 (1733~1804) 영국의 신학자·철학자·화학자이다. 10가지 이상의 기체를 발견하고, 1771년에는 물이 두 가지 기체의 화합물임을 발견하였다.

공기'가 되는 것이다.

라부아지에[23]는 그 공기를 비금속 물질과 반응시켜 산을 얻어낸 실험 이후에 그리스어와 프랑스어를 합성하여 '산성을 만든다'는 뜻의 oxygen이라고 이름 붙였는데, 연소에 필요한 것은 플로지스톤이 아니라 산소라는 것을 1783년 실험을 통해 증명해내면서 플로지스톤설은 80년의 짧은 역사 끝에 폐기되었다.

후일 염산(HCl) 등의 강산에 산소가 없는 것이 밝혀지면서 산을 만든다는 뜻의 산소라는 작명도 잘못되었음을 알게 됐지만 새로운 발견이 자꾸만 이어져 복잡해지는 화학 세계에서 널리 퍼져버린 이름을 고쳐 부르기는 불가능했다.

연소현상을 일컫는 산화(酸化)도 엄격히 말하자면 산(酸)이 되는 현상이 아니라 산소와 결합하는 산소화 현상이다.

---

23 (1743~1794) '질량 보존의 법칙'을 제시한 근대화학의 창시자로 과학의 여러 분야뿐만 아니라 공공분야에서도 많은 업적을 남겼고, 물이 산소와 수소의 화합물임을 밝혀냈다. 프랑스 왕실의 징세관으로 일하다가 프랑스 대혁명 때 체포되어 단두대에서 처형된 혼란스러운 변혁기의 희생자다.

중력(重力)

중력은 무거움을 느끼게 하는 힘이라는 뜻이다. 우주의 모든 질량 체들이 서로 끌어당기는 성질이 있음을 보편적 현상으로 인식한 뉴턴이 만유인력이라 불렀고, 그 개별 인력을 중력이라고 부른다.

중력은 우주 전체의 보편현상이지만 물리적 측면에서 우리 생활의 모든 면에 중대한 영향을 미친다. 중력의 법칙을 거스르는 것은 발견된 적이 없다. 우리 생활 주변의 모든 것은 중력의 바탕에서 이루어진다. 중력환경에 맞춰 진화해 온 인류에게는 중력 때문에 느끼는 불편보다 중력 덕분에 얻는 이점이 훨씬 크다.

일단 중력이 공기와 물을 지구의 대기권에 묶어두는 덕분에 생명체의 존속이 가능하다. 중력이 없으면 땅과 발의 마찰이 없어 걸을 수가없고, 자동차 바퀴도 추진력을 내지 못한다. 새가 나는 것은 공기와 날개의 마찰을 이용하는 것인데, 공기가 중력에 묶여 대기를 이루기 때문에 가능한 것이다. 중력이 건물의 재료를 한 자리에 묶어두지 않으면 집도 지을 수 없고 중력이 물을 낮은 곳에 모아야 비로소 마실수 있으며, 무중력 공간을 비행하는 우주선도 중력환경에서라야 만들수 있다. 지면이나 해저 바닥의 험준한 지형을 회피하여 비행기나 배를 이용해서 먼 거리를 쉽게 이동하는 것도 중력의 덕분이다.

중력과 반대 현상으로 보이는 것이 부력이다. 사실은 중력이 상대적으로 약한 쪽이 더 강한 중력에 밀려 중력의 반대방향으로 이동하는 것이 부력이다. 즉 부력은 중력의 부수작용이다. 불꽃이 부력에 의해 올라갈 때 그 위로 덮어씌운 물이 중력 때문에 떨어져 불을 끈다. 물로써 불을 끄는 것도 중력 덕분에 가능하다는 것인데, 이런 현상을 주역(周易)에서는 화승수강(火昇水降)이라 한다. 부력은 대기권의 공기순환과 바닷물의 해류순환을 일으켜 환경의 조화를 이룸으로써 지구의 생태환경을 유지한다. 중력을 거스르는 것 같은 모든 마술도 중력환경에서라야 구현이 가능하다.

불의 특성

　지구상에서 가장 깊은 곳으로 알려진 마리아나 해구 챌린저 딥
(Challenger Deep)[24]의 깊이는 11,000m이고 가장 높은 산봉우리 에베
레스트는 해발 8,848m이므로 지표면에서 가장 큰 표고차는 대략
20km다.

　이것은 지구의 평균지름 12,750km의 600분의 1도 안 되는 지표면
의 잔주름인데, 사람은 그 잔주름의 5분의 1 범위 표고차에서만 살
수 있다. 대표적 기후재난 영화인 투모로우(tomorrow)에서 극저온층이
하강하는 것으로 가정하는 대류권 계면의 높이도 중위도권 지역에서
는 에베레스트 높이보다 조금 높다. 지구 지름을 3m로 축소할 때 지
구상의 고등생물들은 표면 1mm 범위에서의 안전을 위해 자원과 지혜
를 모아 재난에 대처하며 수억 년의 진화사를 써왔다.

　인류의 생활환경 온도 범위는 대략 영하 50℃에서 영상 50℃ 사이의
범위이다. 사우나에서 벌거벗은 인체가 견디는 온도를 100℃로 보면
인체가 생활환경에서 견딜 수 있는 온도 범위는 영하 50℃에서 영상

24　2019. 5. 13. 미국의 탐험가 빅터 베스코보는 잠수정을 타고 최초로 10,928m까지 잠수
　하는 데 성공했으나 비닐쓰레기를 발견함으로써 최심해로부터 에베레스트 정상의 산소
　탱크까지 지표면의 모든 곳에 인류가 흔적을 남겼음을 인식하게 되었다(http://news.kmib.
　co.kr/article/view.asp?arcid=0924078070).

100℃까지, 150℃ 정도의 범위로 볼 수 있다. 그러나 실제로 인체가 견딜 수 있는 온도 범위는 그보다 훨씬 좁아 체온이 3~4도만 올라가도 위중한 상태가 된다. 외부 기온이 영하 20도로부터 영상 40도 이상으로 60도 이상 변하는 상황에서 인체가 거우 몇 도 범위의 변화로 체온을 유지하는 것은 땀을 흘려 체온을 조절하기 때문이다. 일부 병원성 미생물들이나 바이러스들은 그러한 미소 범위의 체온 변화도 견디지 못하기 때문에 인체가 감염을 인지하면 고열 상태가 되어 감염원을 퇴치한다.

자연계에서 온도의 하한은 영하 273.15℃로 정해져 있지만 온도의 상한은 없다. 핵융합 실험에서 발생시키는 온도는 1억℃ 수준이고 태양의 표면 온도는 6천℃, 그리고 전기용접 온도는 3천℃가량이므로, 생활 주변에서 만나는 온도의 상한을 3천℃로 보면 무리가 없을 것이다. 그렇다면 인체가 적응 가능한 150℃ 가량의 온도 범위는 생활주변에서 만나는 온도 범위인 3천℃의 20분지 1에 불과한 좁은 영역이 된다.

화재로 인해 발생하는 온도는 대략 1천℃ 정도이지만 생활주변의 평범한 환경에서 화재가 시작되는 인화점은 얇은 종이나 옷감 혹은 식용유의 경우 대략 250℃쯤이다. 이 온도는 신체 적응 온도의 상한인 100℃보다 150℃쯤 벗어난 것으로서, 그 일탈 범위는 신체 적응 온도범위인 150℃와 대략 비슷하고, 생활주변에서 만나는 온도 상한의 20분지 1에 불과하다. 결국 화재의 위험은 우리의 생활환경에서 크게 벗어난 일탈상황이 아니며, 생활주변에서 만나는 온도범위의 대부분 구간이 우리 인체가 견뎌내지 못하는 위험환경인 것이다. 이런 현상은 거의 무한대인 에너지 파장 범위에 비하면 사람의 눈이 감지하는 가시광

선이나 귀로 들을 수 있는 소리의 범위가 지극히 좁은 범위에 있다는 사실과도 궤를 같이한다.

체온은 2~3도만 높아도 위험해지고 지구 평균기온이 1도만 달라져도 생태계에 큰 영향을 미친다. 화재가 잦은 이유는 화재 발생 조건이 우리 생활 조건과 가깝기 때문이다. 모든 위험이 그렇다. 물놀이 사고든 교통사고든 심지어 식중독이나 불량 건물의 붕괴사고마저도 우리 생활과 가까워 방심하기 쉬운 조건에서 발생한다. 그러한 환경을 적절히 통제하여 생활에 이용하는 바탕이 과학기술이며, 과학기술의 통제가 잠시 실패하는 순간에 대비하는 것이 소방의 기능이다.

대부분의 사고는 사소한 주의만으로도 예방하기 어렵지 않지만, 사고 예방의 실제적 어려움은 물적 위험성이나 기술적 곤란 때문이 아니라 방심을 통제하기 어려운 심리적 문제와 사소한 물적 이익을 최우선으로 인식하는 사회적 결함에 기인한다.

물의 특성

우리가 생활하는 대기압 환경에서 물은 0℃에서 얼어 고체인 얼음이 되고 100℃에서 끓어 기체인 증기가 된다.

물의 내부분의 쓰임새는 액체 상태에서 나타나는데, 물이 액체로 존재하는 환경은 인체의 적응환경과 비슷한 범위다. 그러므로 지표면에 존재하는 물질 대부분을 차지하는 물이 인체의 70%를 차지하는 것은 지극히 자연스러운 일이다. 진화론적으로는 가장 자연스러운 방향으로 진화한 것이며, 창조론적으로는 창조 환경을 이어가는 가장 은혜로운 섭리인 것이다.

그런데 생활주변에서 가장 흔한 물이 사실은 다른 물질들의 일반적 성질과는 참으로 다른 독특한 성질들을 가지고 있다. 물이 얼면 팽창하여 가벼워지는 것이 아마도 다른 물질들과 가장 큰 차이점일 텐데, 이것은 단순히 흥미로운 현상일 뿐만 아니라 지구상 생물의 생존에 절대적인 요인이 된다.

겨울에 물이 얼면 가벼워져서 물 위에 뜨게 되는데, 이것은 빙산을 띄워 북극곰과 남극 펭귄의 생존 터전이 될 뿐 아니라 얼음이 물속 깊은 곳에 가라앉아 절대 녹지 않는 만년빙으로 변해버리는 것을 막게 된다. 물은 열의 전도성이 낮은데다 더운물이 위로 오르는 대류성이 있어서 물 밑바닥에서부터 얼음이 고이기 시작하면 대류도 일어나지 않고 물이 태양열을 차단하여 일 년 내내 얼음이 녹지 못하고 심해의 대부분 영역을 얼음이 차지하여 생물이 살 수 없게 된다. 얼음은 물 위에 떠서 봄이 되면 녹아 물과 얼음의 계절적 순환을 이루고 해류를 순환시켜 지구 전체의 기온을 평준화하는 것이다.

물은 가장 중요한 소방 자원이다. 가장 중요한 이유는 구하기와 관리하기가 쉽기 때문이다. 물은 아무 데나 있어서 말 그대로 물 쓰듯이 펑펑 쓸 수 있고 불을 끄는 효과가 탁월한데다 지극히 안정되어 불을 끄는 본디의 목적 외에 아무런 작용도 하지 않는다. 흙도 물 못지않게 좋고 흔한 소화재료이지만 채취하거나 기계적으로 사용하는 것이 어렵고 공중에 떠 있거나 경사가 심한 바닥의 불을 끄는 데 사용하기는 어렵다.

대기압 하에서 순수한 물은 100도에서 끓는다. 기압과 불순물 농도를 바꾸면 끓는점도 달라진다. 기압이 낮아지면 끓는점도 낮아져서 높은 산에서는 밥이 덜 익는다. 등산 취사를 하던 예전에는 흔히들 겪었던 일이다.

기압을 높이면 끓는 온도가 높아지므로 더 가열하여 에너지 보유량을 높일 수 있다. 그렇게 높은 온도로 가열한 물의 온도에 따라 중온수 고온수 등으로 부르며, 생활주변에서는 지역난방에 사용하는 열매체로 사용한다. 대도시의 큰길 땅속에는 이런 고온의 물이 흐르는 대구경관이 묻혀있다. 이런 고온의 물은 압력이 높아서 자칫 배관이 파괴되면 폭발적으로 분출하여 큰 피해를 야기하므로 사용을 엄격하게 규제한다.

물에 불순물 농도가 높으면 끓는점은 올라가고 어는점은 내려간다. '끓는점 오름' 또는 '어는점 내림'이라고 부르는 이 현상은 생활주변에서 흔히 볼 수 있다. 부동액은 물에다 부식성이나 독성이 없는 불순물을 섞은 것이고 바닷물의 어는점은 강물보다 낮다. 끓는 물에 라면과 양념가루를 넣을 때 끓음이 멈추는 것은 차가운 라면이 물의 온도를 낮춤과 함께 양념가루가 끓는점을 더 높여버리기 때문이다.

물은 생명에 필수 요소일 뿐 이니리 희귀한 특성 더분에 산업적으로 용도도 다양하지만 과유불급이라 항상 적절한 통제가 필요하다.

물의 결빙 온도는 0℃이지만, 물이 얼어서 얼음이 되는 것은 단순히 0℃의 온도에 도달하는 것만으로는 되지 않는다. 대기압 조건에서 말하자면, 물 1g당 80cal가량의 열에너지를 더 빼앗겨야만 물은 얼음으로 변할 수 있다. 이것을 응고열이라고 부르며, 반대로 얼음이 녹아 물로 변하는 경우에는 융해열이라고 부른다. 증기가 되는 데에도 마찬가지로 100℃의 온도에 도달하는 것만으로는 되지 않고 물 1g당 539cal 정도의 열에너지를 더 얻어야만 증발하여 기체(수증기)로 변한다. 이것은 기화열 혹은 증발열이라고 부르며, 반대로 수증기가 액체로 변하는 경우에는 응축열이라고 부른다. 즉 융해열과 응고열은 크기가 같고 방향이 반대이며, 기화열과 응축열도 서로 그러한 관계이다.

대기압 하에서 0℃, 1g의 얼음을 증기로 만들기 위해서는 융해열 80cal와 물의 온도를 100℃까지 올리는 데 필요한 100cal, 그리고 기화열 539cal를 합한 719cal의 에너지가 필요하다.

상온 20℃의 물 1g을 기화시키는 데에는 100℃까지 온도를 높이는 에너지 80cal와 기화열 539cal를 합한 619cal가 필요하다. 즉 20℃의 물 1g이 수증기로 변했다는 것은 주변 어디로부턴가 619cal의 에너지를 얻었다는 의미가 된다.

그런데 온도계로는 이러한 융해열이나 기화열을 측정할 수가 없다. 영하 수십 도의 얼음 한 덩어리를 그릇에 담아 계속 가열하면 온도가 점차 오르다가 0℃에 한참 머물고, 녹아서 물이 된 후에 다시 온도가 오르다가 100℃가 되어 한참을 끓은 후에야 모두 수증기로 변하고, 그 수증기를 더 가열하면 온도가 올라가며 부피가 팽창한다. 수증기를 가두고 계속 가열하면 부피가 팽창하지 못하는 대신에 온도와 압력이 올라간다. 즉 0℃와 100℃에서는 온도의 변화가 겉으로 드러나지 않으면서 내부 에너지의 변화가 진행되는 것이다. 온도계에 온도가 나타나게 하는 에너지를 현열(顯熱)이라 부르며 온도의 형태로 드러나지 않고 숨어 있는 내부 에너지를 잠열(潛熱)이라 부르는데, 100℃ 증기의 경우 1g당 539cal의 기화열이 잠열이다. 현열에 비해 잠열이 크다는 것 또한 물의 중요한 특징이다.

물은 비열이 크기 때문에 온도를 크게 높이지 않고도 에너지를 많이 저장 또는 운반할 수 있는 효과적인 수단이 된다. 비열은 물체 1g의 온도를 1℃ 높이는 데 필요한 열량을 말한다. 엄밀히 말하자면 온도에 따라 비열이 달라지므로 15℃ 전후의 비열을 표준 비열로 본다. 생활주변에서 볼 수 있는 유체 중에 물보다 비열이 높은 것은 암모니아밖에 없다. 물의 온도를 높이면 비열만큼의 에너지가 내부에 저장된다. 난방용이나 증기기관용 열매체로 물이 많이 쓰이는 것이 바로 그러한 에너지 다량 저장 특성 때문이다. 화력발전이나 원자력발전도 사실은 모두 증기기관으로 발전기 터빈을 돌리는 것이어서 인류의 재래식 에너지는 모두 물과 불로써 얻은 것이다. 앞으로 풍력과 태양열 등 물을 쓰지 않는 자연 에너지의 비중이 커진다 해도 대용량 발전소의 목표는 대규모 핵융합이기 때문에 결국 증기터빈의 물이 주력 수단에서 밀려나지 않을 것이다. 물이 에너지 생산에 직접 관여하지 않는 내연기관의 경우에도 대형 엔진의 냉각수로서 물의 효용은 절대적이다.

잠열이 크다는 물의 특성이 산업에서는 에너지의 사용수단으로 나타나지만 소방에서는 반대로 불의 에너지를 제거하는 수단으로 큰 역할을 한다. 불을 끄는 원리 중 가장 중요한 것은 불의 연소 환경에서 에너지를 빼앗는 것인데, 연소 환경에 물을 뿌리면 다량의 열이 물을 가열하고 기화시켜 수증기로 만드는 데 소모되어 연소열이 가연물을 재가열하지 못하게 되는 것이다. 이런 현상을 흔히들 주변으로부터 기화열을 빼앗는다고 설명하는데, 사실은 물이 에너지를 빼앗는 능동적 역할을 하는 것이 아니라 화열로부터 가열되어도 최고 100℃ 이하의 비교적 낮은 온도를 계속 유지하여 수동적으로 화열을 분산시키게 되는 것이다.

모든 에너지는 온도가 높은 곳에서 낮은 곳으로 이동하기 때문에 따뜻한 방에 얼음이 있으면 주변의 열이 온도가 낮은 얼음으로 이동하여 방의 온도가 낮아진다. 이러한 현상은 얼음이 녹고 그 녹은 물의 온도가 방의 온도에 가까워질 때까지 계속된다. 따뜻한 실내에서 얼음에 손을 가까이 하면 얼음의 냉기가 느껴지는데, 이것은 얼음에서 냉기가 나오는 것이 아니라 내 손에서 얼음으로 급격히 전달되는 복사 에너지의 손실을 느끼는 것이다. 겨울철 추운 얼음판 위에서는 얼음판의 냉기를 잘 느끼지 못하는데, 그것은 피부의 체온이 낮아서 열 복사량이 작기 때문이기도 하고 주변이 모두 추운 환경이어서 얼음판의 기여도가 상대적으로 작기 때문이기도 하다. 주변이 영하의 날씨인 경우에는 주변 환경으로 빼앗기는 복사열이 얼음으로 빼앗기는 양보다 더 클 것이다.

더운 여름날 물속에 들어가면 시원함을 느끼는 것은 물의 온도가 피부의 온도보다 낮기 때문이다. 그런데 기온이 36.5℃인 환경에서 방에 오래 방치했던 물을 피부에 발라도 시원함을 느낀다. 기온이 36.5℃인 환경에서 방에 방치했던 물의 온도는 역시 36.5℃여서 피부 온도와 같을 텐데, 왜 시원할까? 이것은 물이 피부로부터 기화열을 빼앗기 때문이라는 것이 교과서의 설명이다. 그런데 대기압 하에서는 물이 펄펄 끓은 후에도 1g당 539cal의 열을 더 흡수해야 기화가 일어날 텐데, 물이 아무 때나 기화(증발)해서 주변으로부터 열을 빼앗는 일은 왜 벌어지는 걸까? 그리고 물의 온도는 왜 항상 실온보다 낮을까?

물이 타지 않는 이유

물은 수소 원자 둘과 산소 원자 하나가 화합한 물질이다. 수소의 산화물이라고도 하는데, 이 말은 수소가 산소를 만나 연소한 결과물, 즉 재(灰)라는 뜻이다. 이미 다 타버린 결과물이어서 더 이상은 타지 않는다는 자연철학적 설명이 가능하고, 화학적으로는 매우 안정된 화합물이기 때문에 더 이상의 반응이 일어나기 어렵다고 설명할 수 있다.

모든 자연계와 심지어 사회적 현상에서도 에너지가 많으면 활동이 활발하여 에너지가 적은 주변으로 에너지를 방출하게 되고, 그렇게 에너지를 방출하는 활발한 활동은 항상 생산적이든 파괴적이든 혹은 좋든 나쁘든 어떤 결과를 유발하게 되는데, 이렇듯 활발하게 에너지를 방출하며 다른 결과를 유발하여 원래 상태를 유지하거나 보존하기 어려운 예비 상태를 화학에서는 불안정하다고 말한다. 물은 수소와 산소가 만나 연소과정에서 에너지를 많이 방출하여 낮은 에너지 상태가 됐으므로 더 낮은 에너지 상태가 될 수 없어서 안정된 화합물이라는 것이다.

분자구조상 물(H_2O)이 한 번 더 산화된 것처럼 보이는 것이 물에 산소가 하나 더 붙은 모양의 과산화수소(H_2O_2)인데, 과산화수소는 물을 산화시키거나 수소와 산소를 일대일로 반응시켜 만드는 것이 아니고 다른 화합물끼리 화학반응을 시킬 때 부산물로 나오는 불안정한 물질이다.

그런데 물이 항상 일정한 에너지를 갖는 것은 아니다. 앞에서 언급했듯이 물은 고체 액체 기체 상태로 달라질 때 보유한 에너지가 달라진다. 다만 아무리 보유 에너지가 달라져도 자연조건에서 더 이상의 산화는 일어나지 않고 온도와 모양만 바뀔 뿐이다. 바꿔 말하면 온도와 모양이 바뀌는 정도의 내부 에너지 변동은 물을 더 산화시키거나 분해하는 데 필요한 에너지보다 턱없이 적다는 것이다.

흥미로운 것은 액체상태의 물질에서 물질의 개별 분자들이 가진 에너지가 각기 다르다는 점이다. 한 그릇의 물에는 여러 가지 에너지 상태의 분자들이 섞여 있는데 뜨거운 분자의 운동은 빠르고 차가운 분자의 운동은 느리다. 스코틀랜드의 식물학자 로버트 브라운(Robert Brown, 1773~1858)은 잔잔한 물 위에서 꽃가루가 쉼 없이 불규칙하게 표류한다는 사실을 관찰하고 1827년 논문을 발표하였다. 이후 브라운 운동이라고 불리게 되었던 이 현상에 대해 후일 아인슈타인이 꽃가루 주변의 액체 분자가 불규칙하게 꽃가루에 부딪치기 때문이라는 사실을 밝혀냈는데, 그와 같이 물의 분자들은 에너지 상태에 따라 각기 다른 속도로 끊임없이 운동을 한다.

영국의 물리학자 제임스 클러크 맥스웰(James Clerk Maxwell, 1831~1879)은 브라운 운동과 관계없이 물분자가 에너지 상태에 따라 서로 다른 속도로 운동한다는 가정 하에 맥스웰의 도깨비라는 사고실험(思考實驗)을 했는데, 그 내용은 다음과 같다.

물그릇 한가운데 설치한 칸막이에 분자 하나가 지나갈 만한 구멍을 뚫고 문을 하나 달아 놓은 다음 그 문에 도깨비 한 마리[25]를 배치하는 것이다. 도깨비는 양쪽에서 그 구멍을 향해 다가오는 물 분자를 보고 빠른 분자는 우측으로만 보내고 느린 분자는 좌측으로만 보내도록 문을 여닫아주면 결국에는 우측에는 빠른 분자만 모여 뜨거워지고 좌측에는 느린 분자만 모여 차가워짐으로써 물그릇의 한쪽에는 물이 펄펄 끓고 다른 쪽에는 얼음이 어는 현상이 생길 수 있는 것이다. 이런 온도차를 이용하여 영구기관을 만들 수 있다는 가정이다.

실제 물그릇에서 도깨비를 찾을 수는 없지만 뜨거운 물분자와 차가운 물분자는 서로 다른 거동을 한다. 물의 평균온도는 상온일지라도 그 안에 있는 분자 중에는 끓는점보다 높은 에너지를 가진 것들이 있어 물 밖으로 튀어나가게 되는데, 이것이 상온에서 물이 증발하는 현상이다. 물을 적당히 가열하여 실온과 맞춰놓아도 일부 뜨거운 분자들이 빠져나가 버리면 평균온도는 실온보다 낮아지게 된다. 이렇게 뜨거운 분자들이 이탈함으로써 남은 물의 평균온도가 낮아지는 것을 증발열 손실이라고 표현하는 것이 교과서의 관행적 설명 방식이다. 엄밀히 말하면 증발열이 손실되는 것이 아니라 에너지가 이탈하는 것이다. 물이 증발하지 못하게 병에 담아 밀봉해 놓으면 물의 온도는 낮아지지 않고 실온과 같이 미지근해진다.

화재상황에서 물을 뿌리면 화열에 민감하게 접촉한 분자들이 먼저 증발해 버리고 차가운 분자들만 남기 때문에 물의 평균온도는 급격히 높아지지 못하고 불로부터 계속 열을 흡수한다. 물이 묻은 부분에는

---

25 초월적 존재인 도깨비를 세는 단위로서 짐승을 세는 '마리'가 좋은지 사람처럼 '명'이 좋은지에 대해서는 이론이 많다.

물이 증발하여 없어질 때까지는 물의 증발온도인 100℃가 유지되어 불이 붙지 않는다.

물론 열을 흡수하는 것만이 불을 끄는 기능은 아니다. 물이 불꽃을 덮어버려서 바로 불이 꺼지기도 하고, 물이 주변 연소물의 표면을 적신 상태에서는 연소물에 산소가 직접 접촉하는 것을 막기도 한다.

맥스웰의 도깨비가 지키는 분리막 대신 삼투막을 쓰면 끓는 물과 얼음을 만드는 대신에 전기를 생산할 수 있다. 청색 에너지로 불리는 삼투압 발전(osmotic power generation)이 그것인데, 특정 이온은 통과하고 다른 이온은 통과하지 못하는 중간 크기의 공극을 가진 삼투막을 염수와 담수 사이에 놓으면 이온 농도차에 의해 이온이 이동하면서 전기를 생산하는 것이다.

포피린이라고 하는 유기분자의 유도체로 만든 원자 2개 두께의 중합체 박막으로 그러한 발전 실험에 성공했다고 하는데, 강과 바다의 경계에 설치하여 발전소를 만들 수 있을 것으로 기대하고 있다.[26]

---

26 박지웅, 시카고대학교 화학과 및 분자공학과 교수, 2022년 과학혁신 컨퍼런스에서.

가스계 소화약제

지구 대기 중의 산소 농도 21%는 참으로 절묘한 값이다. 산소농도가 22% 이상으로 올라가면 산불을 거의 끄지 못해 생존이 어려울 것이라는 의견이 있고, 10% 이하의 농도에서 사람이 장시간 작업하는 것은 어렵다고 한다. 즉 인류와 여러 동물들이 안전하게 생존하는 산소 환경은 18~21%의 좁은 범위인 것이다. 불의 연소가 지속될 수 있는 공기 중의 산소농도는 대략 15%라고 알려져 있다. 즉 공기 중의 산소 농도를 21%p에서 15%p로 비율을 약 30% 낮추면 연소가 지속되는 것을 막을 수 있다. 그것이 물을 사용하기 곤란한 화재에 가스계 소화약제를 사용하는 원리이다. 공기의 약 30% 정도를 불연성 기체로 치환하면 되는데, 공기의 일부분을 도려내어 다른 가스로 치환할 수는 없고 불연성 가스를 공간 체적의 43%만큼 추가로 주입하면 전체 비율이 30%가 된다. 이런 방식으로 사용하는 불연성 가스에는 이산화탄소 질소 등이 있다.

그런데 기존 공기에 더하여 다른 가스를 추가 공급하는 것에는 여러 가지 문제가 따른다. 일단 공간에 기체의 양을 늘리면 압력이 증가하는데, 43%의 가스가 순간적으로 늘어난다고 가정하면 공간의 압력이 43% 증가하는 것이다. 대기압이 대략 1제곱센티미터당 1kg인 것은 잘 알려져 있으나 그 압력이 어느 정도인지는 느끼기 어렵다. 주변의 기압은 우리 몸의 모든 부분에서 안팎으로 동일한 압력이 소통하기 때문에 신체적으로 감지하기 어려운데, 스쿠버 잠수를 할 때 수압이 $4kg/cm^2$이나 되는 40m 깊이로 내려가도 압력의 변화를 크게 느끼지 못할 정도다.

그러나 안팎으로 압력이 고루 작용하지 못하는 환경에서는 상황이 크게 달라진다. 대기압 $1kg/cm^2$는 1제곱미터에 약 10톤이 작용하는 것이다. 1제곱미터 넓이의 벽에 한쪽에서만 10톤이 작용하는 힘이 얼마쯤인가는 짐작할 필요도 없을 것이다. 그것이 지표면 1제곱미터 위에 대기권 높이 전체에 걸쳐 쌓인 공기의 무게다.

공간의 압력이 43% 증가한다는 것은 그 공간의 벽이나 문의 면적 1제곱미터마다 4.3톤이 작용한다는 것을 의미한다. 비유하자면, 방바닥에서 아래층으로 통하는 구멍에 면적 2제곱미터의 철문을 눕힌 상태로 설치하고 그 위에 8.6톤짜리 물탱크를 얹어놓는 것과 같은 상황이 되는 것이다. 철근 콘크리트는 보통 이 정도의 압력을 견딜 수 있지만 벽돌벽이나 출입문이나 유리창은 견디기 어렵다. 그래서 초창기에는 가스가 방출되면서 건물 일부가 파손되는 사고가 잦았고, 요즘도 오래전에 설치한 가스계 소화설비에 그런 위험이 남아 있다. 사고는 화재 시보다는 오히려 오작동에 의해서 발생하는 경우가 많을 뿐 아니라 화재 시에도 건물이나 문짝이 파손되어 소화가스가 밖으로 흩어져 버리면 불은 못 끄고 건물이나 인명에 부가적인 피해만 입힐 수도 있는 것이다. 이러한 사고로 인명피해가 거의 매년 발생하여 언론에 보도된다.

이러한 문제를 해소하기 위해 평소 공간 내부의 산소농도를 줄여 화재를 예방하는 방법도 모색되고 있다. 마치 공기청정기가 공기 중의 먼지만 뽑아내어 모으듯이 질소발생기를 사용하여 실내공기를 순환시키면서 질소만 뽑아내어 되돌려 보내고 산소는 실외로 내보내는 것이다. 이런 방식으로 산소농도를 항상 15% 이하로 유지하는 것은 어렵지만 밀폐도가 높은 공간인 경우 18% 정도로 유지하는 것은 가능하다. 18% 정도의 산소농도는 사람이 단시간 체류하는 데에는 문제가 없고 화재 발생빈도를 현격히 낮출 수 있으므로 유럽에서는 사람의 출입이 없지 않고 공간의 밀폐도가 높으며 작업이 기계화 된 냉동창고 등에 일부 도입되고 있다. 장차 기술발전에 따라 폭넓은 적용이 가능할 것이다.

가스계 소화설비가 작동하여 일단 불꽃이 잡혀도 불이 타던 고온의 환경이 남아있으면 불이 다시 붙을 수 있다. 그래서 불타던 것들이 충분히 식을 때까지 10분 정도는 소화농도를 유지하여 재발화를 방지해야 한다.

겨울철 모든 문틈새를 꼭꼭 막아도 밤새 자는 동안 질식하지 않는 이유는 어느 틈에선가 안팎으로 공기가 소통되기 때문이다. 그렇듯 보이지 않는 틈새로도 많이 소통되어 새어나가기 때문에 소화농도를 10분 동안 유지하는 것이 쉬운 일이 아니어서 가스계 소화설비를 설치하는 방은 기밀도를 검사하고 그 검사결과에 따라 필요한 만큼 틈새를 메우는 작업을 해야 한다.

기밀도 검사 방법은 출입문을 열고 그 자리에 송풍기를 설치하여 적당한 압력으로 공기를 공급하며 그 공급량을 측정하는 것이다. 공급된 공기는 새어나가는 양과 같을 것이므로, 압력과 누설공기량의 관계에서 방의 기밀도를 추정할 수 있다. 출입문(door) 자리에 송풍기(fan)를 설치하여 시험하는 이런 방식의 작업을 door-fan-test라고 한다.

이산화탄소는 여러 가지 우수한 특성에도 불구하고 치명적 인체 독성 때문에 대체재로 개발된 것이 질소 소화약제다. 질소는 공기 중에 78%나 포함된 것이어서 인체에 해롭지 않으며 값도 싸지만 좀처럼 액화되지 않아 저장하기가 어렵다. 예를 들어 면적이 500제곱미터이고 높이가 4m, 체적이 2,000세제곱미터인 공간에 소화목적으로 40%를 주입하려면 800세제곱미터, 즉 80만리터의 체적이 필요하게 된다. 이것을 80리터짜리 용기에 대기압으로 담으려면 1만 병이 필요하고 100기압으로 압축해도 100병이 필요한 것인데, 여기에는 용량 문제 외에 고압가스를 취급해야 하는 위험의 문제도 있다.

이산화탄소는 액화하면 체적이 약 500분의 1로 감소하고 그 이상 압축되지는 않기 때문에 액화될 때까지만 압축하면 된다. 이산화탄소는 임계점인 31℃, 73기압 이하에서는 액체가 되고 온도가 낮아질수록 액화압력도 낮아진다. 질소가 100병이 필요한 앞 계산의 경우 액체 이산화탄소는 기체 80만리터의 500분의 1인 1,600리터, 즉 80리터짜리 20병이면 되는 것이다.

이러한 고압 대용량의 문제는 앞에서 논의했듯이 건물만 파손되고 정작 불을 못 끄는 문제를 일으킬 수 있기 때문에 더 효과적인 소화약제로 개발된 것이 할론계 소화약제다. 할론 1301이라는 이름의 소화약제는 공기 중에 5%만 섞여도 인체에 해가 없이 불을 끄는 탁월한 효능을 가졌을 뿐 아니라 액화도 잘 되므로 이산화탄소 저장량의 8분의 1만으로도 필요한 양을 충족할 수 있었다. 그러나 환경문제가 대두됨에 따라 오존 파괴지수가 높은 할론 소화약제들은 퇴출되고, 그 이후 다양한 청정소화약제들이 개발되었다. '청정소화약제'라는 이름은 영어의 Clean Agent를 번역한 말이다.

할론이라는 이름은 F(불소), Cl(염소), Br(브롬), I(요오드) 등 할로겐원소의 화합물이라는 뜻으로 쓰이는 것인데, 오존과의 결합도가 높아서 오존층 파괴의 주범으로 지목된 Cl(염소), Br(브롬)이 빠지고 주로 F(불소)가 주된 원소인 새로운 할로겐 화합물이 청정소화약제의 내부분을 차지하지만, 가스계 소화약제로서 한때 많이 쓰이던 할론 1301만큼 효과적인 소화약제는 아직 개발되지 않았다.

이산화탄소가 인체에 몹시 해로운 반면에 할론이나 청정 소화가스 약제는 안전한 것으로 소개되어 왔지만, 불소 화합물인 약제가 불꽃에 닿아 분해되면서 불화수소(HF)가 발생하고 불화수소가 인체의 수분과 반응하여 불산이 되기 때문에 몹시 해로울 수도 있다. 화학공장이나 운송차량에서 불화수소 누출로 인해 인명피해가 발생하는 사례가 근래에 드물지 않았다. 그래서 불소화합물 가스계 소화약제는 신속히(10초 이내에 95% 이상) 방출해서 재빨리 불을 끄고 열반응 시간을 줄이도록 설계한다. 석유화학단지의 대형 위험물 탱크에 설치되는 포소화약제도 불소화합물이 많이 사용된다. 화재가 발생하여 포약제가 대량 방출되면 환경에 큰 부담을 준다. 불소를 사용하지 않는 소화약제가 소방산업계의 중요한 개발목표인데, 다른 대체 물질이 또 어떤 문제를 가져올지는 미리 짐작하기 어렵다.

불산은 부식성도 강하여 손상에 민감한 장소에 사용하면 부수적 피해를 초래할 수도 있어서, 전산실과 같은 민감한 곳에 가스계 소화설비를 적용하는 현실은 다시 생각해야 할 것이다. 전자 데이터 저장장치는 소음에도 민감한데 인체와 환경에 무해한 질소계 소화약제는 고압 때문에 방출 소음이 커서 데이터에 손상을 입힐 수 있다는 보고도 있다. 결국 불을 끄는 해결사는 물로 귀결된다고 할 수 있다.

가스계 외에 고체 에어로졸로 불을 끄는 방식도 개발되었다. 러시아 우주과학연구소에서 우주선 화재를 대비하여 개발한 것이라는데, 할론보다 훨씬 적은 양으로도 효과적인 소화가 가능하고 고체분말이어서 저장이 쉬운 장점이 있으나 약제 저장 캔을 폭발시키는 형식으로 방출하기 때문에 좁은 공간에서는 오히려 2차 발화의 원인이 될 수도 있고 약제를 흡입할 경우 인체에 해로워서 사람이 상주하는 공간에는 쓰지 말아야 한다.[27]

모든 가스계 소화설비는 인체에 유해하기도 하고, 방출시의 소음이나 압축된 가스가 팽창하며 온도가 낮아져 발생하는 안개로 피난에 장애가 되기도 하고, 피난하면서 문을 열어버리면 유효농도를 유지할 수 없는 문제도 있으므로 반드시 방출 30초 전에 경보를 울려 미리 피난하도록 하고 있다. 그러나 항상 문제는 오작동에서 발생한다. 근간 이산화탄소 소화설비 오작동으로 인한 인명피해가 줄을 잇고 있는데, 최근에 그런 일이 많아지는 것은 가스계 소화설비를 설치한 곳이 많아지기도 했지만 사회적 경각심이 높아져 사고를 은폐하지 못하는 환경

---

[27] https://www.firetrace.com/fire-protection-blog/aerosol-fire suppression

이 되었기 때문이기도 하다. 아마도 이산화탄소 소화설비로 불을 끈 경우보다 오작동으로 인명피해를 초래한 경우가 훨씬 많은 것 같다.

2022년 12월 경기도 소방재난본부 발표에 따르면 2017년 1월부터 2021년 12월까지 만 5년간 화재시 자동소화설비 작동으로 943건의 화재가 초기 진압됐고 예방된 재산피해액은 9조8천억원으로 추산된다. 그중 스프링클러 기여분이 98%이고 이산화탄소는 500만원에 지나지 않았다. 아마도 작용 사례가 1건일 텐데, 이것은 이산화탄소 누출사고로 매년 평균 2인이 희생되는 것과 비교하여 설비의 존속여부가 신중이 검토되어야 한다는 것을 시사한다.

일반적으로 불의 3요소로서 연료, 산소(공기), 열(점화원)을 꼽는데, 그 3요소가 모여 일으키는 궁극적 작용은 연소의 연쇄반응이다.

물은 온도를 낮춤으로써 열 환경을 제거하고 연료를 적셔 연소하기 어렵게 만든다. 그런데 가스계 소화약제는 물처럼 불의 3요소에 직접 간섭하는 게 아니라 연쇄반응의 중간 생성물인 불씨 이온(free radical)과 반응하여 연쇄반응을 방해함으로써 불꽃을 잡는 것이다. 불꽃만 잡았을 뿐 불의 3요소는 남아있기 때문에 소화약제의 유효농도가 떨어지면 언제든 다시 발화할 수 있다. 그래서 온도(열)가 점화 한계 아래로 떨어질 때까지 불꽃이 재점화하지 못하게 유효 농도를 유지하고 있어야 하는데, 그 유지 시간(holding time)을 대략 10분으로 본다. 물론 그 이전에 소방대가 출동하여 불을 끄는 것을 전제로 한다.

건축 구조물에는 눈에 잘 띄지 않는 미세한 누설틈새들이 많이 있고 그 누설틈새로 가스들이 계속 누설되기 때문에 누설되지 않도록 치밀하게 만들거나 누설되는 양을 보충하도록 더 많은 가스량을 공급하여야 한다. 그런데 이렇게 치밀한 구조로 만들거나 가스양을 더 공급하는 것은 가스 방출시의 공간 내부 압력을 높여 출입문이나 유리창 등의 구조물에 과도한 충격을 줄 수 있어서 압력이 너무 높아지지 않도록 외부로 배출하여 적정 압력을 유지토록 하는 장치도 필요하다. 이런 배출은 값비싼 소화약제를 소비하게 되지만 구조체가 파괴되면 소화약제제가 즉시 흩어져버려 불을 끄지 못하게 되는 결과가 되기 때문에 부득이하다.

방호공간에 누설틈새가 없는지 검사하는 비용도 상당하고 과잉압력을 배출하는 장치도 복잡하며 가끔은 오작동으로 값비싼 소화약제가 손실되기도 하기 때문에 일반적으로 가스계 소화설비의 신뢰도는 낮은 편이다.

전기실의 경우에는 전기설비의 절연성능이 수분으로 인해 파괴될 가능성 때문에 물 소화설비를 쓰지 않는 것이 관행이지만, 성능이 불확실하고 부작용이 우려되는 가스계 소화설비를 써야 할지 차라리 소방설비를 설치하지 않는 게 좋을지도 논란이 많다.

가스계 소화설비에 대한 요즘의 다수 의견은 화재발생이 구체적으로 예상되는 전기 패널 내부로 국한하여 설치하는 것이 좋다는 방향이고, 그러한 목적의 국소형 가스 소화설비가 많이 보급되고 있다. 그러나 전기 패널은 누설요소가 많아 약제의 농도가 급격히 떨어지므로 확실한 소화효과가 아닌 화염을 일시적으로 제압하는 효과가 있을 뿐이고 화재가 발생한 원인은 그대로 존재하기 때문에 결국 사람이 즉시 출동하여 진화하는 것이 궁극적이고도 유일한 해결책이다.

이산화탄소의 순환과 지구온난화

　소화약제로서 중요한 물질 중 하나인 이산화탄소(CO_2)는 산소 원자 두 개와 탄소원자 하나로 구성된 화합물인데, 물과 마찬가지로 완전연소의 결과물인 아주 안정된 물질이어서 불에 타지 않는다. 산소는 물질을 태우는 화재의 기본 요소이고 이산화탄소는 직접 불을 끄는 성질은 없지만 공기 중에 이산화탄소를 많이 섞어 산소의 구성 비율을 줄이면 연소가 지속되지 못하게 될 수 있다. 공기 중 산소농도는 보통 부피 비율로 21% 정도인데, 그 비율이 15% 정도로 내려가면 연소가 지속되지 못한다고 한다. 즉 공기 중 산소농도를 정상적인 상태의 70% 이하로 줄이게 되면 불을 끌 수 있게 되는데, 그러기 위해서는 공기 중에 이산화탄소를 대략 30% 정도 섞으면 된다.

　지구상의 수많은 생물의 생존조건으로 가장 중요성이 높은 대기의 구성요소는 아마도 산소와 이산화탄소일 것이다. 동물종의 대다수가 산소 기반의 대사를 하므로 산소가 없으면 당장 생존이 불가능해지고, 생태계의 바탕을 이루는 식물의 대다수가 탄소동화작용으로 성장하기 때문에 역시 이산화탄소가 없으면 지구 생태계는 성립하지 않는다.

　그럼에도 불구하고 이산화탄소는 지구환경을 파괴하는 원흉으로 잘못 인식되고 있다. 이산화탄소의 문제는 물질 그 자체가 아니라 대기 중에 적정 수준을 넘는 비율 때문이다. 그럼에도 그 비율은 아직 400ppm(0.04%) 정도에 불과하다.

식물은 공기 중의 이산화탄소와 뿌리나 잎에서 흡수한 물을 합성하여 포도당과 전분 등의 고분자 화합물을 만듦으로써 그 몸체를 구성하며 성장하는데, 이때 이산화탄소를 이루는 산소는 분해되어 대기로 방출된다. 대개 그 합성작용의 에너지가 태양빛이기 때문에 광합성이라고 한다. 대규모 밀림을 지구의 허파라고 부르는 이유가 바로 이러한 탄소동화작용으로 대기에 산소를 공급하기 때문이다.

그렇게 만들어진 식물의 몸을 초식동물이 먹고, 그 초식동물을 또 육식동물이 먹게 되므로 결국 식물이 합성한 탄소화합물이 최종 포식자에게까지 전달되어 동물의 몸을 구성하게 된다. 그래서 탄소화합물을 유기화합물이라고 부른다. 유기(有機)라는 말은 생체의 기능을 뜻한다.

모든 생물은 죽는다. 식물로서 죽기도 하고 그 식물을 먹은 동물들도 결국엔 죽는데, 그 사체들은 미생물들에 의해 분해되고 그중 탄소는 공기 중의 산소와 결합(산화)하여 이산화탄소로서 대기로 되돌아간다. 결국 이 지구의 환경은 거대한 이산화탄소 순환체계라고 할 수 있다.

지구상의 모든 원소는 수와 양이 고정되어 있다. 수천 년의 연금술 연구로도 금을 만들어내지 못한 것은 금의 양이 고정되어 새로운 창조가 안 되기 때문이고 금의 화합물이 없기 때문이다. 역사상 엄청난 금이 캐내어져 사용되었지만 모두 닳거나 잃어버리거나 은행 금고 속에 묻혀 자꾸 없어지는데도 계속 귀금속 가게의 진열장을 장식하는 것은 금을 땅속에서 계속 캐내기 때문이다. 땅속의 금이 소진되고 지상의 금도 모두 닳아 없어지거나 연인들의 맹세로 깊은 물속에 버려진다면 금의 시대는 지나갈 것이다. 그리스 신화에서도 이미 황금시대는 오래전에 지나갔고 지금은 철의 시대라고 하였다.

　탄소의 양도 고정불변이고 산소의 양도 고정불변이다. 그러므로 탄소와 산소의 화합물로서 지구상의 생태환경에서 순환하는 이산화탄소의 양도 고정불변일 수밖에 없다. 그럼에도 불구하고 이산화탄소의 양이 자꾸 늘어서 대기 중 적정 농도를 넘어설까 걱정하는 이유는 대기 중에서 순환하지 않는 새로운 탄소를 땅속에서 자꾸 캐내기 때문이다. 산소는 대기 중에 워낙 많아 이산화탄소의 500배나 되니 산소가 줄어든다 봐 뭐랑하지 않는데, 이산화탄소는 0.04%에 안 되니 그 변화의 충격이 큰 것이다.

　새로운 탄소의 공급원인 화석연료는 유기물 분해 박테리아가 나타나기 전까지 쌓였던 생물체의 사체가 3억 년 전 석탄기 시대 지각변동으로 인해 매몰된 것으로 추정된다. 그 이전의 대기 중 이산화탄소의 농도는 지금의 두 배가 넘었고 온실효과로 인해 지구에는 얼음이 없었다고 한다. 석탄기 이후 대기 중 이산화탄소와 산소농도의 감축으로 대형 동물의 진화 여건이 형성되어 지금에 이르렀다는 것인데, 지금의 대기 중 이산화탄소 증가는 지난 200년 동안의 인류문화 발전 때문에 탄소 순환 사이클의 공간적 범위가 지하까지 확장된 결과인 것이다.

　아직까지 인류가 사용하는 에너지는 거의 땅속에서 캐내는 탄화수소에 의존하고 있다. 석탄이든 석유든 가스든 모두 탄소로 이루어진 유기화합물이다. 이 탄소를 태우면 기존 생태계의 순환과 관련 없는 새로운 이산화탄소가 공급되는 것이다. 그런 면에서 산불은 생태계 순환에 별 관계가 없다. 나무는 어차피 죽고 분해되어 이산화탄소로 돌아갈 것이기 때문이다. 그러나 석유 탱크의 화재나 화학섬유 옷감의 화재는 그 매연 말고도 석유를 낭비한 만큼 새로이 채굴하여 공급해야 하므로 지구 환경에 큰 해악이 된다. 사실 매연은 빗물에 포획되어 떨어지기 때문에 해악이 그리 오래가지 않는다.

역설적으로 화석연료로 인해 늘어나는 이산화탄소는 광합성의 재료를 증가시켜 식물의 번식을 확대할 수 있어서 지구온난화는 어쩌면 장기적으로 그에 적응하는 생물의 번성에 도움이 될 수도 있을 것이다. 지금 우리가 지구온난화로 어려움을 겪는 이유는 우리의 생물적 진화 결과 지금의 생태환경에 적응되었기 때문이다.

이산화탄소로 인한 환경문제는 단순히 기후가 변화하기 때문이 아니라 그 속도가 급격하기 때문이다. 지구 역사상 기후는 잠시도 쉬지 않고 변화해서 빙하기와 온난기가 여러 번 반복되어 왔다. 빙하기가 혹심하던 2~4만 년 전에는 바닷물이 빙결되어 해수면이 낮아지는 바람에 아시아에 살던 사람들이 베링해협을 걸어서 건너 아메리카로 가고 동남아 섬들과 호주로도 걸어서 간 것으로 추정한다. 문명의 역사는 기후변화에 적응하는 역사라고 볼 수도 있을 것이다.

지금도 여러 가지 자연의 순환 사이클에 따라 기후는 변하고 있고 아직도 빙하기가 지속되고 있다는 설도 유력하지만, 여러 가지 증거로 보아 지구 역사상 유례없는 빠른 속도로 기후가 변하고 있고 그 원인은 아마도 인류가 야기하는 온실효과 때문일 것이라는 게 지배적 추정이다. 추정이라 함은 아직도 그 실체를 잘 모른다는 말이다.

급격한 온난화의 결과는 손익이 교차한다. 태평양의 군소 도서국가들과 방글라데시 등 저지대 국가들은 해수면 상승으로 삶의 터전을 잃게 되고, 기존 기후에 적응토록 개량된 식량 작물들의 부적응은 단기적으로 식량부족을 야기할 수 있지만, 시베리아와 캐나다 영구동토의 드넓은 땅이 개척되어 거주 가능 공간의 합은 더 커지고 식량작물의 경작 면적도 더 넓어질 것을 기대할 수 있다. 문제는 현재의 문명수준으로 급격한 변화에 적응하기에 어려움이 크다는 것이다. 지금의 문명을 이루어낸 현생 인류에게는 과거의 역사가 어찌 됐든 지금의 기후를 유지하고 새로운 적응을 위해 노력할 필요가 없는 것이 가장 유리한 것이다.

그러나 가장 본질적인 문제는 아직 빙하 속에 감춰져 있다. 미국, 호주, 캐나다 등의 인구밀도는 극히 낮아서 그 땅의 지금 인구만큼인 4억 명 정도를 더 수용해도 문제가 없다. 해수면 상승으로 터전을 잃는 사람의 수는 그에 비하면 턱없이 적다. 그럼에도 불구하고 그토록 넓은 영토를 가진 그 대국들이 곤경에 빠진 사람들을 받아들이기를 거부하고 있는 것이다. 미국, 캐나다, 호주의 공통점은 경제대국이고 영토가 넓고 인구밀도가 낮아서 대규모 이민을 받아들이기에 최적의 조건을 가졌다는 것 외에 가장 본질적인 것이 남의 땅에 들어가 원주민을 소멸시키며 이룬 나라들이라는 것이다. 함께 살기를 거부하는 인간의 심리가 인류의 평화적 존속과 번영에 어쩌면 급격한 기후변화보다 더 큰 장애일지도 모른다. 기후변화로 빙하 속에 감춰진 모든 것이 드러날 때, 인류가 자연에 의한 모든 장애를 극복할 진정한 능력을 가졌는지를 알 수 있게 될 것이다.

이산화탄소의 부작용

산소 분자 하나에는 두 개의 산소 원자가 있고 이산화탄소 분자 하나에도 두 개의 산소 원자가 있다. 즉 탄소가 연소하여 이산화탄소 분자가 하나 생길 때 산소 분자는 하나 줄어든다. 따라서 대기 중 이산화탄소가 지금의 25배로 늘어 대기 중에 1%가 되면 산소농도가 1%포인트 감소하게 되는데, 인간은 그 정도의 감소를 잘 느끼지 못한다.

대기 중 산소의 양은 해발 450m에서의 정상 농도 21%에 해당하는 양과 해수면에서의 농도 20%에 해당하는 양이 동일하다. 그러나 그 정도의 표고차이에서 인체는 산소량의 차이를 느끼지 못한다. 더구나 땅속의 화석연료는 새로운 탄소를 많이 공급하여 산소를 표가 날 만큼 대체할 양이 되지 않기 때문에 탄소 때문에 산소가 줄어들 것을 걱정할 필요는 없다. 화석연료는 원래 모두 지상에 서식하던 동식물이었다. 이산화탄소가 아무리 늘어도 늘어난 탄소는 탄소동화작용으로 식물의 몸체로 들어가 생장을 확대하고 산소를 대기 중으로 돌려보내 회복시킬 것이다.

그런데 어떤 밀폐된 공간에 이산화탄소를 주입하면 그 공간에서 이산화탄소가 차지하는 비율만큼 기존 공기의 구성비율이 달라진다. 즉 이산화탄소가 5%를 차지하게 되면 질소와 산소의 구성비율은 각기

5%씩 줄어들게 되는 것이다. 산소는 평상시 농도 약 21%에서 5%가 줄어 20%가 되어도 호흡상 불편이나 인체 생리에 영향을 미치지 않지만 그때의 이산화탄소 농도 5%는 인체에 치명적 영향을 미친다. 이산화탄소는 2% 이하의 미량으로는 독성이 나타나지 않아 법정 독성물질로 분류되지는 않지만 농도가 높아지면 치명적 독가스로서 작용할 수 있다. 가끔 이산화탄소 소화설비의 오작동으로 인명피해가 발생하는 것이 그런 이유 때문이다.

이산화탄소로 불을 효과적으로 *끄기* 위해서는 화재 공간 전체의 공기 중에 40% 이상의 농도로 10분 이상 유지되어야 한다. 이런 환경에서 인체는 1분 이상 견디기 어렵다. 그래서 이산화탄소 소화약제는 사람이 상주하는 공간에는 사용할 수 없고, 이산화탄소 방출경보가 울리고 나서 30초 이후에 방출되도록 하여 피난할 시간적 여유를 준다. 생태계의 필수요소인 이산화탄소의 과잉이 생명을 위협한다는 것은 생명의 필수요소인 물에 빠져 생명이 위협받는 것과 동일한 아이러니다.

이산화탄소는 색도 냄새도 없어서 그 부작용을 잘 인식하지 못하여 한때 연통 없는 난로가 인기를 얻었었다. 연통이 없어서 뜨거운 열기를 밖으로 내보내지 않으니 에너지 효율이 대단히 높은 것이었지만 그 연소가스라는 이름의 이산화탄소가 실내공기에 5%만 섞여도 위험수준에 도달한다는 사실에 주의하지 않았었다. 다행히 이산화탄소는 중독되기 전에 숨이 가쁘거나 어지러움을 느끼기 때문에 자주 환기를 하면 됐는데, 그중 30분의 1만 불완전연소되어 일산화탄소가 되면 치명적 사태를 야기한다. 완전연소 난로에 약간의 그을음이 생기면 바로 그런 상태가 되는 것인데, 오래전에 겨울철만 되면 가스중독이라는 사신(死神)이 온 나라를 배회하곤 했었다. 일산화탄소의 공기 중 허용 농도는 1,500ppm(0.15%)이다.

아파트에 중앙난방이 본격화되고 단독주택의 난방방식도 연탄이 없어지고 보일러실이 분리되면서 가스중독의 공포는 사라졌으나 아직도 번개탄을 이용하여 극단적 선택을 하는 우울한 보도가 끊이질 않는다. 요즘도 겨울철에 일산화탄소 중독 보도가 가끔 나온다. 건설공사장에서 콘크리트 양생을 위해 칸막이를 쳐놓고 열풍기를 돌리다 그 공간에 축적된 열풍기의 연소가스에 건설 인력들이 변을 당하는 것이다. 일산화탄소도 있지만 공기보다 무거운 이산화탄소가 아래에 고농도로 쌓인 것도 있을 것이다.

일산화탄소와 이산화탄소가 인체에 유해반응을 일으키는 작용기전은 전혀 다르다. 일산화탄소 중독은 호흡에서 산소를 운반하는 헤모글로빈과의 친화성이 일산화탄소가 산소보다 200배나 강하여 헤모글로빈을 독점함으로써 산소를 운반하지 못하여 질식하는 것이고, 이산화탄소 중독은 주변 공기에 이산화탄소 농도가 혈중 이산화탄소 농도보다 높으면 혈액이 이산화탄소를 배출하지 못하여 급격히 산화됨으로써 치명상태에 이르는 것이다.

혈액의 생리적 영향은 대단히 민감하다. 심해잠수에서 급히 올라올 때 달라지는 혈관 내 압력변화에 의해 소량의 질소기포가 생기는데, 그로 인한 혈류장애 현상인 잠수병으로 급사에 이르는 사례는 드물지 않고, 아이들이 흔히들 자살게임이라고 부르며 경동맥을 눌러 뇌혈류를 차단하는 장난에선 10초도 안 돼 혼절한다. 그처럼 짧은 시간의 혈류정체가 치명적 결과를 부를 만큼 혈액 중의 산소와 이산화탄소

농도 변화는 급작스러운 영향을 준다.

이산화탄소가 많아지면서 식물의 식생이 확대되는 반면에 식물 식생의 확대가 이산화탄소 흡수 분해를 촉진시키기도 하니 녹화사업의 확대는 지구온난화의 중요한 해결책이다. 화석연료에 의존하는 군비경쟁 노력을 녹화사업으로 돌린다면 인류의 평화와 복지가 대폭 향상될 것이고, 그로 인해 늘어나는 이득은 군비경쟁의 승리로 얻을 수 있는 양보다 아마도 더 많을 것이다.

기온이 오르고 재난기 화개이 빈두와 감도가 더 커지면서 소방의 중요성이 더 커진다. 에피메테우스의 고뇌는 날로 커지고 있다.

인화성 물질

잔 속의 술에 불을 붙이기는 어렵다. 그러나 40도가 넘는 독한 술은 식탁에 얇게 바르고 불을 붙이면 잠깐이나마 불이 붙는다. 술의 두께가 얇아서 금방 가열되어 알코올[28]의 인화점에 도달한 것이다. 알코올이 잘 증발하여 불이 붙지만 그 양이 많지 않아 금방 꺼진다.

그런데 도수가 약한 술도 데우면 불이 잘 붙는다. 예전에 일식 선술집에서 도수가 약한 일본 청주(사케)를 주전자에 데우고 컵에 부으면서 불을 붙여 마시는 것이 유행하던 시절이 있었다. 보기에도 그럴듯한 이벤트였지만 그렇게 마시면 숙취가 덜하다는 속설이 멋있게 들리기도 했었다. 일본 청주만이 아니라 증류하지 않은 저도주들이 숙취가 심하다는 것은 통념이다. 그런 저도주들을 데워서 먹으면 숙취가 덜하다는 것은 술에 섞인 미량의 발효부산물인 메탄올(메틸알코올)을 날려버린다는 점에서 사실이며 불을 붙이면 더 확실하게 된다. 고도주들은 여러 차례의 증류과정에서 메탄올이 날아가고 에탄올(에틸알코올)만 남으니 숙취가 덜하지만 에탄올도 많이 마시면 대사과정에서 생기는 독성물질인 아세트알데하이드 때문에 숙취가 생긴다.

---

28 알코올의 영어 발음은 '앨커홀'이다. 우리는 보통 '홀'을 '올'로만 발음하다보니 알코올이 줄어서 알콜이 된다.

소방관계법령에서 화재발생의 원인이 되는 위험물로 규정한 것 중에 알코올류가 있다. 메탄올, 에탄올, 프로필알코올, 변성알코올의 네 가지다. 「위험물안전관리법」에는 알코올 함량이 중량비로 60%를 초과하면 위험물로 분류하여 400리터 이상을 취급하려면 허가를 받아야 한다. 알코올 함량 20% 내외인 소주나 40% 정도인 위스키와 함량 83%인 소독용 에탄올의 법적 차이가 그것이다. 도수가 무려 70도에 달하는 초고도주는 위험물이 되어 공항 세관에서 말썽을 일으킨다. 그런 술은 불이 붙어 겉으로 화상을 입히는 것 말고도 불꽃 없이 속으로 화상을 입히는 경우가 많다. 미 입이 붙은 끄기 위해 마시는 고도주로 소화(消火가 아닌 消化) 기관에 화상을 입지 않도록 주의할 필요가 있다.

1970~1980년대 한국의 학생 저항운동이 한창일 때 일부 학생들은 진압경찰에 대항하여 휘발유를 담은 소주병 주둥이를 헝겊이나 종이로 막고 거기에 불을 붙여 던졌다. 그렇게 던진 화염병은 땅에 떨어져 깨지면서 불붙은 휘발유를 사방으로 퍼뜨리는 위력적인 무기가 됐었는데, 그 화염병의 별명이 몰로토프 칵테일이었다. 몰로토프는 스탈린 통치 시절 소련의 외무장관을 지냈던 사람이어서 학생들의 저항을 싫어했던 사람들은 학생들이 소련을 추종한다는 비난의 근거로 삼기도 했다.

몰로토프 칵테일은 핀란드 겨울전쟁의 산물이다.

13세기부터 스웨덴의 지배를 받던 핀란드 지역은 1809년 스웨덴과 러시아가 핀란드를 놓고 벌인 이른바 핀란드 전쟁에서 스웨덴이 패함에 따라 핀란드 대공국이라는 이름으로 러시아 제국의 속국, 형식적인 독립국이 되었다. 1917년 러시아 혁명 직후 핀란드는 완전독립을 선언하였으나, 1918년 친소련파와 친독일파 사이에 내전이 벌어지고 독일의 후원을 받은 정부가 승리하여 독일에 종속되었다가 그해 11월 독일이 패하여 제1차 세계대전이 종식됨으로써 1919년에 공화국으로 완전히 독립하는 어지러운 역사를 겪었다. 핀란드가 민족국가로 정립된 역사가 핀란드 대공국 이후 200여 년에 불과하기 때문에 소련의 스탈린은 독일의 히틀러와 밀약하여 핀란드에 대한 지배권을 인정받고 다시병합하려 하였으나 핀란드인들은 극렬히 저항하여 소련과 핀란드 사이에 전쟁이 벌어졌다. 이 전쟁은 1939년 11월 30일부터 이듬해 3월까지 4개월 동안 치러져 겨울전쟁으로 불린다. 핀란드는 병력과 장비 면에서 수십 배의 차이가 나는 소련군을 맞아 병력수에 비례하는 피해를 소련군에 입히며 영웅적으로 싸웠으나 국력의 차이가 워낙 큰 탓에 국토의 일부를 소련에 할양하고 강화조약을 맺었다. 국토의 10%를 소련에 넘겨주는 대신 이웃한 발트3국과 달리 소련에 병합되지는 않는 외교력을 발휘하여 이 시대 가장 모범적인 복지국가인 핀란드의기틀을 닦았다.

겨울전쟁 당시 소련의 외무장관 몰로토프가 핀란드를 무차별 폭격하면서 핀란드 인민에게 빵을 공수한다고 기만 방송을 하자 핀란드 사람들이 보드카 병에 휘발유를 담아 소련군 탱크에 던지면서 몰로토프에게 주는 칵테일 선물이라고 부른 것이 몰로토프 칵테일이라는 이름의 유래라고 한다. 이처럼 몰로토프 칵테일은 몰로토프를 기리는 것이 아니라 몰로토프를 비아냥대는 이름인데 당시 우리 사회는 그런것을 가릴 여유가 없었다.

휘발유는 그처럼 불이 잘 붙는다. 그러나 경유는 불이 잘 안 붙는다. 경유를 담은 통에 직접 불을 붙이는 방법은 없다 경유에 불을 붙이려면 종이나 헝겊 같은 데 적셔서 붙이거나 분사(噴射, spray)를 해야 한다. 그 이유는 경유가 잘 기화(증발)하지 않기 때문이다. 경유에 불꽃을 갖다 댈 때 불이 붙는 인화점은 대략 55~60℃이다. 대략이라 함은 경유가 여러 가지 탄화수소의 혼합물이라서 혼합비율에 따라 연소성능이 조금씩 다르기 때문이다. 연소가 지속되려면 인화점보다 조금 높은 연소점에 다다라야 한다. 연소점이란 상시 증발로 액 표면에 고인 유증기에 일단 불이 붙은 후 불꽃으로부터 되돌려지는 복사열에 의해 증발이 가속화되어 연소가 지속되는 온도를 말한다.

액체 상태로 결집된 물질들은 그 속으로 공기(산소)가 뚫고 들어갈 수가 없기 때문에 산소와 화학적 반응을 일으킬 기회가 없다. 그러나 액체의 분자가 에너지를 얻어 활성이 커지면 결집을 이탈하여 기체가 되는데, 이러한 기체 상태에서는 분자들이 주변의 산소와 만날 기회가 많아져 화학적 반응이 활발하게 일어나 불이 잘 붙는다. 즉 기체상태가 되어야 연소가 지속되는 것이다. 인위적으로 기체와 유사한 상태를 만드는 것이 분사다. 대부분의 기계식 연소장치에서는 연료를 분사하여 연소시킨다.

화석연료의 주성분인 단화수소들은 가장 가벼운 메탄(CH_4)으로부터 아주 무거운 파라핀류[29]까지 넓은 범위의 스펙트럼을 이루는데, 탄소 수가 적을수록 분자가 가벼워서 적은 에너지로도 쉽게 기화하기

---

29 양초를 만드는 그 파라핀이다. 양초가 녹아 증발하면서 불이 붙는다.

때문에 기화온도가 낮아진다. 탄소 수가 4개인 부탄 분자는 대기압에서 끓는점(기화온도)이 대략 0℃여서 상온에서 기체로 존재하지만 영하의 기온에서는 부탄이 기화되지 않아 잘 분출되지 않기 때문에 불을 붙이기 어렵고, 탄소 수가 5개인 펜탄은 끓는점이 약 36℃라서 그 이상의 온도에서만 기체가 된다. 다만 상온에서 액체 상태인 탄화수소 중에서는 가장 가볍고 불이 잘 붙는 위험한 연료라고 할 수 있다. 휘발유의 주성분은 펜탄으로부터 옥탄까지 여러 성분이 섞여 있는데, 가장 많은 성분은 분자 하나에 탄소가 8개 묶여있는 옥탄(C_8H_{18})이다.

그런데 부탄보다는 한참 무겁고 기화온도가 높은 휘발유를 영하의 온도에서 불을 붙일 수 있는 이유는 일단 휘발유 근처에 불을 가까이 대면 불의 복사열을 받은 휘발유 표면에서 기화가 일어나기 때문이다. 기화 특성이 왕성한 것을 일러 휘발성이라고 하며 그런 성질의 기름에 휘발유라는 이름을 붙인 것이다.

휘발유의 끓는점은 대략 85℃ 정도로 알려져 있어 그 이상의 온도가 유지되어야 연소가 지속되는데, 휘발유에 일단 불이 붙으면 주변 온도가 낮아도 불꽃으로 인해 표면이 85℃ 이상으로 가열되므로 연소가 지속된다. 휘발유는 영하 43℃쯤에서도 불을 갖다 대면 붙을 만큼 기화가 잘 된다. 그런데 연소가 계속되려면 타서 없어지는 양을 보충할 만큼의 기화가 계속 일어나야 한다. 온도가 낮아질수록 기화가 어려워지기 때문에 인화점이 영하 43℃쯤인 휘발유도 영하 30℃ 이하에서는 표면의 작은 불꽃만으로는 연소를 지속시킬 만큼 기화시키기는 어려워서 라이터로 불을 붙여도 잠깐 불이 붙었다가 꺼지고 만다. 그래서 낮은 온도에서는 휘발유를 공기와 섞어 기체 상태에 가까운 미세한 기름방울로 내뿜어 점화시키는 장치인 기화기(카뷰레터, carburetor)가 필요하다. 혹한지역에서 차량의 시동성능은 전적으로 기화기에 달렸고 보급하는 휘발유의 구성성분도 옥탄보다는 점화가 좀 더 잘되는 가벼운 탄화수소의 구성비중이 커진다.

주변으로부터 열을 받아 고체 상태로부터 녹아 액체 상태를 유지하는 모든 물질은 액체분자들 사이에 불균일한 에너지 차이가 존재하고 일부는 미약하나마 항상 증발하여 액 표면에는 다소간의 증기가 고여 있게 된다. 이러한 이유로 액체 상태의 모든 연료는 상온에서도 섬화가 된다. 다만 연소의 시속성에 따라 위험물 구분 등급이 달라진다.

LPG(액화석유가스)는 이름 그대로 상온에서 가스(기체)여서 불이 잘 붙는데, 공기 비중 2.01인 부탄과 공기 비중 1.5인 프로판의 혼합물이므로 공기보다 무겁다. 따라서 LPG가 누설되면 바닥에 깔리게 되어 화재의 위험이 크다. 그러므로 가스감지기를 바닥에 가깝도록 설치해야 한다. 다만 감지기가 오염되면 기능이 저하되므로 오염물이 묻지 않도록 바닥에서 높이 30cm 이내로 띄어서 설치해야 한다. 도시가스는 탄화수소 그룹 중에서 가장 가벼운 메탄가스가 주성분인 LNG를 기화시킨 것이어서 공기보다 가볍다. 따라서 도시가스가 누설되어도 위로 환기가 잘 되면 화재위험이 크진 않으나 집안에서는 천장 근처에 가스감지기를 설치해야 한다.

가스류는 한 번 새기 시작하면 금방 다 날아가 버리고 새는 소리가 커서 알기 쉽기 때문에 단단히 밀봉하고 엄격하게 관리하지만, 휘발유나 솔벤트 시너[30] 등 인화성 높은 액체들은 가스보다 방심하기 쉽기 때문에 더 위험할 수 있다. 이러한 고인화성 액체 용기를 방안에 놓고 마개를 허술하게 관리하면 증발한 유증기가 새어나와 바닥에 고였다가 자칫 작은 불씨를 만나면 폭발을 일으킬 수 있다. 휘발유 증기는 공기보다 무거워 바닥에 깔리기 때문에 환기도 잘 되지 않는다. 차량 장비류의 연료통은 잘 밀봉되어 있고 개별 용량이 크지 않기 때문에 지하주차장에 수용할 수 있지만, 밀봉구조로 만들 수 없는 통기성 구조의 연료통에 휘발유 등 고인화성 물질을 담은 것은 절대 실내에 보관하지 말아야 한다. 건물 내에 설치하는 비상용 발전기에 휘발유 엔진을 쓰지 않는 이유가 여기에 있다. 화재 시에 사용해야 할 비상용 발전기가 오히려 화재의 원인이 될 수 있는 것이다.

휘발유는 소방법령이 정하는 제1석유류로서 지정수량이 200리터이고 경유는 제2석유류로서 지정수량이 1,000리터다. 지정수량이라 함은 소방서의 허가를 받지 아니하고 취급할 수 있는 양을 말한다. 휘발유도 200리터, 즉 한 드럼까지는 허가 없이 취급할 수 있지만 반드시 집 밖에서 취급해야 하고, 집안에는 차량의 연료탱크에 잘 밀봉된 것만 들여야 한다. 주유소에서 소량 판매할 때에도 밀봉된 통에 담아 트럭 짐칸처럼 개방된 곳에 싣는 경우에만 허용되고 밀폐된 구조의 승용차에는 싣지 못하게 단속한다.

---

30 흔히 시너 혹은 신너라고 불리는 이 물질은 영어의 thinner를 비슷한 발음으로 부르는 것이며, 영어 뜻 그대로 페인트 희석제를 말한다. 유기물인 페인트 종류를 잘 녹이고 칠한 후에 빨리 마르는 여러 가지 휘발성 물질이 사용된다.

산불

매년 산불이 엄청난 규모로 빈발하고 있다. 기후의 급속한 온난화에 따라 건조해진 환경으로 인해 산불이 잦아지고 산림보호로 인해 땔것이 많아서 진화가 어려워지는 것이 최근의 경향이다. 기후예보로 산불이 발생할 것을 예측할 수는 있으나 지역과 규모를 정밀하게 예측할 수는 없기 때문에 산불을 예방하고 진화하는 것은 대단히 어려운 일이어서 매년 산불로 인한 인명피해는 부득이하게 받아들여야 하는 일이다.

산불로 인한 피해는 숲의 파괴에 그치지 않고 숲 근처에 사는 사람들의 인명과 재산을 위협한다. 도시가 과밀하지 않고 교외에 주거가 산재한 미국이나 호주 등에 대형 산불이 나면 산불 주변의 마을이 처한 위험이 많이 보도되는데, 이제 우리나라도 그런 위협에 직면하고 있다. 대표적인 경우가 2005년 4월에 발생한 영동지역 산불로 낙산사가 선소한 것이다. 단순히 산불 주변에서 발생한 소규모 간접화재가 아니라 육중한 동종(銅鐘)이 녹아내리는 것을 공공소방대가 방호할 수 없었을 만큼 대형화재가 확대되었던 것이다. 그 이후 '양간지풍'(襄杆之風: 양양 간성 사이의 바람)과 '양강지풍'(襄江之風: 양양 강릉 사이의 바람)이라는 말이 인구에 회자될 정도로 영동지역의 산불에 대한 관심이 고

조되었다. 그 지역의 지형상 바람이 강하게 부는 원인도 있겠지만 산불이 커질수록 대류거동으로 인해 바람이 더 강해지는 특성도 작용할 것이다. 편서풍이 부는 지형은 삼척까지 이어지는데 유독 간성과 강릉 사이에서만 강풍이 분다고 보기는 어렵고, 동해안에서는 간성-양양-강릉 구간이 예로부터 사람이 많이 살던 지역이라 산불이 나기도 쉽고 피해도 크게 되는 곳이라서 관심이 컸던 것으로 보인다.

어느 나라나 마찬가지로 산불은 불가피한 측면이 있고 발달된 소방력의 지원이 없으면 자연 소화될 때까지 기다려야 하는데, 승정원일기에는 1672년 민가 1,900채가 불타고 65명이 숨진 산불과 1804년 민가 2,600채가 불타고 61명이 숨진 산불이 기록되어 있다고 한다.[31] 역사상 숱하게 일어났던 산불의 가장 큰 발생원인은 초가집 부엌에서 나무나 짚으로 불을 때는 취사 방식이고, 숲과 집의 영역이 뚜렷이 구분되지 않아서 피해가 컸던 것이다. 그래서 도시가 과밀하지 않고 교외 주택이 많은 선진국의 도시는 주변을 골프장으로 둘러싸는 방식으로 방화대를 조성하기도 한다.

이제 우리도 건축허가 조건으로 주변 숲과의 거리를 강제조건으로 규정해야 할 것이다. 대개 너른 공간으로 단지가 구획되고 강성구조로 건축되는 아파트 건물보다 단독건물이 구조나 위치 측면은 물론 화기의 관리 측면에서도 위험성이 더 크기 때문에 건축 행정에 새로운 시각이 필요할 것이다.

영화를 보다가 허름한 민가—당연히 목조나 초가—에서 밤에 횃불

---

31 2019. 4. 5. 동아사이언스.

을 들고 사람을 찾는 장면이 나오면 항상 화재위험에 대한 무의식적 공포가 영화의 긴박감을 압도하는 것이 꼭 직업의식만은 아닌 인류의 본능일 것이다.

산불에는 자연발생적인 것 외에 인위적인 방화도 있다.

자연발생적인 산불은 오랜 세월 동안 확립된 생태계의 섭리일 수도 있다. 숲이 오래되면 마른 나무와 삭정이가 많아져 산불의 조건이 갖춰지고 벼락과 마찰에 의한 자연발화는 인류가 감수해야 하는 신의 수사위 놀음이고 습지에 쌓여 썩은 낙엽에서 나오는 메탄가스가 자연 발화 하는 것도 무시할 수 없는 원인이다. 그래서 주기적으로 산불이 나는 곳도 있고, 그런 숲에는 오랜 진화과정의 산물로 산불 조건에서 활발히 번식하는 성질의 식물들도 있다.

세계 여러 곳에 서식하는 다양한 침엽수의 열매(솔방울) 중에는 200℃ 이상에서 벌어져 씨를 배출하는 것들도 있는데, 그 씨에는 단풍잎과 같은 날개가 있어 산불로 인한 상승기류를 타고 멀리까지 날아가 번식하게 된다고 한다. 이런 현상은 주기적인 산불에 의해 숲이 정상적으로 성장하는 경우인데, 미국의 세쿼이아 국립공원(Sequoia National Park)에서는 매년 소방당국이 인위적으로 산불을 일으킨다고 한다.[32] 통제된 조건에서 산불을 일으킴으로써 탈것이 너무 많이 쌓이는 것을 방지하고 숲의 성장조건도 맞춰주는 일석이조의 효과를 거두는 것이다.

---

32 2016. 12. 1. EBS 다큐프라임, 녹색동물.

가장 큰 문제는 방화(放火) 범죄다. 우리 산불의 가장 큰 발생원인인 실화(失火)는 꾸준한 홍보와 사회의 발전에 따라 감소할 것이지만, 방화는 사회가 복잡해질수록 늘어날 것이고 인적 없는 드넓은 지역에서 아주 간단한 방법으로 저지를 수 있는 범죄라서 대처하기가 무척 어렵다.

세계적으로 문제가 되는 방화는 자본의 범죄라서 문제가 더 크다. 2013년 6월에 인도네시아 수마트라섬에서 발생하여 싱가포르와 말레이시아 수도 쿠알라룸푸르까지 연기로 뒤덮어 휴교령을 내리게 했던 대형 산불도 대규모 농장 기업의 방화라고 알려졌고, 팜유 농장을 만드는 과정에서 파푸아 지역의 열대우림을 대규모 방화로 파괴한 기업이 한국계 '코린도 그룹'이라는 보도도 있었다.[33] 브라질은 정부가 바이오 연료용 사탕수수와 사료용 옥수수 농장 개발을 위해 열대우림의 훼손에 앞장서면서 방화를 묵인하고 있다는 국내외적 비난을 받아왔다. 인도네시아 정부는 자본과의 결탁 혐의를 부인하는 기본적 도덕성을 표방하고 있기 때문에 문제가 개선될 것을 기대할 수 있겠지만 브라질처럼 정부가 노골적 개발지상주의를 표방하는 경우는 국제적 제재가 실효성을 발휘하기 어렵다. 삼림의 보호가 경제의 최우선 가치가 되는 방향의 경제운용 방식과 철학의 개발이 절실하다.

산불은 일단 성장하면 거침없이 퍼져나가 다루기가 몹시 어렵지만 불씨가 대형산불로 성장하기까지의 시간은 오래 걸리기 때문에 초기에 발견하면 진화 작업이 쉬워지고 피해도 작아질 수 있다. 최근 미국

---

33 2020. 12. 3. IMPACT ON.

에서는 태양열로 작동하는 무선 가스감지기, 일명 전자코를 나무에 부착하여 화재를 초기에 탐지하는 방법이 개발되었다. 수소, 일산화탄소, 휘발성 유기물질을 감지하는 감지기에 안테나와 GPS 기능을 내장하여 화재 초기에 탐지한 정확한 장소를 산림 관리기관에 통보하는 것이다. 단가 50달러 이내인 이 장치들을 사용하여 2030년까지 산불의 40% 정도를 예방할 것이라는 전망이 나온다.

지구 외의 다른 행성에서도 화재가 날까?

금성의 대기는 이산화탄소와 질소가 거의 100%이고, 화성에는 산소가 워낙 희박하기도 하지만 대기의 양이 지구의 0.6%여서 자연상태에서 화재가 발생할 가능성은 없다. 그런 환경은 아무것도 연소시키지 않기 때문에 연소를 기본조건으로 하는 내연기관을 사용할 수도 없다. 화성 탐사장비들이 모두 태양열 에너지로 움직일 수밖에 없는 이유이기도 하다.

그러나 화재가 꼭 물질의 산화현상만을 의미하는 것이라고 할 수 있을까? 고온의 열적 영향으로 피해를 입는 것을 화재라고 한다면 평균온도가 460℃ 정도인 금성은 불꽃이 없더라도 그 자체로서 화재환경이라고 할 수 있을 것이다.

화성은 영화 '마션'에서 보였듯이 기지를 만들어 환경을 조성하면 거주가 불가능한 것은 아니며, 미국의 사업가 일론 머스크는 화성에서의 거주를 꿈꾸고 있다.

혹시 인류가 화성의 기지에서 살게 되어도 기지 내에서의 화재는 걱정하지 않아도 될 것이다. 기지 내 산소의 농도를 15% 정도로 유지하며 필요한 경우에만 휴대용 보조 산소 용기를 쓰면 되기 때문이다. 화성의 평균기온은 영하 80℃ 정도지만 원자력을 이용하면 난방의 어려움은 크지 않을 것이다. 지구에서는 냉각수 확보가 큰 문제지만 화성에서는 극도로 낮은 대기온도로써 충분한 냉각이 가능하기 때문에 시설은 오히려 간소해진다.

금성은 지구보다 태양에 가깝기도 하지만 대기의 주성분이 이산화탄소여서 극심한 온실효과 때문에 기온이 대단히 높다. 평균온도가 섭씨 460도 정도이고 대기압이 95기압이나 되므로 인간이 기지를 짓고 사는 것이 불가능하지만 탐사장비들이 그 온도와 압력에서 적응하도록 만들어지면 화재피해를 받을 걱정은 안 해도 될 것이다.

그러나 금성에서는 냉방이 불가능하다. 냉방을 하려면 실내의 열을 밖으로 옮겨서 버려야 하는데 섭씨 460도의 평균기온보다 높은 온도로 만들어야 옮길 수 있다. 지금의 냉방기술로는 그게 불가능하고 설령 고도의 기술이 개발된다 하여도 잠시의 고장으로도 생존이 불가능해지는 것이다. 냉방과 난방 사이에는 이러한 차이들이 있다.

인류는 알래스카나 오이먀콘 같은 극한지방이나 티벳처럼 고도 4천 미터의 환경에서도 살아왔고 영토의 95%가 사막인 이집트에서도 비좁은 나일강변에 모여 찬란한 문명을 꽃피웠다. 인류는 수억의 인명을 앗아간 페스트나 천연두도 극복하였고 지표면의 절반을 뒤덮었던 빙하시대를 지나면서도 문명을 발전시켜 왔으며, 아지도 활화산 주변이나 지진 다발 지역에 사는 사람이 많다.

지구온난화가 알래스카, 티벳, 이집트 등에서 인류가 겪었던 것보다 더 혹독한 환경을 만드는 것은 아니다. 다만 지금까지 인류가 자기 자리에서 만들어왔던 현재의 상황을 위험하게 만들고, 세계 경제에서 누리는 기득권에 혼란을 초래하는 것이다.

환경문제가 인류의 존속에 미치는 위협은 물리적 환경의 문제와 심리적 환경의 문제라는 두 가지 측면으로 생각할 수 있다. 생태계의 위험스러운 변화는 기후변화보다 인류의 방만한 파괴활동에 기인한다. 인류는 지난 수만 년의 경험처럼 기후변화에는 적응할 수 있으나 태평양 한가운데 만들어 놓은 쓰레기 섬이 장기간의 열화 분해 과정을 거쳐 바닷물에 섞이고 바다생물들을 통해 미세플라스틱을 되돌려 받아 섭취하는 환경호르몬에는 견딜 수 없다.

급격한 기후변화의 경우도 자연재해 그 자체가 인류의 존속을 위협하지는 못할 것이다. 다만 공존보다 우선하는 이기적 다툼으로 인해 자멸로 치닫게 되는 우울한 시나리오가 급격한 기후변화의 본질적 위험이라고 할 것이다.

식용유 화재

　식용유가 끓는 온도는 종류에 따라 다르지만 옥수수유 270℃, 콩기름 210℃, 올리브유가 180℃로 알려져 있다. 튀김을 할 때는 끓지 않고 잔잔한 상태에서 튀김 재료를 넣는데도 끓는 것처럼 보이는 것은 기름이 아니라 기름 속에 흩어진 물이 끓어 급격히 기화하는 것이다.

　조리용 식용유에 불이 붙었을 때 물을 뿌리면 기름 속으로 들어간 물이 급격히 끓어 팽창하며 불붙은 기름을 사방으로 흩뿌리기 때문에 더 위험해진다. 식용유 화재 시에는 K급 소화기라고 불리는 식용유 화재용 소화기를 쓰는 것이 가장 좋겠지만 그러한 소화기가 없을 때에는 급격히 타지 않을 두꺼운 방석으로 덮고 그 위에 물을 뿌려 적시는 것이 좋다. 방석에 물을 뿌리는 것은 방석을 적셔 불이 붙지 않게 하려는 것이므로 너무 많이 뿌려 뜨거운 기름 속으로 물이 들어가면 끓어 넘치며 방석을 밀어내고 불이 다시 붙거나 화상을 입힐 수 있다. 방석이 불에 타지 않으면 기름불에 공기를 차단하여 불이 꺼진다. 그러나 작은 냄비를 방석으로 덮다가 냄비가 엎어지면 더 큰 화를 입게 된다. 가장 중요한 것은 먼저 가스 스위치를 잠그고 일단 화재신고를 하는 것이다. 전화번호는 국번 없이 119지만 110이나 112로 해도 된다.

액체 상태에서 불이 안 붙는 식용유가 조리 중에 불붙는 것은 두 가지 경우가 있다. 한 가지는 기름이 끓어 인화점이 될 때 유증기에 조리 불꽃이 닿아 불이 붙는 것인데, 이러한 일은 중식당의 주방에서 자주 발생하여 굴뚝 밖으로 불꽃이 나가기도 한다. 또 한 가지는 그릇 속의 기름 찌꺼기가 불 위에 방치되어 400℃까지 가열되면 불꽃이 없어도 자연발화 하는 것이다. 대부분의 불연성 고체들도 미세한 분말이 되어 산소와의 접촉효율이 커지면 불이 붙는데 탄화수소가 주성분인 유류가 분말보다 더 작은 기체분자로 다량 발생할 때에는 말할 것이 없다. 삼겹살을 구울 때에도 유증기가 발생하지만 그 양이 적어 연소범위에 들어가지도 않고 직화구이가 아닌 경우에는 화염이 직접 접촉하지 않기 때문에 온도가 낮아 연소되지 않고 유증기가 흩어질 뿐이다. 그렇게 흩어진 유증기는 멀리 날아가지 못하고 식어서 주변으로 떨어진다. 삼겹살을 굽고 나면 머리와 옷에 기름이 묻고 냄새가 배는 이유가 그것이다. 기름이 튀기 때문이 아니다.

가연성 가스

가연성 가스들은 공기 중에 적당한 농도가 되어야 연소한다. 농도가 너무 낮아도 타지 않고 농도가 너무 높아도 타지 않는다. 이러한 농도범위를 연소범위라고 한다. 메탄은 공기 중에서 5~15%의 체적농도 범위에서만 탈 수 있다. 프로판은 2.1~9.5%, 부탄은 1.6~8.4%, 휘발유 증기는 대략 1~7% 범위가 연소 범위다. 아세틸렌이나 산화에틸렌은 분해 폭발하는 성질이 있어서 산소가 없어도 폭발할 수 있다. 폭발은 연소 속도가 대단히 빠른 것을 가리키는 말이다. 따라서 폭발성 가스의 연소범위는 폭발범위라고도 한다.

가연성 가스가 불연성 기체와 섞이면 연소범위가 좁아지며 불연성 기체의 농도가 어느 정도 이상 높아지면 연소범위를 벗어난다. 순수 공기 중 메탄의 연소범위는 5~15%이지만, Zabetakis의 실험결과[34]에 의하면 이산화탄소가 대략 22% 이상 섞이면 농도에 관계없이 연소하지 못하며 수증기는 26%, 질소는 37% 이상이 섞이면 메탄이 연소하지 못한다.

이러한 현상은 가연성 액화가스 운반용기 상단의 가스 체류 부분에

---

34 M.G. Zabetakis, 1965: 가스폭발 예방기술(도서출판 세화, 1991)에서 재인용.

연소 방해 가스를 채워 폭발을 방지하는 방법에 응용되는데, 특기할 것은 이산화탄소의 연소방지 효과가 수증기나 질소보다 탁월하다는 것이다. 이러한 연소방지 혹은 소화효과 외에도 이산화탄소는 특별한 제조과정을 거치지 않아도 아무데서나 포집 가능한 가스여서 값이 싸고 너무 높지 않은 압력에서 액화하여 대량 저장이 용이하다는 장점 외에도 일부러 만들지 않고 자연계에서 회수하는 것이라서 방출되어도 자연계에 충격이 없기 때문에 가스계 소화약제 중에서는 가장 효과적인 약제이지만 인체에 해롭다는 치명적 약점이 있다.

칼슘은 산소와의 결합력이 크고 반응할 때 발열이 크기 때문에 분말상태에서는 발화위험이 대단히 큰 위험물질이다. 멸치 뼈에 든 칼슘은 다행히도 칼슘 원자가 아니라 물에 녹은 이온이므로 멸치가 뜨거워지지는 않는다. 칼슘의 화합물 중 물에 녹을 때의 반응을 이용하는 대표적인 것이 산화칼슘과 탄화칼슘이다.

산화칼슘(CaO)은 생석회라고 불리며 물에 녹아 수산화칼슘이 되면서 많은 열이 발생하여 뜨거워진다. 구제역이나 조류독감으로 가축들을 매몰처리할 때 생석회를 뿌려 그 발열로써 세균을 사멸시키는데, 사실은 제1차 세계대전 이전에는 대규모 전투로 대량 발생한 적군의 전사자를 매몰처리할 때에도 썼던 비정한 약제다.

탄화칼슘(CaC_2)은 카바이드라고 불리는데, 물과 반응하면 수산화칼슘과 함께 연소성이 대단히 강한 아세틸렌을 생성한다. 노즐이 달린 깡통에 물과 카바이드를 담아 아세틸렌을 생성하고 노즐로 분출되는 아세틸렌에 불을 붙여 램프로 사용하는 것이 예전에 낚시꾼들이 많이 쓰던 카바이드 랜턴이다. 낚시가 끝난 다음 카바이드가 덜 녹고 남아 있는 깡통 랜턴을 잘 손질하지 않고 텐트에 방치했다가 사고가 나는 경우도 간혹 있었다. 참고로 깡통은 영어 can의 일본식 발음 '깡'에 '통'을 결합한 말이다.

연기

연기와 관련된 용어인 '제연(制煙)'은 소방분야에서 아주 많이 쓰이는 용어다. 다른 분야에서는 연기와 관련하여 배연이라는 말을 쓸망정 제연이라는 말은 쓰는 것을 보기 어렵다. 제연은 소방분야에서 만들어진 말인데, 그 어원은 영어의 smoke control 또는 smoke management를 번역한 것이다. 연기를 제어한다는 말인데, 연기를 뽑아내는 '배연(排煙)'이나 연기를 막아내는 '방연(防煙)'이 모두 '제연(制煙)'의 범주에 속하며, 연기의 흐름 방향을 인위적으로 조절하는 기능도 포함하는 포괄적 의미를 갖는다. '배연'과 '방연'이 소방분야에서 보편적으로 쓰이기 때문에 연기를 제거한다는 의미로 여러 사전에서 공통적으로 검색되는 除煙은 공기청정기로 연기입자를 제거한다는 정도로밖에 쓸모가 없다.

국립국어원의 〈표준국어대사전〉에서 '제연'을 검색해보니 여러 가지 인연 또는 여러 가지 도구를 뜻하는 諸緣이 나온다. 연기와 관련된 용어는 없다. 연기를 뽑아내는 뜻의 배연(排煙)은 있다. 〈DAUM 사전〉에는 연기와 관련하여 '제연'이 단독으로 나오지는 않고 연기를 제거하는 설비로서 '제연설비(除煙設備)'가 나온다. 〈NAVER 사전〉에는 실내에 차 있는 연기를 배출하여 없앤다는 뜻으로 '제연(除煙)'이 나온다. 諸緣

이든 除煙이든 소방에서는 쓰지 않는 말들이다.

국립국어원 우리말샘에서 '제연'의 용례를 찾아보니 諸緣에 비해 除煙의 빈도가 압도적으로 많다. 그럼에도 국어대사전의 표제어에 연기와 관련된 '제연'이 없는 것은 아직 諸緣을 이루지 못했기 때문일 것이다.

그런데 표준국어사전에 나오는 諸緣의 의미 중 '여러 가지 도구'라는 뜻은 요즘 시대에 드물게나마 쓰이는 것일까? 쓰임새가 없어 사실상 사멸한 언어는 이렇게 잘 보존되어 있는데도 일부 공학분야에서나마 쓰임새가 많은 制煙이라는 말은 오해되어 있다. 소방분야에서 "제연"이라고 발음하는 낱말로는 "制煙"이 유일하다. 陈煙이라는 표현도 한 자의 용법에 어긋나는 것은 아니기 때문에 그 잘못을 지적하여 바꾸도록 설득하는 데에는 시간과 노력이 많이 들 것 같다. 물론 한자를 아예 안 쓴다면 문제는 없다.

화재는 많은 인명피해를 야기하는데, 인명피해의 직접적 원인으로 가장 큰 것은 화열이 아니라 연기다. 화상으로 치명상을 입기 전에 연기로 인해 질식하거나 연기에 포함된 독성물질에 중독되어 사망하는 것이 대부분이다. 옛날 화형이 성행하던 시기에도 화열보다 연기흡입이 더 먼저 치명요인으로 작용했을 것이다. 교수형에서 가장 직접적인 사인이 목졸림에 의한 질식이 아니라 경동맥 졸림으로 인한 뇌혈류 차단인 것과 비슷한 원인 도치 현상이다.

연기는 뜨거운 연소결과물이 올라가면서 주변의 공기가 다량 혼입된 것이므로 실제로 그 속에 산소가 크게 부족하지는 않다. 산소 부족보다는 연기의 자극성에 상기도가 자극받아 호흡을 본능적으로 멈추거나 심한 기침으로 호흡을 하지 못하게 되는 것이 질식의 본질적 원인이다. 그와 비슷한 질식이 천식환자에게도 일어난다. 기침과 재채기의 차이는 기침이 기도의 자극으로 발생하는 데 비해 재채기는 콧속의 자극으로 일어난다는 점이다. 코는 폐에서 멀고 또한 중간에 구강으로 공기가 빠져나가는 구조이어서 콧속의 이물질은 다량의 공기로 한꺼번에 힘차게 밀어내야 한다. 그래서 재채기를 하기 직전에 입을 벌리고 심호흡을 한다. 그러나 기침은 이미 기도를 침범해버린 이물질을 밀어내야 하기 때문에 숨을 들여 마시지 못하고 계속 뱉어내느라 호흡이 곤란해진다. 호흡의 욕구와 거부 자극 사이에서 극도의 고통을 겪는 것이 연기 질식이다.

　재채기를 할 때 아기들은 코로 하지만 어른들은 입으로 한다. 코로 하는 재채기는 본능적인 반응이고 입으로 하는 재채기는 콧물을 날리지 않기 위한 학습의 결과다. 그래서 어른들의 재채기는 효과가 없고 따로 코를 풀어 이물질을 배출하거나 코를 문질러서 자극을 완화해야 한다. 그런데 연기의 자극이 약할 경우에는 오히려 그 자극을 즐길 수도 있는데, 담배가 바로 그것이다.

4. 소방시설과 방화대책

펌프

물에 에너지를 줘서 멀리 보내거나 낮은 곳에서 높은 곳으로 퍼올리는 장치인 펌프는 어떤 방식, 어떤 규모로든 현대생활에 필수품이다. 수돗물도 펌프로 밀어내는 것이고 냉장고의 냉매를 순환시키는 냉동기도 일종의 펌프이며, 차량의 연료나 냉각수에도 펌프는 필수장치다. 현대 초고층 건축을 있게 한 핵심 기술은 건축구조 기술과 승강기, 그리고 펌프다. 소방설비도 가장 중요한 소화재료가 물이기 때문에 펌프 없이는 쓸 수가 없다.

펌프는 언제부터 썼을까?

50년쯤 전에는 도시에서도 우물 물을 퍼 올리는 수동식 펌프가 거의 집집마다 있었다.

톨스토이 〈전쟁과 평화〉 제2부 제2편에는 다음과 같은 문장이 나온다.

'저택에는 … 처마 밑에 두 대의 소방펌프와 물통이 놓여 있었다.'

[그림 20] 우물용 작두펌프

이야기의 배경은 1806년, 당시 유럽에서 과학기술 후진국으로 프랑스 말을 잘해야 대접받던 러시아의 농촌 영주 저택이다. 우리 조선조에선 정조 승하 후 6년이 지난 시점인데 당시 러시아에서도 이미 소방 펌프가 쓰이고 있었다.

그로부터 100년쯤 후인 구한말의 소방 유물 중에도 완용(腕用)펌프라는 게 있다. 물론 이완용 소유라는 뜻은 아니고 완력으로 쓰는 펌프를 말함이다. 그림 21의 사진을 보면 예전의 우물용 펌프인 작두펌프를 크게 만들어서 두 사람이 양쪽에서 펌프질을 하도록 만든 것임을 알 수 있다. 〈전쟁과 평화〉 시대로부터 100년 동안 변하지 않았던 것이다.

기계식 펌프의 시조는 2천3백 년 전 그리스의 과학자였던 아르키메데스의 나선양수기라고 하는데, 나선형 날개를 돌려 물을 퍼 올리는 그런 구조는 아직도 하수처리장 같은 데서 사용하고 있으니 수천 년을 이어오는 위대한 발명이다. 그때와 달라진 것은 손 대신 모터로 돌리는 점뿐이다.

지금은 거대한 소방차에 수십 톤의 물을 잔뜩 싣고 강력한 엔진 펌프로 수십 층 높이에 소방용수를 보낸다. 소방차로 물을 올리기 어려운 초고층 건물은 자체적으로 설치한 소방펌프로써 꼭대기 층까지 소화용수를 올린다. 현대의 대형 건물은 사람이 사는 건축공간과 내형 소방차의 기능을 겸비한 구조라고 볼 수 있다.

[그림 21] 1863년 일본의 소방펌프(도쿄 소방박물관 소장)

[그림 22] 구한말 완용 소방펌프(이천소방서 소장)

불을 끄는 방법

불을 끄기 위한 수많은 방법들이 개발되었지만 그 원리는 불이 지속되는 몇 가지 원리에서 벗어날 수가 없다.

가장 간단하고도 원론적인 것은 아직 타지 않은 연료를 제거하는 것이다. 그게 '제거소화방법'이라고 이름붙일 만한 일인가? 생활주변에서 본능적으로 불에 탈 것을 미리 제거하는 것을 소화방법이라고 이름붙이는 것은 학문의 가면을 씌우기 위한 억지이겠지만, 유류탱크 화재 시 탱크 아래 부분의 기름을 빼내는 것에는 이름을 붙일 만하다.

가장 보편적인 냉각소화방법은 물을 뿌리는 것이다. 얼음을 쓰면 더 효과적이겠지만 얼음을 대량으로 댈 수도 없고 고체인 얼음을 던지면 불길을 지나 바닥에 떨어져 버려서 더 이상 쓸모가 없기 때문에 얼음에 관심을 갖지 않는 것도 일종의 본능이다.

질식소화방법도 있다. 불에 산소가 접촉되지 않도록 하는 것인데, 젖은 담요를 뒤집어씌우거나 불연성 가스로 불꽃을 감싸서 질식시키는 것이다. 포(泡, 거품)소화약제도 이러한 수단으로 분류된다.

위 세 가지는 연소의 3요소로 불리는 연료, 온도, 산소를 제어하는 것이다. 그런데 이 세 가지 외에 불꽃의 연쇄반응을 차단하는 방법도 있다. 연소과정의 중간에 순간적으로 나타났다 사라지는 불씨 이온들을 포획하여 더 이상 반응을 못하게 하는 것인데, 부촉매효과라고 부른다. 소화기에 들어있는 분말소화약제나 할로겐화합물 소화약제가 그런 목적으로 사용되는 것인데, 이 약제들은 한번 반응하고 나면 끝이라서 단번에 불을 끄지 못하면 다시 불이 커진다. 숯이나 종이뭉터기처럼 속으로 타는 불은 끌 수가 없다.

　유정(油井)화재에서 마지막 수단으로 검토되는 폭발소화방식도 일종의 질식소화방법이지만 위험한 모험이기 때문에 주변에 2차 피해를 입을 수 있는 시설이 없어야 한다.

스프링클러

자동식 소화설비로서 가장 기본적인 것은 스프링클러다. 소방업계에서는 스프링클러를 기본적 설비이면서 또한 가장 완전한 소화설비로 꼽는다.

요즘 중고등학생들에게 현대식 자동소화설비를 쓰지 않고 스프링클러 장치를 만들어보라고 하면 어떤 아이디어들이 나올까?

쉽게 생각할 수 있는 아이디어들을 꼽아보자면 다음과 같을 것이다.

- 물을 채운 플라스틱관을 천장에 설치하여 플라스틱관이 물에 녹으면 물이 쏟아지게 한다.
- 금속관에 가는 구멍을 촘촘하게 뚫고 납으로 막은 후 천장에 설치하고 물탱크에 연결하여 불에 납이 녹으면 물이 분출되게 한다.
- 가는 구멍을 촘촘하게 뚫은 금속관을 천장에 설치하고 물탱크에 연결한 후 밸브 손잡이를 잡아당길 수 있는 끈을 묶고 그 끈의 다른 쪽은 천장에 설치한 납퓨즈와 무게추에 연결하여 납 퓨즈가 녹으면 무게추가 끈을 당겨 밸브를 열게 한다.

이런 아이디어들은 스프링클러를 외형만이라도 본 요즘 아이들이

상식으로 생각해낼 수 있는 것이지만 그런 상식은 스프링클러 선구자들이 실제로 그런 실험을 모두 거치며 현대식 스프링클러 시스템을 개발한 덕분에 형성된 것이다. 다만 첫 번째 아이디어인 물을 채운 플라스틱관이 좀처럼 녹지 않을 것은 유튜브에서 라면봉지로 라면 끓이기를 본 초등학생들도 아는 상식이다. 사실은 두 번째 아이디어인 납퓨즈도 물에 직접 닿아 있으면 좀처럼 녹지 않는다. 물에 열을 지속적으로 뺏기면서 납퓨즈의 온도가 잘 올라가지 않기 때문이다. 그런 상식들은 모두 실험을 통해 확인되었고, 그를 통해 열전달 이론도 함께 발전했다.

어쨌든 첫 번째와 두 번째 아이디어는 항상 물이 차있기 때문에 습식(濕式)이라 하고, 세 번째 아이디어는 평소에 관이 비어있기 때문에 건식(乾式)이라고 한다. 습식은 영어의 wet system을 번역한 것인데, 영어 wet에는 '젖다'라는 뜻 이외에 '잠기다'라는 뜻도 있지만 습(濕)에는 '젖어서 축축하다'라는 뜻밖에 없기 때문에 적절한 번역은 아니다. '충수식'이 더 적절하지 않을까 한다.

위의 두 번째 아이디어는 현대식 폐쇄형 스프링클러 헤드 시스템으로 발전하였고, 세 번째 아이디어는 개방형 헤드를 이용한 일제살수형 스프링클러 시스템으로 발전하였다.

납퓨즈가 직접 물에 닿지 않고 물구멍의 마개를 받치는 현대식 스프링클러 헤드의 구조는 1874년 미국의 파밀리(Henry S. Parmelee)가 자신이 경영하던 피아노 공장을 방호하기 위해 개발하였다고 한다. 실제로 그 이전에 여러 사람이 자동식 헤드를 고안하였지만 처음으로 특허를 내고 그 이후 지속적인 발전을 이끌었던 공을 인정받아 그는 현대식 스프링클러 시스템의 개발자라는 명예를 안게 되었다. 그 자신은 56세의 길지 않은 삶이었지만 그의 아이디어는 셀 수 없을 만큼 많은 인명과 재산을 구했고 고밀도 현대 도시의 안전판이 되었다. 스프링클러의 어근은 물을 뿌린다는 뜻의 Sprinkle인데, 이것을 일부 소방기술자들조차 스프링쿨러(스프링 냉각기?)라고 부르는 것을 들으면 파밀리에게 미안한 마음을 금할 수 없다.

위의 두 번째 아이디어와 세 번째 아이디어를 복합한 방식도 있다. 습식과 동일한 구조의 스프링클러 배관을 설치하되 평소에는 물을 담아두지 않고 있다가 화재가 감지되면 자동으로 밸브를 열어 물을 채우는 것이다. 그리고 나서 헤드가 열을 받으면 퓨즈가 녹아 물을 쏟게 된다. 이런 방식은 준비작동식(Pre-action system)이라고 불리는데, 한랭기에 동파가 우려되는 곳에 쓴다. 대표적인 곳이 옥내 주차장이다.

일제살수형 시스템은 작은 규모의 지하실에 주로 쓴다. 면적이 작아서 방수 소요량이 많지 않은데다 연기가 꽉 차서 소방대가 들어가기 어렵기 때문에 밖에서 연결송수관을 통해서 물을 보내어 지하실 전체에 물을 뿌리는 것이다.

스프링클러 시스템에서 가장 중요한 이름 중 하나가 속칭 알람밸브(Alarm check valve)다. 스프링클러가 있는 아파트 현관마다 알람밸브실이라고 쓰인 점검구가 있는데 그 안에 이 장치가 설치되어 있다. 우리말로 공식적인 용어는 유수검지장치다. 이 밸브는 물이 거꾸로 흐르지 못하게 하는 체크밸브의 구조로서 한쪽 방향으로만 열리는 디스크가 내장되어 있다. 스프링클러 헤드가 열려 물이 흐르면 디스크가 열리는데, 그 디스크 접촉면에 있는 구멍이 디스크 때문에 막혀 있다가 디스크가 열리면 구멍으로 물이 들어간다. 이 구멍으로 들어간 물의 압력이 전자식 스위치를 눌러 경보를 울리게 하거나 물이 방출되면서 조그마한 수차를 돌려 요란하게 벨을 울리는 것이다. 즉 물흐름을 검지하여(유수검지) 화재가 발생하였다는 경보를 울리는 것인데, 그 때문에 얼마 전까지는 스프링클러가 설치된 곳에는 화재감지기를 면제하기도 했었다. 예전에 지어진 아파트의 거실 천장에 스프링클러 헤드만 보이고 화재감지기가 안 보이는 이유가 그 때문이다.

국내에서는 크기도 작고 값이 싼 전자식 스위치를 선호하여 스프링클러 알람밸브의 유수검지신호를 거의 전자식으로 설치하는데, 미국에서는 고장의 가능성이 있는 전자식보다 신뢰성 높은 기계식을 선호하여 수차식 경보장치를 주로 쓴다. 이 수차식 경보장치의 영어 이름은 워터모터공(water motor gong)이다. 워터모터공 방식에서는 방출되어 수차를 돌린 물을 지속적으로 흘려서 버려야 하는데, 동파우려가 없는 온난 지역에서는 건물 내 여러 곳에 설치된 알람밸브로부터 관을 건물 밖 특정 위치까지 끌어내어 모아 설치함으로써 물을 버리기도 좋고 소방대원들이 어느 부분의 스프링클러가 작동했는지, 즉 화재가 발생했는지를 한 눈에 알 수 있게 되는 장점도 있다.

예전에는 차량화재에 스프링클러가 적합하지 않다고 하여 포소화설비를 쓴 적도 있었다. 차량 내부의 화재라서 물이 닿지 않고 연료에 불이 붙는 유류화재일 수도 있기 때문이다. 그러나 포소화설비는 관리하기가 어렵고 차량화재 방호의 1차 목표가 옆 차량으로 불이 번지는 것을 막는 개념으로 발전하면서 스프링클러가 보편화되었다. 스프링클러로써 불이 완전히 꺼지면 더 바랄 나위 없지만 그 기능의 기대치는 화세의 성장을 제한하는 것이고 불을 끄는 것은 소방대의 몫이다.

2015년 4월 나주 요양병원에서 발생한 화재는 스프링클러가 정상적으로 작동하여 노인 217명이 무사히 대피하고 소방대가 도착하기 전에 진화됐다고 한다. 2018년 2월에 신촌 세브란스 병원에서 발생한 화재 역시 스프링클러가 정상적으로 작동하여 인명피해 없이 진화한 사례다.[35] 스프링클러가 정상적으로 작동한 경우 스프링클러는 통계적으로 98%의 화재를 진화한다. 그러나 피해가 없이 진화된 화재는 보도되지 않고, 관리 부실로 스프링클러가 작동하지 않아 대규모 피해를 입은 화재들만이 대서특필되는 바람에 세상은 온통 화재 속에 무방비로 사는 느낌을 받는다. 실제로 대부분의 화재가 1~3개의 스프링클러 헤드로써 진압된다고 하니 스프링클러의 효과는 가히 절대적이라고 할 수 있다. 그런데 스프링클러가 터지지 않는 이유는 대부분 관리 소홀이기 때문에 스프링클러가 설치된 대형 건물의 화재는 거의 인재(人災)라고 봐도 무리가 없다. 인재가 발생하는 가장 큰 이유는 그토록 중요한 소방시설 관리자의 처우가 몹시 열악하기 때문이다. 처우가 열악해서 게으름을 피운다는 게 아니라 한 가지 일에 전념할 수 없는 환경이라는 뜻이다. 2021년 6월에 발생한 쿠팡 물류센터와 같은 거대 시설의 화재원인도 아마 그러했을 것이다.

넓게 보자면 관리자의 치우만이 아니다. 소방시설 자체가 열악한 대접을 받는다. 유리창이 깨진 것은 외상으로라도 즉시 보수하지만 소방시설은 당장 물이 쏟아지지 않는 한 관리 예산이 확보될 때까지 기다

35 2018. 2. 3. 서울신문 뉴스레터.

린다. 당장 물이 쏟아지는 경우에도 밸브를 잠가놓고 기다리는 경우가 많다. 대형 건물의 화재에서 대규모 피해가 발생하는 원인이 대부분 그러한 경우다.

2014년 5월 장성 요양병원 화재, 2017년 12월 제천 스포츠센터 화재, 2018년 1월 밀양 세종병원 화재 등 대규모 인명피해가 발생한 소규모 건물에는 스프링클러가 없었다. 건물의 규모가 스프링클러의 법적 설치대상이 아니었기 때문이다. 스프링클러의 원리는 몹시 간단해서 그저 수도관에 헤드를 연결하기만 하면 된다. 스프링클러 헤드의 납퓨즈가 열기에 닿아 녹으면 마개가 떨어져 나가고 물이 쏟아지는 것이다. 값도 비싸지 않아 헤드 하나에 겨우 몇 천원이다. 그토록 좋고도 간단한데도 왜 건축주는 자발적으로 스프링클러를 설치하지 않을까? 두 가지 원인이 있다.

하나는 누구나 잘 알듯이 어쩔 수 없는 배금주의 관념 때문이다. 화재 발생 확률은 지극히 낮다. 아주 낮은 가능성에 대비해서 돈을 쓰는 것은 무척이나 아깝다는 인식이 안전시설에 푼돈 투자를 거부하게 만드는 것이다.

사람들이 잘 모르는 또 하나의 이유는 바로 소방당국의 간섭 때문이다. 소방시설은 법적으로 엄격한 기준을 지켜야 한다. 화재가 많을수록 소방서의 사고방식은 더 엄격해지고 결과적으로 경직된다. 법규에 시시콜콜 규정된 방식으로 철저히 검증된 것이 아니면 허가하지 않으며 건축주가 무허가 소방시설을 설치하다 적발되면 불이익을 받는다. 결국 상수도관을 천장까지 조금 연장하고 스프링클러 헤드를 직결하면 되는 간단한 방식을 소방 기술자들이 건축주에게 권고하지 못하고 비싼 비용과 복잡한 절차 때문에 소방시설 설치를 포기하게 되는 역설이 발생한다. 작은 건축물에서 발생하는 대규모 화재 피해의 책임은 어쩌면 이러한 관료주의에 돌려야 하는지도 모를 일이다.

스프링클러의 퓨즈는 금속으로 만든 복합체이기 때문에 겉으로 보아 식별하기 어렵다. 그런데 지하주차장 같은 데서 스프링클러에 조그마한 빨간색 유리관이 들어있는 것을 볼 수 있는데, 그것은 유리관에 열팽창 액체를 넣어서 온도가 올라가면 액체가 팽창하여 유리관을 터뜨려 퓨스닉할을 하는 것이다. 그것을 글래스벌브(glass bulb)라고 한다. 글래스벌브가 금속퓨즈보다 온도에 더 정확히 반응하는데도 불구하고 천장 속에 감추지 못하고 노출되기 때문에 거주공간에는 잘 쓰이지 않는다.

글래스벌브의 색깔에 따라 터지는 온도가 다르다. 붉은색은 68도, 녹색은 93도에 터진다. 일반적인 환경에는 68도짜리를 쓰고 항상 열이 좀 날 수 있는 주방 같은 데는 93도짜리를 쓴다.

스프링클러 헤드 중에 아주 특별한 것이 ESFR이다. 요즘 빈발하는 대형 물류창고 화재에 적합한 것으로 서구세계에서는 많이 쓰이지만 아직 우리나라에서는 비용문제 때문에 널리 쓰이지 않는다. ESFR이라는 이름은 'Early Suppression Fast Response'의 머릿글자 조합이며, 우리 법규상의 공식 이름은 '화재조기진압용 스프링클러'다. 이 스프링클러는 표준형 스프링클러보다 더 많은 물을 더 높은 압력으로 신속히 방수하여 불을 끄는 것인데, 특별한 이론이 더 필요해서가 아니라 그간 보편적으로 사용해오던 이른바 표준형 규격과 달라 특별해

보이기 때문에 붙인 이름일 뿐이다.

    경기도 소방재난본부가 밝힌, 2021년까지 5년간 스프링클러가 자동 소화하여 피해를 방지한 9조 6천억 원의 자산은 그만큼의 인명도 보호해냈다는 것을 뜻하기도 한다.

소화전(消火栓)

물로써 불을 끄는 수계(水系)소화설비 중에서 가장 흔한 것은 소화전이다. 소화전에는 건물 안에 설치하여 건물 관리자들이 초기 진화에 사용토록 하는 옥내소화전이 있고 건물 외부에 설치하여 전문소방대가 사용토록 하는 옥외소화전이 있다. 옥내소화전은 전문소방대가 아닌 사람이 사용하기 때문에 구경이 작은 40mm 호스와 노즐(관창이라고 한다)을 쓰고, 옥외소화전은 전문소방대원이 쓰는 것이라서 구경이 큰 65mm 호스와 노즐을 쓴다. 옥내소화전과 옥외소화전을 지름으로만 구분하는 것은 일본식이다. 옥외주차장에도 40mm 호스를 쓰는 경우가 있다. 미국은 소화전 이름을 옥내와 옥외로 구분하지 않는다.

소화전의 栓자는 옥편에 '마개 전' 또는 '빗장 전'으로 나온다. 어느 모로나 언뜻 이해되지 않는 이유는 아마도 일본식 조어이기 때문일 것이다.

옥내소화선의 실제적으로 가장 큰 용도는 아마 청소용일 텐데, 평소에 전혀 쓸 일 없는 소화전을 활용하는 부수적 용도와 함께 소방시설의 정상 작동을 자주 확인하는 일로서 훌륭하다 할 것이다.

그런데 옥내소화전을 혼자서 쓰기는 어렵다. 일단 호스를 펴야 하는데 호스가 길어서 꼬이기 쉽고, 잘 펴도 사용 중에 꺾이면 물이 나오지 못한다. 그래서 옥내소화전 앞에는 반드시 호스를 펼 수 있는 활동 공간이 필요하다. 그래서 구미(歐美)의 소방 선진국에서는 아파트 건물의 옥내소화전을 계단참에 설치하고 한 층 아래의 계단참에 있는 소화전으로부터 호스를 끌어와서 소화활동을 하도록 한다.

또한 호스를 사용하지 않고 오래 놔둔 상태에서는 호스 내부의 방수코팅인 고무가 서로 달라붙어 고착되는 경우도 있어 옥내소화전은 가끔 사용하며 점검할 필요가 있다. 그런 의미에서 옥내소화전을 청소용으로 사용하는 것은 의미가 크다 할 수 있다.

그런데 옥내소화전이 아마도 가장 많이 설치되는 곳은 아파트의 승강기 승강장일 텐데, 거기에는 호스를 펼 공간이 없다. 어찌어찌해서 호스를 편다 해도 거실 출입문 안으로 노즐을 들여대면 호스가 꺾이게 된다. 사실상 사용 불가능한 장치인 것이다. 그런 문제를 해소하는 장치가 호스릴형 소화전이다. 이 장치는 아무나 혼자서도 쓸 수 있고 주변 공간이 필요하지도 않으며 호스가 고착되지도 않는다.

이렇게 좋은 장치를 수도 직결형으로 쓸 수 있다면 소규모 건물에도 얼마든지 설치할 수 있겠지만 소방서의 까다로운 법규 적용 때문에 잘 보급되지 못한다. 또한 대형 건물에도 공사비 한 푼에 목을 매는 경제성 추구 때문에 잘 안 쓰이기도 한다.

옥내소화전에서 가장 눈에 띄는 부분이 빨간 플라스틱 돌출등인데, 그것은 아무 때나 어디서나 잘 보이도록 하는 위치표시등으로서 항상 빨간불이 켜져 있어야 한다.

옥외소화전은 전문소방대가 사용하는 것인데, 1, 2층 합계면적 9천 제곱미터 이상이거나 목조 문화재 건물에 설치가 강제된다. 사실상 소방차에 있는 물대포와 마찬가지 용도인데, 호스가 굵고 수압이 센 만큼 충격이 강하기 때문에 전문소방대원이 아니면 사용하지 못하게 한다.

이렇게 강한 압력으로 뿜어내는 소화수 물줄기에는 비밀이 하나 숨겨져 있다. 빠른 물 흐름에 접촉하는 공기는 점성 때문에 물 흐름에 끌려드는 현상이 나타난다. 이 현상은 빠른 열차 주변의 공기가 열차에 끌려가는 것과 같은 현상이다. 그것을 응용하는 대표적인 장치가 날개 없는 선풍기인데, 좁은 틈새로 뿜어내는 강한 기류가 주변의 공기를 끌어들여 폭넓은 바람을 만들어 내는 것이다. 소화수 물줄기도 화재 현상에 돌입될 때 주변의 공기를 함께 끌고 들어간다. 물을 얻어맞은 부분에는 불이 꺼지지만 주변의 불은 공기가 강제 공급되어 더 커지는 부채질 효과가 나타나는 것이 소화활동의 어려움이다. 그런 측면에서도 훈련 받은 소방대원이 아니면 힘만 믿고 덤빌 일이 아니다.

이런 면은 산불을 끌 때 동원되는 헬리콥터에서도 비슷하게 나타난다. 소방헬리콥터에서 뿌리는 물로 불을 끄는 한편 헬리콥터가 만들어내는 강한 하향기류가 불을 번지게 하는 부작용도 있다.

바우하우스[36]는 '기능적인 것이 아름답다'라는 캐치프레이즈를 내걸었다. 예술가나 건축가가 아닌 일반인의 눈에도 기능적이지 않은 과잉 치장은 눈에 거슬린다. 대표적인 기능적 구조물로 에펠탑을 들 수 있

---

36 근대 독일의 시각·조형예술 학교로 1919년에 빌터 그로피우스에 의해 설립되었다 시작은 공예 부분의 장인(마이스터)을 육성하기 위한 학교로 출발했으며, 그 뒤 현대 디자인을 완성한 장소로 변하였으나 거기에 참여한 예술가·건축가들의 진보성 때문에 1933년 히틀러에 의해 폐교되었다. 그 참여 예술가들 다수가 미국으로 망명하여 미국을 세계적인 예술 선도국가로 만드는 데 기여하였다.

다. 에펠탑의 부재 하나하나가 모두 탑의 구조를 떠받치는 중요한 구조요소인데 그것들의 조합이 이루어내는 아름다움은 초창기의 극단적 혐오[37]를 극복하고 지금 파리의 미적 상징물이 되었다.

소방시설 역시 이 원칙에서 벗어날 수 없지만, 다음 그림 24의 소화전함 사진을 보면 아직 소방분야가 인문학적 감각의 음지에 머물러 있다는 느낌을 지우기 어렵다. 호화로운 소화전함은 기능적으로 부자연스러울 뿐 아니라 실제 사용에도 사실상 장애물이다. 그림 23의 호스릴 소화전은 시골 여관의 것이어서 초라하게 관리되고 있지만 대단히 실용적이고 소박한 미적 감각을 가미하기 어렵지 않다.

법을 떠나 안전성 측면에서 더 필요한 면은 보강하고 긴요하지 않은 면은 기본만 갖추어 경제성을 추구해야 한다. 국내의 옥내소화전함은 대표적인 과잉치장의 사례이다.

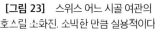

[그림 23] 스위스 어느 시골 여관의 호스릴 소화전. 소박한 만큼 실용적이다. **[그림 24]** 아름다운 호스릴 소화전. 외형이 우아한 만큼 까다로운 것은 사람이나 물건이나 비슷하다.

---

37 당시 프랑스의 대표적 유명작가였던 모파상은 에펠탑에 있는 식당에서 자주 식사하며 "파리에서 이 흉물이 안 보이는 곳은 여기뿐"이라고 했다는 미확인 일화가 전한다.

소방호스가 요동치는 이유

소화작업을 할 때 소방관들은 호스를 붙잡고 애를 쓴다. 호스가 거세게 요동치기 때문에 자칫 놓치면 사람이 크게 다칠 수도 있다. 소방호스가 요동치는 이유를 생각해보자.

일단 소방호스가 곧게 펴 있으면 요동치지 않는다. 호스가 요동치는 이유는 사용 중에 여러 가지 이유로 굽어지기 때문이다. 굽은 정도가 심할수록 더 많이 요동친다. 간혹 소방호스의 끝에 달린 노즐(방수관창)에서 물을 쏘아내는 반동 때문이라고 생각하기도 하지만 사실 노즐에서는 반동이 생기지 않는다.

로켓이나 총처럼 내부에서 에너지가 폭발하는 경우에는 그 폭발력이 사방으로 균등하게 미친다. 그러나 어느 한쪽이 뚫려 있으면 그쪽으로 힘이 새나가기 때문에 막혀 있는 반대편에 힘을 더 받아서 그 반대쪽으로 밀려가게 되는데, 그것이 로켓의 추진력이나 총의 반동력이다. 그러나 소방호스에서 물을 쏘는 것은 내부에서 힘이 폭발하는 게 아니라 호스 바깥쪽에 있는 펌프나 물탱크의 압력이 물을 한 방향으로 밀어내는 것이어서 그 힘에 밀릴 뿐 반동력이 생길 이유가 없다. 다만 구부러져 물흐름 방향이 바뀌는 부분에서 호스 벽면에 부딪치는 힘으로 약간의 반동이 생기기도 한다. 대개 잔디밭에 물 뿌리는 조경용 스프링클러는 관로가 노즐의 토출 직전에 방향이 바뀌거나 노즐에서 토출된 직후에 반사판을 때리는 반동력으로 회전력을 만든다.

소방호스에 작용하는 힘을 보자면, 구부러진 호스가 펴지는 힘, 구부러진 호스 벽면에 부딪치는 힘, 노즐이 압력으로 밀려나는 힘, 기다란 호스와 땅바닥의 마찰력 등이 상황에 따라 복합적으로 작용하고 그 나머지 힘을 호스를 쥔 소방대원이 몸으로 감당하게 된다.

소방호스가 요동치는 힘의 대부분은 굽은 소방호스가 수압을 받아 펴지려는 데서 나타나는데, 먼저 수압에 따라 그 요동치는 힘이 어떻게 만들어지는지를 생각해보자.

소방관들이 쓰는 옥외소화전의 호스는 지름 6.5cm이고 법정 방수량은 매분 350리터 이상, 방수압력은 2.5kg/㎠ 이상이다. 그래서 방수노즐 끝에서 압력이 2.5kg/㎠일 때 매분 350리터를 방출하도록 호스와 노즐의 크기를 설계한다. 이것은 최소기준이기 때문에 실제 방수량과 방수압력은 항상 이보다 더 많고 크다.

직경이 6.5cm인 이 호스를 둥그렇게 감아 원을 만들면 그 원의 바깥지름은 안지름보다 13cm가 크다. 원둘레 길이는 지름에 원주율을 곱한 값(πD라고 표기한다)이기 때문에 안둘레와 바깥둘레의 길이 차이는 3.14×13cm= 약 40cm가 된다. 호스를 90도 구부렸다면 구부린 부분은 원둘레의 4분의 1이므로 그 길이의 차이는 10cm가 된다. 호스 내벽에 압력은 모든 방향으로 모든 면적에 고르게 작용한다. 안둘레 방향의 압력작용 면적과 바깥둘레 방향의 압력작용 면적을 비교해보면 바깥의 더 긴 둘레길이 10cm에 호스의 지름 6.5cm를 곱한 65㎠만큼 바깥둘레 방향의 압력작용 면적이 더 큰 것을 알 수 있다.

호스 속에 수압을 가하면 안둘레 방향의 호스 내벽에 작용하는 수압은 호스를 안쪽으로 밀고 바깥둘레 방향의 호스 내벽에 작용하는 수압은 호스를 바깥으로 밀어 호스가 팽팽하게 부푼다. 압력은 호스 내벽에 수직으로 작용하기 때문에 압력의 방향은 원둘레의 구부러진 정도(곡률)에 따라 제각기 다른 반지름 방향으로 작용하지만 그 제각각 압력의 한 방향 분력(分力)을 합하면 다음 그림 25와 같이 지름에 수직으로 작용하는 것과 같다.

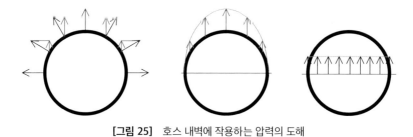

[그림 25] 호스 내벽에 작용하는 압력의 도해

그림 25에서 좌측 그림의 검은색 화살표는 호스의 내압이 반지름 방향으로 작용하는 것을 그린 것이고, 붉은색 화살표는 검은색 화살표가 위쪽 방향에 미치는 힘(분력)이다. 그 분력의 크기를 연결한 것이 가운데 그림에 위쪽으로 그려진 푸른 선이다. 이 푸른 선과 호스의 외벽 사이의 초승달 부분 면적이 호스 내벽을 위쪽 방향으로 미는 힘이다. 이 그림은 위쪽 방향으로만 그렸지만 모든 방향으로 똑같은 압력과 힘이 작용한다. 이 푸른 선의 면적은 오른쪽 그림의 중심선 위에 그려진 사각형의 면적(압력×지름)과 같다. 미적분이 등장하는 복잡한 설명은 생략한다.

90도 구부린 호스의 바깥둘레 면적이 안둘레 면적보다 65㎠ 더 크기 때문에 그 차이 면적에 작용하는 수압이 호스를 전체적으로 바깥쪽으로 밀어내는 알짜힘이 되는데, 호스가 완전히 펴져서 안팎의 둘레 길이에 차이가 없어지면 그 알짜힘이 없어진다. 즉 그 힘은 구부러진 호스를 펴는 힘이다. 구부러진 기다란 비닐봉투에 바람을 불어넣으면 부풀면서 곧게 펴지는 것과 똑같은 이치다.

호스 안의 수압이 2.5kg/㎠인 경우 호스 내벽의 양쪽에 작용하는 힘의 차이, 즉 호스가 펴지는 힘은 2.5kg/㎠×65㎠ = 약 162.5kg이 된다.

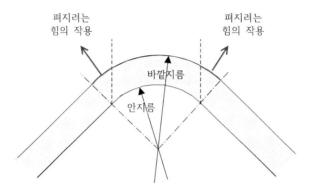

[그림 26] 호스 내압에 의해 펴지려는 힘의 도해

90도 구부러진 소방호스를 잡은 소방대원은 일단 이 강력한 힘으로 호스가 펴지려고 요동치는 것을 놓치지 말아야 한다. 건장한 남자 두 명의 몸무게가 넘는 이 힘은 쓰러지는 두 사람을 받치는 힘이 아니라 누워있는 두 사람을 들어 올리는 힘이다. 호스를 기계적으로 정확히 고정할 수 없으므로 호스는 펴지는 관성 때문에 요동을 친다. 물론

구부러진 각도가 45도이면 이 힘도 절반으로 줄어 81kg이 될 것이다.

실제 상황에서 호스의 구부러짐이 얼마가 될지 알 수 없고 호스가 펴지면서 그 힘도 작아지며 구부러진 곳에서 멀어지면 그 영향도 작아지기 때문에 호스가 요동치는 힘의 영향은 정확히 예측할 수가 없다.

다음으로 호스의 구부러진 부분 내벽에 물 흐름이 부딪치는 힘을 생각해보자.

옥외소화전 방수압력은 2.5kg/㎠ 이상으로 정해져 있다. 설계 여유를 감안하여 법정 기준의 두 배인 5kg/㎠의 압력이 소화호스의 단면 33㎠에 정면으로 부딪치는 것으로 보면 그 힘은 165kg이 된다. 이것은 벽에 정면 90도 각도로 부딪칠 때, 즉 호스가 90도로 굽었을 때의 힘이고, 부딪치는 각도가 0이면 충격은 없다. 즉 부딪치는 힘은 호스가 구부러진 각도에 대해 삼각함수의 sin 값이 된다.

그러면 방수노즐 끝에서 밀려나가는 물줄기는 어떨까? 노즐이 압력으로 밀려나는 힘을 구해보자.

방수노즐은 꼭지에 구멍이 있는 원뿔모양이기 때문에 끝의 방수구멍을 향하여 경사져 있고 그 경사면에 부딪치는 물흐름의 압력은 노즐을 앞으로 밀어내는 힘이 된다. 그래서 호스에 고정된 노즐의 나사를 풀면 노즐은 튕겨나가 버린다.

호스에는 호스 단면적 전체에 압력이 작용하지만 노즐에는 방수구멍을 제외한 면적에 압력이 작용한다. 노즐 방수구멍의 지름은 1.9cm이고, 그 면적은 약 2.8㎠다. 호스 단면적 33㎠에서 구멍 면적 2.8㎠을 뺀 나머지 면적 약 30.2㎠에 호스 내부 압력 5kg/㎠을 곱한 약 151kg의 힘이 노즐을 밀어낸다. 그런데 노즐은 호스에 묶여있기 때문에 구부러진 호스 벽에 작용하는 압력과 서로 반대방향으로 호스를 잡아당긴다. 구부러진 호스 벽에 작용하는 힘과 노즐에 작용하는 힘의 차이는 압력을 그 작용하는 면적 차이(구멍의 면적)에 곱하여 5kg/㎠ ×2.8㎠ = 14kg로 구할 수 있다. 이것이 호스(그리고 그에 고정된 노즐)의 후퇴반력이다. 물론 이 반력도 호스가 구부러진 부분이 있어야 나타나는 것이니, 호스를 똑바로 펴면 노즐을 앞으로 밀어내는 힘만 남는다. 노즐은 호스에 고정되어 있으니 못 나가고 고정되지 않은 물만 나가는 것이다. 노즐을 밀어내는 이 힘은 호스가 고정된 소화전을 잡아당긴다.

구부러진 호스가 압력 때문에 퍼지려고 요동치는 힘과 후퇴반력을 비교하면 요동치는 힘이 압도적으로 크다. 요동치는 힘은 노즐방수구와는 관계가 없고 구부러진 호스 안팎의 면적차이에만 관계된다. 즉 소방대원들이 고생하며 가끔 다치기도 하는 것은 높은 수압이 일으키는 호스와 노즐의 요동 때문이다.

참고로 화재 초기에 자체 인력이 사용하도록 만든 옥내소화전은 호스 지름이 4cm이고 수압도 대략 2~3kg/㎠인데, 위의 방식으로 계산해보면 90도 구부러진 경우 요동치는 힘이 50~70kg까지도 나온다. 물론 호스를 90도 구부러진 채로 쓰는 경우도 없고 소화활동 도중에 대개 호스는 퍼지며, 또한 바닥에 늘어진 호스와 지면의 마찰이 요동치는 힘을 상당 부분 상쇄하지만, 무거운 금속 노즐이 요동칠 가능성에 잘 대비하지 않으면 그것에 얻어맞아 크게 다칠 수 있다. 옥내소화전은 호스 지름도 작고 수압도 낮아 크게 위험하진 않지만 방심하다 탈이 날 수도 있으니 항상 주의할 일이다. 가장 위험한 상황은 노즐 바로 앞에서 호스가 구부러져 있는 것이고, 가장 좋은 것은 호스를 잘 펴놓고 쓰는 것이다. 전문소방대원이 처음으로 하는 행위가 호스를 바르게 펴는 것이다. 물론 호스가 꺾여 있으면 물이 안 나온다는 문제가 더 우선이다. 사람이 잡는 노즐 가까이에서 호스가 잘 구부러지지 않는 구조로 만든 무반동 노즐이 개발되어 판매되고 있다.

위의 설명 중에 예를 든 세 가지 힘을 그림으로 비교하면 다음 그림 27과 같다.

그림의 로켓과 총알의 경우 추진(반동)과 분사(발사)는 내부에너지(연료, 화약)의 폭발력이 보는 방향으로 작용하는 결과지만, 소방노즐의 경우에는 수원(펌프, 물탱크)의 압력이 한 방향으로 밀어내는 힘으로 물이 방수되는 것이다.

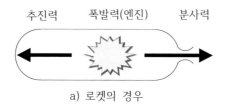

추진력   폭발력(엔진)   분사력

a) 로켓의 경우

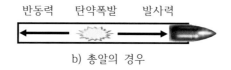

반동력   탄약폭발   발사력

b) 총알의 경우

수원의 압력   방수력

소방호스

c) 소방호스의 경우

[그림 27] 여러 가지 추진력 발생 메커니즘

대형 위험물 탱크

울산이나 여수 중화학공단의 대형석유류 탱크들은 크기와 구조가 각양각색이지만 대개 원통 모양이고 지름이 100m에 이르는 것도 있다. 그러한 대형 탱크들은 인화성 물질을 다량 저장하기 때문에 화재가 드물지 않고, 일단 화재가 발생하면 엄청난 화열 때문에 진화가 어렵고 피해도 크다.

유류 화재는 대량의 포소화약제로 뒤덮어서 꺼야 하는데, 그러한 대량의 약제가 잘못 방출되면 엉뚱한 피해가 발생하기 때문에 지금의 기술로는 자동식 소화설비를 쓰지 못하고 화재를 육안으로 확인한 다음에 소화설비의 밸브를 열어서 약제를 방출한다.

대형 유류탱크의 바깥표면에는 두 가지의 배관이 둘러져 있는데, 하나는 소화약제 배관이고 또 하나는 냉각용 물배관이다.

다음 그림 28의 한가운데 수직으로 서 있는 노란색 관이 탱크 안의 유류 표면에 포소화약제를 방출시키는 배관인데, 탱크 주위에 적정 간격으로 배치된다. 이 그림의 탱크에는 반대쪽에 하나가 더 있다.

냉각용 물배관에는 두 가지의 용도가 있는데, 그중 하나는 자체 화재 시 탱크 본체의 붕괴를 막는 것이고 또 하나는 주변 탱크 화재 시 그로부터 받는 복사열을 냉각하는 것이다. 그림 28의 탱크 상단과 중단에 두 줄로 탱크를 감싸고 있는 붉은 관이 물배관인데 적정 간격으로 스프레이 노즐이 달려 있다. 탱크 오른쪽 끝에 서 있는 붉은색 수직관으로 물을 공급한다.

대용량 가스탱크는 내부 압력이 높고 탱크 본체에 작용하는 힘은 단면적에 비례하기 때문에 단면적을 최소화하기 위해 구형(球形)으로 만든다. 내부 압력 때문에 소화약제를 밀어 넣을 수가 없고, 탱크의 밀봉강도가 커야 하기 때문에 소화배관을 연결하지도 못한다. 따라서 가스탱크에는 냉각용 물배관만 설치되는데, 그 용도는 주변탱크 화재 시에 받는 복사열을 냉각하는 것이다.

[그림 28] 대형 유류저장탱크의 모습(왼쪽에서 소화전 시험 방사를 하고 있다)

유류탱크 화재는 잘 넘치지 않고 탱크 내부에서 연소하므로 탱크가 과열되어 무너지지 않도록 탱크를 냉각하는 것이 중요하다. 그러나 가스탱크는 대개 화재 시 파열되면서 주변으로 액화상태의 가스를 쏟아내는데, 이러한 액화가스는 양이 많아서 모두 증발하여 연소하는 데 시간이 많이 걸린다. 그 시간 동안 불붙은 액화가스는 사방으로 퍼지면서 주변탱크를 위협하기 때문에 아직 무사한 탱크를 보호하는 것은 탱크 자체의 냉각만이 아니라 탱크를 지지하는 다리(기둥)도 중요하다. 가스탱크는 구형이기 때문에 여러 개의 다리로 받치는 구조다. 그래서 구형 가스탱크에는 다리를 보호하는 스프레이 배관도 설치된다.

위험물 탱크 화재 시 발생할 수 있는 독특한 몇 가지 현상들을 소개한다.

BLEVE(Boiling Liquid Expanding Vapor Explosion): '비등액체팽창증기폭발'이라는 복잡한 이름으로 번역되고 블레비라고 읽는 이 현상은 저장탱크 벽면이 일부 파열되어 탱크 내부 압력이 급격히 감소할 때 탱크 내부의 액화가스가 폭발적으로 증발하면서 이미 약해진 탱크를 파괴하고 액체 및 탱크의 조각을 날려버리는 현상을 가리킨다. 가스에 불이 붙는 현상을 말하는 것은 아니지만 그 직후에 증기운 폭발 화재가 발생할 수 있다.

UVCE(unconfined vapor cloud explosion, 증기운 폭발): 액화가스의 저장탱크가 파괴됨으로써 다량의 인화성 증기가 대기 중으로 급격히 방출되어 확산된 인화성 증기운(vapor cloud)에 불이 붙어 거대한 불덩어리(fire ball)를 형성하는 현상이다.

위의 두 가지는 가스탱크에서 나타나는 현상이며 석유류 탱크에서 발생하는 현상들은 다음과 같다.

프로스 오버(Froth-Over): 점성을 가진 뜨거운 기름의 표면 아래에서 물이 끓을 때 증기의 팽창으로 인해 기름이 넘쳐나는 현상을 말하며, 불이 붙는 것은 아니다. 물이 고여 있는 탱크 속에 뜨거운 아스팔트를 넣을 때 발생하는 사례가 있었다.

슬롭 오버(Slop-Over): 중질유처럼 점성이 큰 유류 탱크에 화재가 발생하여 유류의 온도가 물의 끓는점 이상으로 올라갔을 때 소화용수가 그 속으로 유입되면 물이 수증기로 변하면서 급격히 팽창하여 유류를 탱크 외부로 분출시키는 현상을 말한다. 소화활동에 심각한 타격을 줄 수 있기 때문에 중질유 탱크 화재를 진압할 때에는 탱크 표면에 물을 쏘아서 그 물의 증발상태를 보고 내부 유류의 온도를 추정하여야 한다.

보일 오버(Boil-Over): 중질유는 화재의 진행과 더불어 아래로 뜨거워져 가는데, 유류 저장기간 동안 기름에서 분리되어 탱크의 바닥에 고여 있던 물이 뜨거운 열류층의 온도에 의하여 수증기로 변하면서 급작스러운 부피 팽창으로 유류를 탱크 밖으로 밀어내는 현상을 말한다. 이러한 문제를 예방하기 위해 탱크 바닥에는 배수장치가 마련되어 있다.

위의 현상들은 모두 중질유 탱크에서 물의 증기 팽창 때문에 내용물이 넘쳐나는 현상이며, 이름에 공통적으로 '-over'라는 접미어가 붙어 있다. 경질유의 경우는 위와 같은 위험이 없지만 그 대신 불이 잘 붙어 화재 발생 위험이 크다.

경질유는 표면이 가열되면 급격히 증발하여 가연성 가스를 대량 생성하며 일단 끓기 시작하면 온도는 더 이상 올라가지 않는다. 대개 그 온도는 물의 끓는 온도보다 낮기 때문에 탱크의 유면보다 낮은 부분의 탱크 본체는 과열되지 않는다. 그러므로 탱크 벽면에 물을 쏘아보면 유류가 얼마나 남아 있는지를 추정할 수 있다.

불이 잘 붙는 경질유의 특성과 일단 불이 붙으면 다루기 어려운 중질유의 특성을 함께 가진 것이 원유(Crude oil)다. 중동지역의 유정에서 화재가 자주 발생하고 장시간 진화를 못 하여 어려움을 겪는 이유가 바로 그것이다.

화재만이 아니라 충돌이나 제작 결함 등의 사유로 탱크가 파괴될 수도 있다. 그럴 경우 방출되는 위험물이 멀리 퍼져나가지 않도록 탱크 용량의 전부를 수용할 수 있는 크기의 칸막이 둑을 탱크 주변에 만들어야 한다.

지하암반에 유류를 저장하는 기술도 있다. 암반 속에 거대한 굴을 뚫고 유류를 저장하는 것인데, 암반에도 수많은 균열이 있기 때문에 유류가 사방으로 새어나가 토양을 무한정 오염시키지 않도록 그 주변 땅속에 고압의 물을 주입하여 수압으로 누설을 저지하는 고도의 기술이다.

제연설비

　소방업계 종사자들에게 소방시설에서 가장 중요한 설비 세 가지를 꼽으라면 대개 화재감지기, 스프링클러, 제연설비를 꼽는다.

　화재감지기와 스프링클러는 누구에게나 익숙하기도 하고 아무데서나 눈에 잘 띄기도 하며 그 용도와 기능에 대해서도 상식으로 잘 알고 있지만 제연설비는 일반적으로 눈에 잘 보이지 않고 이름조차 생소하게 여기는 사람들이 많다.

　제연(制煙)설비는 연기를 제어(control)하는 설비라는 뜻이며, 연기를 제거하는 제연(除煙)이 아니다. 연기를 제거하는 것은 화재의 완전 진압 후에라야 가능하기 때문이다. 연기를 제어하는 목적은 화재 초기 피난 시에 피난 경로가 연기에 오염되지 않도록 하거나 화재 극성기에 소방대원들의 소화활동에 어려움을 덜어주기 위한 것이다. 즉 소방에서 가장 중요한 설비 세 가지로서 소방분야 종사자들이 인식하는 것은 화재를 일찍 감지하여 경보하는 기능과 불을 끄는 기능과 피난을 도와주는 기능들이 자동으로 작동하는 것이다.

　제연설비는 크게 보자면 사람이 사용하는 공간의 연기를 뿜아내는 배연 방식과 피난경로에 연기침입을 막는 방연 방식, 그리고 터널에서 연기를 한쪽 방향으로 밀어내는 방식이 있다.

피난경로를 보호하는 방연 방식에도 여러 가지 방식이 있지만 가장 많이 쓰이는 방식은 해당 공간에 공기를 공급하여 압력을 가함으로써 인접구역으로부터 연기가 들어오지 못하게 하는 이른바 급기가압제연 방식이다. 특별피난계단(또는 그 부속실)이나 비상용 승강기 승강장에 설치하도록 소방관계법령에 규정되어 있다.

특별피난계단은 지상으로 11층 이상이나 지하로 3층 이상인 건물에 설치하는 것으로서 화재에 강하고 연기침투를 막는 견고한 구조를 가지는 것에 더하여 피난경로의 안전성을 위해 계단실 앞에 부속실을 두어 한 번 더 차단하는 것이다. 비상용 승강기는 높이 31m 이상의 건축물에 설치하도록 되어 있는데, 31m는 바닥 높이가 아닌 지붕 높이라서 천장이 높은 건물은 2층만 되어도 비상용 승강기를 설치해야 하는 불합리함이 있다.

특별피난계단(또는 그 부속실)을 가압하는 것은 피난을 돕는 목적이고 비상용 승강기 승강장을 가압하는 것은 소방대의 소화활동을 돕는 목적이다. 그런데 국내나 세계나 공통적으로 유행하는 구조의 계단실 아파트는 대개 특별피난계단의 부속실과 비상용 승강기 승강장을 겸용하기 때문에 그 구역 하나만을 가압함으로써 양쪽의 기능을 충족시키

[그림 29] 급기가압제연설비의 급기구

고 있다. 그러한 가압구역을 제연구역이라고 하며 그러한 용도로 공기를 공급하는 급기구는 보통 앞의 그림 29와 같은 모양을 가지고 있다.

화재가 감지되면 모든 출입문들은 자동으로 닫히고 제연구역에는 적절한 정도의 급기가압이 이뤄지는데, 적절한 정도라 함은 연기가 문 틈새를 통하여 제연구역으로 침입하지 못할 정도의 압력으로서 스프링클러가 설치된 건물에서는 12.5Pa이 그 하한이다. 대략 10만Pa이 1기압인[38] 것을 생각하면 무척 작은 압력이다.

압력이 너무 강하면 피난하는 사람이 출입문을 밀어서 열기에 어려울 수도 있다. 그래서 적당한 상한을 누어야 하는데, 그 상한은 문의 크기와 문을 자동으로 닫게 하는 도어클로저의 힘에 따라 달라지기 때문에 일률적으로 정할 수가 없고 문을 밀어서 여는 데 필요한 힘이 110N을 넘지 않도록 계산해야 한다.

이 N(뉴턴)이라는 단위는 고전역학의 창시자로 꼽히는 위대한 뉴턴 경(Sir Isaac Newton, 1642~1727)의 이름 머릿글자다. 9.8N이 1kg인데, 9.8이라는 수치는 지표면의 평균 중력가속도 값이다. 문을 여는 데 필요한 힘은 나라마다 기준이 달라서 미국은 133N, 영국은 100N, 우리는 그 중간값을 택하여 110N으로 정했다. 미국의 133N이라는 수치는 정밀한 조사나 계산결과로 나온 것이 아니라 미국에서 대중적으로 사용되는 인치파운드계 단위의 30파운드를 국제표준단위계로 환산한 것이다. 133N보다는 130N이 쓰기 좋겠지만 그러할 경우 두 단위계 사

---

38 정확히 말하면 101,325Pa이 해수면 기준 표준대기압이지만 기압은 날씨에 따라 다르고 (고기압, 저기압), 위로 1m 올라갈 때마다 약 11Pa씩 떨어지기 때문에 지역마다 다르고, 한 건물에서도 층마다 다르다. 예를 들면 높이 555m의 잠실 제2롯데타워에서는 바닥과 꼭대기 사이에 약 6천Pa의 기압차가 있다.

이의 차이가 나타나므로 그냥 둔 것이다.

110N은 약 11.2kg이다. 여닫이문의 손잡이를 잡고 밀어서 열기에 필요한 힘의 한계가 겨우 11kg 남짓이라는 건 놀랍겠지만, 문을 밀어서 여는 힘은 근육의 힘이 아니라 발바닥(또는 신발 바닥)과 지면(또는 방바닥) 사이의 마찰에서 나온다. 롤러스케이트를 타고서 문을 밀면 아무리 힘센 사람도 열기가 어려운 것을 생각하면 된다. 이런 원리를 이용하여 오래전 기아자동차는 소형 승용차로 대형 트레일러 트럭을 끄는 광고를 해서 놀라움을 자아냈다. 이러한 이유로 피난경로의 출입문 근처는 바닥이 미끄럽지 않도록 설계와 관리에 유념해야 한다.

이러한 급기가압제연방식에서는 가압대상공간이 밀폐되어야 적정 압력이 만들어진다. 그러나 2010년 이전에 지은 고층 아파트들의 상당수에서 가압대상공간인 거실 현관 밖 부속실(승강기 승강장)에서 계단실로 들어가는 방화문이 항상 열려 있고, 그 문의 닫힘장치인 도어클로저에 설치된 퓨즈가 화열에 닿아야만 녹아떨어져 문이 닫히는 방식인데, 그 퓨즈가 녹아떨어지는 시점에서는 계단실이 이미 연기로 가득 차서 피난이 불가능하게 되기도 하고, 모든 층의 가압대상공간이 모두 열려 있어서 공기가 방출되어 버리므로 정작 화재층에는 급기가 부족하여 기능이 마비된다. 이것은 방화문의 규정에 대한 법령의 미비 때문에 전국의 고층 아파트가 화재에 무방비로 방치된 것이므로 국가의 책임으로 개선 대책이 만들어져야 할 것이다.

언기의 침입을 막는 급기가압 제연설비외 달리 공간 배연 기능의 제연설비는 화재로 인해 발생한 연기가 인체의 호흡선 높이 아래로 내려오지 않도록 하는 것이다. 화재공간에서 연기를 완전히 배제하는 것은 기술적으로 불가능하다. 그러나 천장부터 차서 내려오는 연기를 사람의 피난에 큰 장애가 안 되는 높이에서 저지할 수 있다면 피난의 안전을 보장할 수 있는 것이다. 통계적으로 화재의 예상 규모를 정하고 그 화재에서 발생하는 연기의 양을 또한 통계를 바탕으로 한 수식으로 계산하며 그 발생량만큼의 공기를 공간의 천장 부분에서 계속 배출하면 된다는 개념이다.

공기는 들어가는 양과 나가는 양이 같아야 한다. 밀폐된 공간에 공기를 넣으면 공기가 압축되어 압력이 높아지고, 밀폐된 공간에서 공기를 빼내면 공간의 압력이 낮아진다. 건축 환경의 거주공간에서는 공간의 압력을 정확하게 예측하기 어려워서 대개 압력의 변동이 없다고 가정하는데, 화재실의 압력이 주변공간보다 높으면 화재실의 연기가 주변공간으로 밀려나가기 때문에 약간 압력이 낮아지는 것을 목표로 한다. 그러나 화재실은 공기가 팽창하여 압력이 높아지므로 실제 화재 상황에 맞는 정확한 계산을 하는 것은 어렵다.

실제 공간에서 화재가 발생할 위치는 예측할 수 없기 때문에 공간의 어느 곳에서나 화재 발생의 개연성은 동일한 것으로 본다. 그러므로 연기를 빨아들이는 배연구는 천장에 골고루 배치돼야 하는데, 대개의 건물에는 공기조화용(냉난방용) 덕트 시설이 천장에 골고루 배치되어 있으므로 그 설비를 공용하게 된다. 다만 그 덕트의 크기를 계산할 때 공기조화용도와 배연용도 중 큰 쪽으로 택하는데, 보통 단말 부분의 덕트에는 배연수요가 크고 공조기가 있는 중심부분의 덕트는 공기조화용 수요가 큰 경우가 많다. 배연용 덕트는 화재가 한곳에서만 발생하는 것으로 가정하기 때문에 모든 구역에 균일한 크기가 되지만 공기조화는 전체구역에 배분하는 것이어서 중심에서 멀어질수록 덕트 크기가 작아진다.

터널 제연

터널 제연은 본질적으로 배연이지만 그 구조와 규모가 다양한 만큼 제연방식도 다르다. 너무 길지 않은 일방향 터널은 연기를 차량의 진행 방향으로 밀어내면 안전이 보장된다. 진행방향의 사람들은 연기보다 먼저 터널을 빠져나갈 것이기 때문이다. 이러한 방식을 종류식(縱流式)이라 부른다(그림 30).

그러나 너무 긴 터널은 연기를 계속 한쪽 방향으로 밀어내는 것이 기술적으로 쉽지 않기 때문에 위로 빼내야 한다. 연기를 어느 정도 이상의 거리로 밀어내면 연기가 터널 단면 전체에 퍼져 천장에 달린 팬만으로는 연기를 밀어낼 수 없게 되기 때문이다. 이렇게 위로 빼내는 방식을 횡류식(橫流式)이라 한다. 횡류식 배출방식의 최종 배출구는 산중 터널의 경우 산 위까지 빼 올려야 하고, 해저 터널의 경우에는 바다에서 배출 구조물만 높이 만들어 올리기 어려우므로 근처의 섬에서 빼내야 한다. 그러한 배출 구조물을 높이 만들기 어려우니 드문드문 만들어야 하고 터널 천장의 각 배출구로부터 그 배출구조물까지는 덕트 또는 천장 내 공간을 통해 이동시킨다. 터널의 연기 배출에 따라 외부 공기가 터널 양단 출입구에서 빨려 들어오기 때문에 제연설비가 호흡 공기를 공급하는 역할도 한다.

터널은 피난 거리가 길고 차량이 많은 만큼 피난 인원도 많기 때문에 집단피난에 대한 대책이 잘 갖춰져야 한다.

프랑스의 샤모니와 이탈리아 오스타를 직통 연결하는 몽블랑터널은 1965년에 개통되었는데, 당시로는 파격적으로 18개의 화재대피소와 77개의 비상 전화와 함께 양쪽에 전문 소방서까지 획기적인 안전대책을 갖췄다는 평가를 받았으나, 1999년 발생한 화재로 수십 대의 차량이 전소되고 39명이 숨진 피해가 발생했다. 양방향 통행이던 이 터널의 환기장치로는 연기를 어느 쪽으로 보내도 피해를 줄일 수 없었고 화재 발생 근처에는 공기 중의 산소가 소진돼 버려서 필사적으로 진입했던 소방차의 엔진이 꺼져버리는 일까지 벌어졌다고 한다.

1996년 영국과 프랑스를 잇는 유로터널에서 발생한 화재는 몽블랑터널 화재보다 3년 먼저 발생했으나 피난용 터널이 별도로 갖춰진 구조여서 인명피해가 없었다. 유로터널이 몽블랑터널보다 29년이나 늦게 개통된 신식 터널이기도 했지만 무엇보다 50km가 넘는 철도터널이어서 비상시 대규모 피난 대책이 필요했기 때문이다.

국내에서는 터널화재로 인명피해가 크게 발생한 일은 다행히도 없었고 2003년 대구지하철 화재는 성격이 많이 다르다. 요즘 건설되는 터널들에는 피난통로용 터널을 따로 만들기도 하고, 서로 다른 진행 방향의 쌍둥이 터널로 만들고 그 사이를 피난 출입구로 연결하여 화재가 난 터널에서 다른 쪽 터널로 걸어서 피난할 수 있도록 하고 있다. 터널 내부에서 일정 간격으로 자주 보이는 비상구들이 그것들이다.

[그림 30] 터널의 종류시 제연 겸용 한기팬

[그림 31] 터널의 피난연결통로

화재감지기

자동식 소방설비의 작동은 화재감지기로부터 시작된다. 화재감지기는 연기나 열을 감지하여 경보를 울리고 여러 가지 자동식 소방설비에 기동 신호를 보낸다.

화재감지기는 연기를 감지하는 방식과 열을 감지하는 방식, 그리고 그 두 가지를 겸하는 복합식이 있는데, 연기감지기와 열감지기는 겉모양으로도 대충 알 수 있다. 연기감지기는 연기가 감지기 안으로 들어갈 수 있는 구멍 또는 열린 부분이 있고, 열감지기는 닫혀 있는 원통 모양이거나 열감지 부분이 겉으로 노출되어 있다.

열을 감지하는 방식, 즉 열감지기는 주변 공기의 정해진 값 이상이거나(정온식) 공기의 온도상승 속도가 정해진 값 이상인 경우(차동식) 화재신호를 보낸다. 급격한 온도 변화가 잦은 곳에 차동식을 쓰면 온도가 변화할 때마다 경보를 울릴 수 있으므로 정온식을 쓴다. 대표적인 곳이 주방(부엌)이다.

연기를 감지하는 방식인 연기감지기는 주변 공기 중에 섞인 연기의 농도가 정해진 값 이상인 경우에 화재신호를 보낸다.

스프링클러가 설치된 공간의 경우에는 화재발생 시 스프링클러가 작동하면서 경보를 울리므로 전통적으로 화재감지기를 설치하지 않

[그림 32] 차동식 열감지기   **[그림 33]** 정온식 열감지기

[그림 34] 연기감지기   **[그림 35]** 불꽃감지기

왔다. 그러나 스프링클러가 고장 나는 경우도 있기 때문에 요즘에는 모든 공간에 화재감지기를 설치한다. 주방은 불을 쓰는 공간이라 화재 발생의 개연성이 높아서 스프링클러 유무에 관계없이 화재감지기를 설치해 왔다.

열감지기는 화재가 어느 정도 성장해서 주변 온도가 높아져야 감지할 수 있기 때문에 화재발생점에서 조금 비껴나면 화재감지에 신속성이 떨어진다. 연기는 조금만 발생해도 천장 전체로 퍼져나가므로 감지하기가 쉽다. 그래서 요즘은 대개 연기감지기를 쓴다. 다만 외기의 소통이 원활하여 연기가 쉽게 배제될 수 있는 곳에는 연기감지기를 쓸 수 없고 먼지나 연소가스가 많아서 연기와 혼동을 일으킬 수 있는 공간에도 열감지기를 쓴다. 대표적인 공간이 주방이나 옥내 주차장이다.

연기감지기는 무척 예민하여 예전에는 담배연기 때문에 잘못된 경보가 많았다. 장치의 결함에 의해 잘못 작동하는 것을 오작동이라 하고 환경을 혼동하여 화재가 아닌 것에 반응하는 것을 비화재보(非火災報)라고 한다. 담배연기에 의한 비화재보 때문에 감지기 경보장치를 꺼놓는 바람에 화재를 초기에 발견하지 못하는 일이 더러 있었다. 실내에서 담배를 안 피우는 요즘에도 연기감지기 기능을 꺼놓아 대형사고를 유발하는 것은 그야말로 인재(人災)라고 할 수밖에 없다.

열감지기와 연기감지기 이외에 불꽃감지기도 있다. 천장이 높아서 열기가 잘 전달되지 못하고 환기량이 많거나 먼지가 무척 많은 공장 같은 곳에는 불꽃에서 방사하는 적외선이나 자외선을 감지하는 불꽃감지기가 효과적이다. 냉방하는 체육관이나 아트리움 또는 겨울철 천장 높은 창고의 아래 부분에서 찬 공기와 섞인 연기는 식어서 천장까지 못 올라갈 수도 있다. 연기의 온도가 주변공기 온도보다 높아야 올라가는데 천장 근처의 기온은 항상 바닥보다 높기 때문이다. 이럴 때 불꽃감지기가 좋다.

액션영화에서 흔히 보는 적외선 경보장치는 쏘아 보낸 적외선이 중간에 차단되면 경보를 울린다. 그러한 방식으로 적외선이 연기에 장애를 받아 강도가 약해지면 화재경보를 울리는 '광전식 분리형 연기감지기'도 있다. 분리형이라 함은 감지기가 하나의 몸체로 되어 있지 않고, 빛을 보내는 이쪽 부분과 빛을 받는 저쪽 부분이 따로 떨어져 있기 때문이다. 이런 감지기를 천장 높은 공간의 중간 높이에 달면 연기가 천장까지 못 올라가도 감지할 수 있다. 분리형이 아닌 몸체 하나만으로 된 감지기는 스포트형(spot type)이라고 부른다.

일반적으로 자동식 소방설비는 화재감지기의 신호를 모으고 그 신호에 따라 설비를 종합적으로 관리하는 수신기를 설치하여 운용한다. 화재감지기의 모든 신호는 수신기로 보내지고, 신호를 받은 수신기가 소방설비를 자동으로 작동시키거나 수신기를 감시하는 방화관리자가 소방설비를 원격 수동으로 작동시킨다. 그러나 단독주택과 같은 소규모 시설에는 대개 자동식 소방설비가 없다. 그런 경우에 유용한 것이 단독성보형 감지기다. 이것은 아무런 네트워크 없이 단녹으로 설치되어 화재를 감지하고 경보를 울린다. 값도 비싸지 않고 내장된 건전지 하나로 몇 년을 쓸 수 있어서 대단히 유용한 화재감지기다. 독거노인들이 늘어나는 시대에 정부예산으로 단독형 화재감지기를 설치하고 인터넷 송신기능을 달아 화재신호를 소방서로 바로 보내도록 하면, 지금 시행 중인 119안심콜서비스와 연계하여 더욱 효과적인 안전대책이 될 것이다. 예전에 지은 집들은 아파트에도 화재감지기가 주방에 하나만 있는데, 방마다 이런 단독경보형 감지기를 하나씩 설치할 만하다. 단독경보형 연기감지기는 인터넷 쇼핑으로 살 수 있고 값도 비싸지 않으며 아무나 설치하기도 쉽다.

주거시설 화재의 대부분이 저소득 가정, 노인, 장애인들의 안전취약 가정에서 발생하는 점을 생각하면 더욱 그렇다.

피난유도등(유도표지)

피난유도등은 화재 시에 피난방향을 알려주는 중요한 장치다. 어두운 곳에서도 잘 볼 수 있도록 항상 밝은 빛을 내야 한다.

피난 위험도가 높은 곳에는 내부에 조명을 설치한 발광식 유도등을 써야 하고 피난 위험도가 낮은 곳에는 평소 주변의 빛을 받아 축적해 두는 축광식 유도표지를 써도 된다. 두 가지 모두 정전 시에도 사용할 수 있어야 하는데, 유도등은 정전이 되면 비상발전기에 연결되어 최소한 20분 동안은 밝기를 유지하고, 유도표지는 주변의 조명이 꺼진 후에도 20분 동안 형광물질이 빛을 내도록 만들어져 있다. 모든 소방설비의 가동시간이 20분으로 정해진 것은 소방대의 소화 및 구조활동의 손길이 20분이면 도달한다는 관념 때문이다.

유도등 색상은 대개 흰색과 녹색의 두 가지로 되어 있다. 어두운 곳이나 연기 속에서 가장 잘 보이는 색상 배합이 흰색과 녹색의 배합이기 때문인데, 사람 모양이나 화살표 등 주된 표시는 녹색이고 바탕색은 흰색이다. 이러한 색상 배합은 나라마다 조금씩 다르다.

유도등의 종류는 출입문 위에 다는 피난구유도등, 통로의 벽에 낮게 다는 복도통로유도등, 대형 판매장 같은 넓은 공간의 천장에 달아 피난방향을 유도하는 거실통로유도등, 극장의 객석 통로 바닥에 심는 객석유도등, 계단참에 설치하는 계단통로유도등이 있고, 지하상가나 지하철 승객 유동공간의 바닥에 심는 유도등은 복도통로유도등으로 분류된다.

유도등의 설치 지침은 아직 세련되지 못하고 소방서의 단속은 세밀하지 않은 법규를 지나치게 엄격하게 적용하다 보니 천장이 높은 공간에 거실통로유도등을 너무 높게 설치하여 눈에 잘 띄지 않게 하거나, 어느 방향으로 가야 할지 알 수 없게 형식적으로 설치하는 문제도 있다. 유도등은 비상시 극도의 혼란 상태에 빠진 사람들에게 피난방향을 알려주는 것이므로 그 설치 위치나 방향 등에 대해서는 법규를 떠나 진지하게 검토되어야 한다. 대형 공간의 거실 공간에 설치된 수많은 유도등 중에는 그림 38와 같이 실효성을 찾을 수 없는 것들이 많다. 높은 천장의 유도등은 너무 높아서 보기 어렵기도 하지만 불이 나면 제일 먼저 연기에 묻혀버려서 안 보이게 된다.

유도등의 크기나 밝기는 당국의 검사를 받아 합격해야 하지만, 국내 법규상 검사 대상인 건축물용 유도등보다 검사 대상이 아닌 터널용 유도등이 국제기준을 따르고 있어서 훨씬 밝고 커서 유용하다는 아이러니는 우리 소방행정의 경직성을 잘 보여 준다. 다음 그림 36과 37은 검사 대상이 아닌 터널과 비행기 안의 유도등이 아주 효율적으로 설치되고 운영되는 것을 보여준다.

[그림 36] 터널용 유도등   **[그림 37]** 비행기의 피난구유도등

[그림 38] 방향 가늠이 안 되거나 너무 높아서 안 보이는 유도등

피난 안내도

사람들이 많이 이용하는 장소에는 비상시 피난(또는 대피)방향을 알리는 안내도가 붙어 있다. 평소에 자주 가 봐서 익숙한 곳이 아니면 비상시 극도로 당황한 상태(공황, 패닉)에서 피난방향을 제대로 파악하기 어렵기 때문에 아주 요긴한 대책이라 할 것이다.

그런데 이렇게 요긴한 대책을 주의 깊게 보는 사람도 드물고 설치하는 사람도 별로 진지하지 않아 방향이 뒤집히거나 보기만 좋을 뿐 실용성 없는 그림도 많아 안타깝다.

[그림 39]　서울지하철 3호선 신당역의 화려하기만 한 안내판

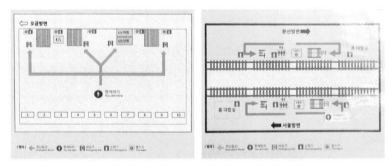

[그림 40]　서울지하철 3호선 삼송역과 경의선 탄현역의 실용적 디자인

방화구획

불이나 연기가 다른 구역으로 번지지 못하게 하는 구획의 개념은 건축물이 대형화될 때 건축가들이 가장 먼저 고려한 안전계획 중 하나였다. 그러기 위해서는 벽체가 불에 일정 시간을 견디아 하고 벽의 일부인 출입문 역시도 불에 견딜 뿐 아니라 항상 닫혀 있거나 적어도 화재 시에는 닫혀 있어야 한다. 꼭 불이 아니라도 문이 자동으로 닫힐 수 있다면 평소 사용하기에도 편리하다. 이렇게 화재 시에 일정 크기 이내로 면적을 구획하는 것이 방화구획이다.

방화구획을 구성하는 가장 보편적인 방법은 항상 고정 설치된 방화벽과 편의에 따라 여닫는 방화셔터다. 방화셔터는 평상시에 보통 열려 있어서 출입문의 존재를 알기 어려운데, 방화셔터 근처에는 셔터가 닫힌 경우에도 사용할 수 있는 출입문이 있다. 백화점의 에스컬레이터 주변을 살펴보면 찾을 수 있을 것이다.

방화구획 벽에 달린 출입문은 방화문이라고 부른다. 방화문은 급한 피난상황에서 판단력이 떨어질 경우에도 사용이 원활하도록 피난방향으로 밀어서 열 수 있어야 한다. 아파트의 모든 현관 출입문이 밖으로 밀어서 열도록 된 것이 그런 이유 때문이다. 그러므로 보안상 긴요한 전자식 잠금장치는 피난에는 장애가 된다. 건축가의 가장 큰 고민 중

하나가 바로 보안과 안전이 서로 배치되는 것이다.

　방화문이 저절로 닫히게 하는 자동폐쇄장치 중 가장 흔한 장치가 도어클로저(door closer)다. 대부분의 문에 달려 있어서 별로 관심을 받지 못하지만 화재와 연기가 다른 구역으로 번져나가지 못하게 하는 가장 중요한 장치다. 보통 도어클로저를 보안용으로만 생각하기 때문에 문 아랫부분에 말발굽을 달아 열어놓기에 편하도록 하지만 화재 시 급히 피난할 때 발굽이 걸려서 열려 있게 되면 연기가 급속히 퍼져 다른 공간의 안전을 위협하고 나중에 피난하는 사람들의 피난을 막아 버리게 되는 결과가 될 수 있으므로 말발굽은 없는 게 좋고, 부득이 설치하면 항상 접어놓는 기능이 잘 유지되도록 해야 한다.

　오래된 건물의 계단실 문에 달린 도어클로저 중에는 화열에 녹는 퓨즈가 달린 것들이 있다. 보통 아파트의 현관이 어둡고 답답해서 평소에는 계단실 문을 열어놓는 곳이 많기 때문에 평소엔 열어놓았다가 불길이 다가오면 퓨즈가 녹아떨어지면서 자동적으로 닫을 수 있도록 만든 획기적 구조다. 문제는 그 퓨즈가 녹을 정도이면 이미 계단실이 연기로 가득 차 피난이 불가능해진다는 점이다. 그래서 요즘은 그런 구조의 도어클로저를 쓰지 못하게 하고 있지만 예전에 지은 건물들에 여전히 달려 있는 것들이 문제다. 그렇다고 채광창도 없는 현관을 항상 닫아 놓을 사람도 없고 새로운 방식의 자동폐쇄장치를 달려면 전원과 함께 화재감지기와 연동하는 시스템을 설치해야 한다. 무선통신 제어기술로서 자동 작동하는 방식의 배터리 내장형 자동폐쇄장치기 개발되면 오래된 건물의 퓨즈 달린 도어클로저를 교체하여 안전성을 대폭 향상시킬 수 있을 것이다.

이런 용융퓨즈가 달린 도어클로저에는 또 다른 문제가 숨어 있다. 제연설비의 기능 문제다.

아파트의 승강기는 대개 비상용승강기이고, 특히 16층 이상인 고층 아파트의 계단실은 특별피난계단이다. 비상용이니 특별이니 하는 수식어가 붙은 것은 화재 시 사용할 수 있도록 안전성을 높였다는 뜻인데, 안전대책의 핵심은 구조체가 불연성이라는 것과 제연설비가 설치된다는 점이다.

일반적으로 아파트는 비상용승강기의 승강장과 특별피난계단의 부속실을 겸용하고, 화재가 발생한 층이 겸용공간에 공기를 불어넣어 압력을 높임으로써 화재가 발생한 거실로부터 겸용공간으로 연기가 침투하지 못하게 하여 피난경로를 보호하는 것이다. 이런 기능을 가압(加壓)이라 한다.

이러한 제연설비의 기능이 제대로 작동하려면 가압공간이 밀폐되어

 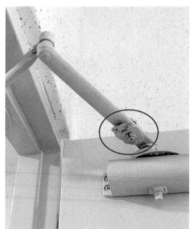

[그림 41] 일반형 도어클로저　　**[그림 42]** 퓨즈형 도어클로저

야 한다. 모든 층의 가압공간이 밀폐되면 공기가 많이 빠져나가지 못하므로 대부분의 공기가 화재층으로 공급되어 가압 효과를 얻을 수 있다. 그런데 모든 층에서 계단실 출입문이 열려있어서 가압공기가 다 빠져나가 버리기 때문에 정작 화재층을 가압할 공기가 부족하게 되는 것이다. 준공 후 10년이 넘는 아파트 수백만 가구가 이런 위험에 노출되어 있다.

연돌효과

건축 기술과 재료가 발달하면서 건축물을 높고 크게 짓는 데에 많은 어려움이 해결됐지만 그에 비례하여 문제점도 나타났다.

건물이 높아져서 나타나는 대표적인 문제는 연돌효과 또는 굴뚝효과로 불리는 현상이다. 연돌(煙突)은 굴뚝의 한자 표기이고 영어로도 stack effect 또는 chimney effect라는 두 가지 이름으로 불린다.

불을 피울 때 필연적으로 나오는 연기를 배출하기 위해 굴뚝을 세우는데, 굴뚝은 연기가 흩어지지 않고 특정 위치로 나가도록 유도할 뿐 아니라 연기가 훨씬 잘 빨려 나가도록 하는 역할도 한다. 잘 빨려 나가는 이유는 굴뚝 속의 연기 온도가 주변 공기보다 높아서 가볍기 때문이다. 잘 빨려 나간다기보다는 무거운 주변공기에 의해 잘 밀려 나간다는 표현이 사실에 더 가깝다. 이 현상은 건물이 높아질수록 연기가 잘 배출되는 장점이 있지만 건물 내에서 연기를 발생시키지 않는 요즘의 건축에서는 연기가 아닌 실내 공기를 배출하여 에너지 손실이 커지는 문제로 바뀌어 에너지 절약 측면에서 고민거리가 되었다.

난로를 피우면 웃풍이 심해진다. 나가는 배기량만큼 외기가 끌려 들어오기 때문이다. 즉 외기를 끌어들이는 에너지는 굴뚝의 연돌효과로 발생하는 것이다. 이러한 현상은 에너지 손실의 문제 외에 난방 불

균형의 원인도 된다. 그런 문제를 해소하기 위해 배출량만큼의 외기를 기계적으로 끌어들여 미리 따뜻하게 데운 다음 실내로 골고루, 특히 차가운 벽이나 유리창 주변으로 공급하는 것이 공기조화의 중요한 기능 중 하나다.

연돌효과는 인위적 환경 때문에 발생한다. 건물 내에 굴뚝처럼 높이 통하는 수직 공간, 즉 계단실이나 승강기 승강로 같은 것들을 만들고 난방을 하기 때문이다. 건물 내에서 수직으로 길게 뚫린 이러한 공간을 샤프트(shaft)라고 부른다. 연돌효과는 샤프트의 높이 방향 길이에 비례하여 커지며 건물 내외부의 온도차에 따라 커진다. 혹한기에 고층 건물 최상층부에서 승강기 문이 열릴 때 승강기 문으로 대량의 바람이 쏟아져 나오고 문이 닫히면 문 틈새로 휘파람 소리가 나는 이유가 그것이다. 고층부로 밀려 나오는 공기는 저층부에서 빨려 들어간 것이다. 저층부에서도 고층부와 동일한 현상이 반대 방향으로 나타나지만 저층부에서는 승강로로 빨려 들어가는 공기가 사람에게 부딪히지 않으므로 고층부에서처럼 바람을 느낄 수는 없다.

요즘 건축은 계단실을 30층마다 끊어서 만드는 추세여서 계단실에는 그리 큰 문제가 발생하지 않지만 비상용 승강기는 건물 전체를 단일 통로로 관통하기 때문에 항상 연돌효과가 크게 나타난다.

연돌효과는 자연현상이어서 억제할 수가 없는데, 그 효과 때문에 발생하는 기류 이동은 기류에 저항이 있는 곳에서 압력을 발생시킨다. 즉 기류가 새어나가는 틈새가 커서 잘 새어나가면 압력이 작고 틈새가 작아서 잘 새어나가지 않으면 압력이 커지는 것이다. 그래서 동일한 경로상에 있더라도 문틈이 허술한 양여닫이 유리도어에는 압력이 덜

작용하고 문틈이 치밀한 외여닫이 철문에는 압력이 크게 작용한다.

고층건물의 승강로에서 나온 압력은 복도를 지나 거실문을 압박하는데, 혹한기에 고층부에서 거실문을 열 때 다른 계절보다 저항이 더 큰 이유가 그것이다. 거실 문틈으로 새어 들어간 공기는 거실을 거쳐 어디론가 나가게 되는데, 대개 외부 창문이나 화장실 주방배기 등으로 나가게 되며 미세하나마 건물 외벽의 균열 틈새도 있을 수 있다. 이러한 외부 누설면적이 커서 누설량이 많아지면 거실 출입문으로 들어올 기류도 많아지고 그에 따라 저항도 커지게 된다. 그래서 외창을 열면 출입문에 작용하는 압력이 아주 커져서 출입문을 열기가 어려워지기도 한다. 그런데 외벽과 외부 창문을 아주 치밀하게 만들어서 누설을 극소화하면 에너지 손실도 줄고 출입문 여닫음도 편하게 된다. 외창이 2중창 시대를 넘어 3중창으로 점점 더 정교해지는 것은 단열만이 아닌 누설틈새 극소화의 목적도 있는 것이다.

연돌효과는 화재안전 측면에서도 영향이 크다. 고층건물의 비상시 피난경로는 계단실과 승강로다. 연기가 들어가면 계단실과 승강로는 일단 글자 그대로 연돌이 된다. 그 연돌은 연기를 배출하는 굴뚝이 아니라 건물 전체에 연기를 퍼뜨리는 연기 통로가 되는 것이다. 2017년 6월의 런던 그렌펠타워 화재는 건물을 전소시키기 이전에 계단실과 승강기 승강로가 연기를 건물 전체에 퍼뜨리는 연돌이 되고 피난경로의 역할을 전혀 못했기 때문에 대량의 인명피해를 불러왔다. 그에 비해 그로부터 50일 후에 발생한 두바이 토치타워 화재는 그렌펠타워보다 세 배 이상 높은 건물의 외장이 전소되었음에도 불구하고, 피난경로를 보호하는 설비가 잘 갖춰져 인명피해가 없었다. 이것은 단순히

설비의 문제 이전에 두바이의 부자 아파트와 런던의 빈민 아파트에 대한 당국의 의식 차이가 빚은 참사라는 것이 중론이지만, 피난 보호 설비가 그리 잘 갖춰져 있지 못한 서울 부촌의 오래된 아파트에 현대식 설치를 강제할 수 있을지는 의문이다.

계단실이나 승강기 승강로 등 피난경로를 보호하기 위해 특별히 만들어진 설비가 제연설비다. 모든 계단실과 승강로를 보호하기에는 비용이 많이 필요하므로 11층 이상에 설치되는 특별피난계단과 피난용 승강기, 그리고 소방관용으로 설치되는 비상용 승강기의 승강장에 설치하도록 건축법령으로 규정하고 있고 그 자세한 설치방법은 소방관계법령으로 정하고 있다. 제연설비에도 여러 가지 방식이 있지만 요즘 추세는 대개 급기가압방식이다.

급기가압방식은 피난경로가 되는 제연구역에 압력을 높여 연기가 못 들어오게 하는 것인데, 너무 압력을 높여버리면 문을 열지 못하게 되는 수도 있으니 그 압력이 적당해야 한다. 문제는 혹한기 연돌효과에 의해 의도하지 않은 가압효과가 생기는 것이다. 계단실이나 승강로에는 혹한기에 연돌효과에 의해 저절로 가압 상태가 되는 수가 많고 그 압력만으로도 법에 정한 압력을 초과하는 수도 있다. 그러한 경우 인위적 가압을 더하게 되면 피난에 오히려 장애가 될 수도 있으므로 신중한 고려가 필요하다.

건축적으로 연돌효과의 영향을 완화하기 위한 방법이 계속 개발되어 왔는데, 아직까지 건축적으로 가장 많이 채택된 방법은 출입문을 여러 겹으로 만들어 압력을 분산하는 것이다. 대표적인 것이 건물 입구에 설치하는 방풍실이다. 외부 출입문이 항상 닫혀 있도록 하여 외기의 유입량을 줄임으로써 건물 내부에서 연돌효과가 줄어들게 할 수도 있다. 그 방법으로 대표적인 것은 회전문이다. 회전문의 어느 한 부분은 항상 닫혀서 외기의 출입을 막는다. 출입구에 고속의 기류를 발생시킴으로써 외기가 그 기류를 뚫고 들어오기 어렵게 만드는 에어커튼 방법도 있다. 에어커튼은 항상 문을 열고 작업하는 대형 창고에 많이 쓰이지만 유입공기의 압력이 너무 커지면 에어커튼으로 차단하기 어렵다. 이러한 방법들은 모두 에너지 절약 차원에서 쓰이는 방법이다.

비상시 소방대의 활동을 시원하기 위해시는 1층 출입구의 문을 활짝 열어야 한다. 그렇게 되면 에너지 절약 측면에서 강구했던 모든 연돌효과 저감 대책이 무효화되고 건물 전체가 완전히 연돌효과에 노출됨으로써 피난경로를 가압하는 제연설비와 복합 효과를 일으켜 출입문 개폐에 장애를 야기할 가능성이 커진다.

이러한 문제를 해결하는 가장 좋은 방식은 샤프트 내부의 공기를 신속히 바깥 공기로 치환하여 내부 온도를 낮춤으로써 연돌효과를 근원적으로 없애는 것이다. 이 방식은 이론적으로 검토되는 데 비해 실행된 사례가 많지 않은데, 그 이유는 아직까지 비상시의 피난에 연돌효과가 미치는 영향을 심각하게 고려하지 않았기 때문이다. 이제 여러 가지 측면에서 안전의 문제를 바라보는 지평이 확대되고 건축이나 설비의 기술도 발전하여 구체적인 검토를 실행하기에 큰 어려움이 없는 시대가 됐다.

연돌효과는 기온 때문에 생기는 문제이므로 추운 지역에서만 문제가 되고 더운 지역에서는 문제가 없다. 같은 나라 안이라도 베이징이

나 시카고는 문제가 되고 상하이나 마이애미는 문제가 없다. 우리나라
는 작아서 평양은 물론 제주에서도 동일하게 문제가 된다.

대기압

연기의 움직임을 제어하는 이른바 제연설비의 설계 기준은 기압이다. 모든 기류는 기압에 따라 흐르기 때문이다. 기압의 원초적 기준은 표준대기압이다. 그런데 넓은 의미의 표준대기압이란 평균해수면에서 표준상태의 공기가 0℃인 경우의 기압을 말하는 것이고, 그 크기는 101,325Pa이다. 그러나 실제로 표준대기압이 나타나는 경우는 저기압에서 고기압으로 이행하는 중간이나 그 반대의 경우에 잠시 거쳐 가는 중간 상태일 뿐으로서 로또 당첨확률만큼이나 드물다. 사실은 표준대기압이라는 말 자체도 평균해수면에서의 기압만을 말할 것인지 현재 위치에서의 표준상태를 말할 것인지, 혹은 현재 위치에 온도까지 고려하여 환산한 것을 말할지에 대해 합의된 것은 없고 맥락에 따라 이해할 뿐이다.

일반적인 상태에서 공기 중의 기압은 높이 1m 올라갈 때마다 약 11Pa씩 낮아져서 평균해수면의 표준대기압 101,325Pa은 해발 30m인 서울 종로의 땅바닥에서는 101,000Pa이 되고 높이 120m(약 40층 건물 높이)에서는 10만Pa이 된다. 인천 앞바다의 조수간만의 차이가 8.2m라 하니 해수면의 대기압은 매일 두 번씩 약 90Pa의 차이로 변한다.

미국 콜로라도 주도인 덴버(Denver)시의 별명은 마일하이시티(mile

high city)다. 해발고도가 1마일(약 1609m)이라서 붙은 별명이다. 덴버 시청은 언덕 위에 있는데, 시청으로 올라가는 계단의 중간쯤에 고도 1마일 표지가 있다. 인천 바닷가에도 해면으로 내려가는 계단 중간쯤에 평균해수면 표지를 설치하면 호기심 많은 아이들에게 지리적 관심을 유발하고 관광자원의 기능도 기대해 볼 수 있지 않을까 한다.

피난

    건축의 20세기는 1899년에 이미 열렸다. 철근콘크리트와 승강기 기술에 힘입어 뉴욕에 Park Row Building이 30층(높이 119m)의 마천루로 등장한 것이다. 마천루(摩天樓)는 하늘을 긁는나는 냉어 Sky scraper를 번역한 말이다. 이후 가속화되는 건물의 대형화 고층화에 따라 10년 후에는 Metropolitan 생명보험(메트라이프) 건물이 50층(200m)을 넘었고, 1930년에 77층(393m)의 크라이슬러 빌딩, 바로 다음 해에는 102층(449m)의 엠파이어스테이트 빌딩이 준공된다. 120년이 넘은 Park Row Building을 위시하여 이 건물들은 아직도 건재하다. 그때까지만 해도 지상 높이와 규모만을 추구했으나 이후 지하로까지 깊어지는 추세에서 화재 안전성과 비상시 피난의 문제는 건축가들에게 큰 과제가 되었다.

    상업용 건물만이 문제가 아니다. 2차대전 후 주택난을 해결하기 위한 발상으로 르코르뷔지에(Le Corbusier)[39]가 설계하여 1952년에 지어진 마르세이유의 위니테 다비타시옹(Unité d'Habitation: 집합주거)은 337가구 1,600여 명을 수용하는 17층짜리 대단위 공동주택으로 현대식

---

39 1887~1965. 현대건축과 도시계획의 선구자로 꼽히는 프랑스의 건축가.

아파트의 시조로 불린다. 풍부한 주택 구매력의 뒷받침이 아닌 긴급한 도시 재건정책으로 지은 주택이라 전용면적비율을 높여야 했고, 또한 맞통풍이 가능한 독특한 구조를 만들기 위해 부득이 중간 복도 구조를 취했다. 그러나 화열에 강한 콘크리트 구조이고 가구마다 불연성 도어로 밀폐하는 현대식 방화구획 구조라 할지라도 복도에 환기창이 없어 화재 시 연기가 차는 것을 막을 수가 없어 피난 조건에는 대단히 불리할 수밖에 없다.

그 후 이러한 문제를 해결하기 위해 나타난 편복도 구조는 복도 면적이 한 가구에만 전가되어 공용면적이 커지고 복도쪽 창문이 있음에도 프라이버시 때문에 열 수 없어 맞통풍 기능이 사실상 없어지는 불리한 구조이지만 복도 한 면이 완전히 외기에 개방되어 있어 연기가 차지 않으므로 아직까지 나온 공동주택 구조 중에서는 가장 안전한 구조라 할 수 있다. 그러나 국내에서는 추운 기후 때문에 복도에 창호를 설치하여 사실상 내부공간화하는 것이 정당화되었고, 이러한 문제는 복도에 국한되지 않고 각 주거의 전면 발코니도 창호로 감싸 전용면적으로 만드는 열풍을 일으켰다. 정부는 그러한 행위를 외면하다 규제로써 설득되지 않는 다중의 욕망에 굴복하여 결국 합법화하고 말았다. 복도는 개방된 구조로서 피난의 안전을 보장하고 발코니는 아래층 화재가 위층으로 번지지 않도록 하는 중요한 완충공간인데, 그 중요한 기능들이 없어지고 말았다. 편의와 소유를 중시하는 시장주의적 사고가 안전개념을 이겨버린 것이다. 사실 편복도의 문제는 우리의 추운 기후에 적용하기 곤란한 점을 미처 생각하지 못한 과도기적 실패작이라 할 것이다.

요즘 신축 아파트 건물에 편복도 구조가 거의 사라진 것은 기후 문제보다는 시대적으로 비용이 낮아진 승강기, 그리고 전용면적비율보다 맞통풍과 프라이버시를 중시하는 심리에 부응하는 고급화가 더 큰 요인이지만, 결정적인 것은 화재 피난 문제를 뒷받침하는 소방기술의 발달이다. 안전한 피난이 이론적으로나마 보장되지 않는다면 건축허가가 불가능하기 때문이다.

연기

연기는 화열에 달구어진 불 위의 공기가 토네이도처럼 기둥모양 (plume, 플룸)으로 올라가는 것인데 그 올라가는 공기를 보충하는 외부 공기와 함께 빠른 기류에 접촉하는 주변공기를 끌어들이는 유인효과로 양이 많아지면서 급격히 식는다. 이렇게 접촉하는 주변공기를 빨아들이는 현상은 날개 없는 선풍기가 실처럼 좁은 공기 영역을 급격히 확대시키며 바람을 보내는 것과 동일한 원리다.

연기의 색은 연소생성물의 성분에 따라 달라지는데 일반적으로 검은 이유는 유기화합물이 연소되며 해체될 때 그 구성요소 중 하나인 탄소의 일부가 연소되지 못한 채 섞였기 때문이다.

연기가 처음 발생할 때 온도가 높기 때문에 상승하는 것은 열대성 저기압과 같은 부력의 효과지만 장시간 지구의 자전영향을 받는 코리올리 효과[40]가 나타나지 않아 회전하지는 않는다.

연기 기둥이 높이 올라가면서 굵어지는 이유는 양이 많아지기 때문이기도 하고 열이 식으면서 속도가 느려지기 때문이기도 하다. 연기는 올라가다가 주변공기와 온도가 같아지는 높이에서 더 올라가지 못하

---

40 회전하는 계에서 느껴지는 관성력으로, 1835년 프랑스의 과학자 코리올리가 처음 설명해 냈다. 폭풍의 소용돌이 회전이 이 효과로 설명된다.

고 옆으로 퍼져 버섯구름이 되는 것이 큰불에서 흔히 보는 모양이다.

넓은 지하주차장에서 화재가 난 경우에는 연기가 천장에 닿아 옆으로 퍼지는데 주변공기의 유인혼합과 함께 차가운 천장과의 접촉으로 더 빨리 식게 된다. 그렇게 해서 천장의 연기는 화점에서 멀어질수록 두꺼워지다가 벽을 만나면 꺾여 아래로 내려오게 되는데, 이러한 거동으로 인해 지하주차장 화재는 불타고 있는 차량 주변의 공기가 가장 깨끗하고, 멀리 갈수록 특히 연기의 진행을 가로막는 벽 앞에 연기가 가장 많은데, 바로 이 벽 부분에 출입문이 있으면 출입문을 가리게 된다. 차량화재를 조기에 신압하지 못하고 스프링클러가 제때 작동하지 않으면 화재차량 주변에 연기가 없다는 현상으로 인해 피난 타이밍을 놓칠 수 있다. 작은 주차장에는 연기가 금방 가득 차기 때문에 빨리 대피해야 한다.

연기가 천장에 닿으면 급격히 식기도 하고 원형으로 퍼지면서 면적이 급격히 확대되므로 속도가 느려져 주변공기의 유인도 없어진다. 연기는 빠르게 수직 상승할 때 주변공기를 많이 유인하기 때문에 천장이 높을수록 연기량이 많아진다. 그렇다고 해서 천장이 높을수록 연기배출 송풍기가 커져야 하는 것은 아니다.

연기를 배출하는 목적은 실내를 완전히 정화하는 것이 아니라 연기가 특정높이—예를 들면 호흡가능한 한세 높이—이하로 내려오지 않도록 하는 것이기 때문에 그 높이 이상의 모든 공간에 연기가 차는 것을 용인한다면 정작 연기는 그 이후로 그 높이—예를 들면 1.8m—까지만 올라가는 것으로 보아도 될 것이고 그렇게 하면 배출 필요량이 적어진다.

그런데 아트리움이 여러 층에 걸쳐 있는 대형 쇼핑센터의 경우에는 호흡가능 한계높이에 최상층도 포함되어야 하므로 한계높이가 무척 높아진다. 이런 경우에는 연기가 올라가면서 유인되는 공기도 많아져서 배출 필요량이 무척 커질 수 있다. 이런 경우에는 고층의 아트리움 경계 부분에 방화셔터를 설치하고 그 내부를 가압하여 연기가 못 들어오게 하는 방법으로 방호할 수 있다. 실제로 이러한 구조에는 모두 방화셔터가 설치되어 있다. 그러나 그러한 공간의 제연설비는 일반적으로 가압설비를 설치하는 사례가 거의 없고, 그 내부에서 발생하는 화재에 대비하여 연기배출설비(배연설비)를 설치할 뿐이다. 이런 구조에는 배연과 가압 기능을 모두 발휘할 수 있도록 설계하여 모든 경우에 대비할 수 있도록 하는 것이 좋다.

지진

지진은 무서운 불가항력적 자연재해지만 인류는 지진을 피해서 살지 않는다. 예로부터 숱한 지진으로 무참한 피해를 겪어왔으나 그 폐허 위에 다시 도시를 건설하고 번영을 구가한다.

지진은 그 자체의 파괴력에 의한 직접 피해가 가장 문제지만 전력이나 도시가스 등의 라이프라인[41] 손상으로 인한 2차 피해도 크다. 2차 피해는 대개 화재로 나타난다. 전력선의 단락으로 인한 화재나 도시가스 관로의 파괴로 인한 화재, 그리고 사용하던 화기를 관리하지 못하여 발생하는 화재도 많다. 지진으로 건물이 파괴될 때 소방설비도 함께 파괴되는 것은 불가피하지만, 건물의 뼈대는 무사한데 소방설비가 파괴되어 2차 화재피해를 막지 못하는 사례가 많아 소방설비를 보호하는 대책이 강구되고 있다.

건물의 내진 설계는 미국의 건축가 프랭크 로이드 라이트(Frank Lloyd Wright, 1867~1959)가 도쿄의 데이고쿠(帝國) 호텔 별관에 적용한 것이 시초라고 알려져 있다. 1923년 그 별관의 준공식 준비 중 발생한 도쿄-요코하마 대지진(關東人震災)에 의해 주변의 모든 건물이 파괴됐

---

41 도시의 기능에 근간이 되는 통신, 전력, 에너지, 상하수도, 운송 및 교통망 등 선 형태로 네트워크를 구성하는 사회 기반 시설의 통칭

지만 그 건물만 건재한 데서 내진설계의 위력이 확인되었는데, 그 건물은 그 후 45년이나 더 사용하고 1968년에 철거되었다.

내진설계는 요즘 보편화되어 그리 큰 기술이나 비용이 필요하지 않지만 내진설계를 하지 않은 건물은 지진에 큰 피해를 입는다. 지진이 잦지 않았던 국내 건물들은 내진을 등한시하다 최근 지진이 잦아지면서 내진설계가 중요한 관심사가 되고 있다. 이제 소방설비가 설치되는 규모의 모든 건물은 내진설계 대상인데, 지진에도 건물이 멀쩡하도록 보완되는 만큼 그 건물에 설치되는 소방설비의 보전도 중요한 문제가 된다. 그래서 거의 모든 소방설비는 내진장치로 고정해야 하는데, 그 원리는 간단하다. 건물에 단단히 고정하여 지진에 의한 진동을 견디도록 하는 것이다.

대형건물은 예전부터 내진설계를 해왔지만 오래된 저층 건물들, 특히 아이들이 모여 있는 학교들이 지진에 가장 취약한 것이 문제다.

베르누이 정리

유체가 흐를 때 특별히 에너지를 가하거나 빼앗지 않는 한 에너지의 총량은 변하지 않기 때문에 배관이나 덕트와 같은 밀폐 유로 흐름에서 유속이 빨라지면 압력이 낮아지고 유속이 느려지면 압력이 높아진다. 이런 현상을 처음 이론적으로 수식화한 다니엘 베르누이(1700~1782)의 이름을 붙여 베르누이 정리라고 부른다.

흔히 비행기 날개에 작용하는 양력의 원리로 설명되고 있으나 비행기 날개 위아래의 공기 흐름은 동일한 유로의 흐름이 아니고 밀폐유로의 흐름도 아니어서 외부의 영향을 많이 받기 때문에 베르누이 정리와는 관계가 없다.[42]

베르누이 효과는 구멍이 작은 고압샤워기를 쓸 때에도 피부로 느낄 수 있다. 고압샤워기는 구멍을 작게 하여 분사량을 줄임으로써 샤워호스 내부의 유속을 줄여 압력을 높이고, 유속을 줄임으로써 샤워호스에서 발생하는 마찰손실도 줄인다. 그러한 이중 효과로 샤워 헤드에 잔존하는 압력을 높이는 것이다. 고압샤워기의 샤워 효과는 분사량을 줄이는 대신 빠른 속도의 작은 물방울이 피부를 두드리는 감각

---

42 NASA의 Glenn Research Center에서는 비행기 양력에 대한 베르누이 정리식 해석을 incorrect Theory #1으로 꼽아 설명하고 있다.

으로 만회한다. 이렇게 빠른 속도의 작은 물방울은 증발이 잘 되어 여름에는 시원해서 좋지만 겨울에는 체감 온도를 낮추기 때문에 싫어하는 사람들도 있다.

바로 이러한 냉각효과를 이용하는 것이 미분무수(water mist) 시스템이다. 이 시스템은 스프링클러로 분류되지는 않는데, 물의 소모가 적고 소화효과가 우수하지만 고압이 필요하기 때문에 폐쇄형으로 만들기 어려워서 주로 정해진 구역에 일제살수하는 시스템으로 쓰인다.

미분무수는 방수하는 물의 전체 체적 중 99% 이상이 400마이크로미터(0.4mm) 이하의 미세 물방울로 분무되어 안개가 세차게 분무되는 것처럼 보인다. 이렇게 작은 물방울은 체적이나 물량에 비해 공기접촉 면적이 큰 만큼 주변으로부터 열을 받아 증발하는 속도가 빠르다. 그 결과 연소 환경의 온도를 낮추는 냉각 효과가 크고 급속히 발생하는 수증기가 공기를 밀어내어 질식효과도 발생한다. 미분무수 시스템은 그러한 장점에도 불구하고 물방울이 가벼워 열기를 뚫고 들어가 연소물을 적시는 효과가 작아서 완전 소화 효과를 거두기는 어렵다.

방수량도 적지만 안개모양이어서 증발이 잘 되어 감전이나 물에 의한 피해가 적으므로 전산실처럼 전력용량이 비교적 작은 곳에 가스계 소화설비 대안으로 유력한 방식이지만 아직 대중화에 이르지는 못하고 있다.

거품(포)소화약제

물은 분자들 간 응집력이 강하여 서로 잡아당기므로 다른 액체에 비해서는 잘 퍼지지 않고 동그랗게 뭉쳐 표면의 면적이 최소화되면서 마치 표면에 서로 잡아낭기는 힘(부측력)이 작용하는 것처럼 보인다. 그래서 무중력 상태에서는 물방울이 동그란 구형이 되고 사실은 떨어지는 빗방울도 구형이다. 이렇게 표면에 잡아당기는 힘이 있는 것처럼 보이는 것을 표면장력(表面張力)이라고 하는데, 이런 응집력 때문에 물은 잘 기화하지 않아 끓는 온도가 높고 기화열도 크다. 이러한 열적 성질이 소화약제로서 물의 탁월한 면이기는 하지만 기름과 잘 섞이지 않아 기름불을 끄는 데는 약점이 있다.

물을 휘저으면 공기와 섞여 거품이 되고 가벼워지지만 물분자들끼리 서로 강하게 잡아당겨 곧 꺼져버리는데, 그렇게 물방울의 표면에 나타나는 표면장력을 없애는 물질이 계면활성제이며 위생용 계면활성제가 바로 비누다. 물분자들끼리만 뭉치는 표면장력을 없애어 때와 잘 섞이게 하는 것이 비누의 기능이다. '표면장력'은 물방울 혼자 있을 때의 표현이고 '계면활성'은 다른 물질과 접촉할 때의 표현이다. 계면활성제로 표면장력을 없애서 거품이 잘 발생하도록 하고, 기왕 발생시킨 거품이 질겨서 잘 꺼지지 않도록 하는 것이 포(泡, 거품, foam)소화약제다. 거품발생의 원리는 비누와 같지만 기능은 다르다. 포소화약제는 가벼워서 기름 위에 뜨기도 하지만 물이 모두 얇은 거품막으로 변했기 때문에 양이 무척 많아져서 적은 물량으로도 효과적인 소화작업을 할 수 있다. 물론 포소화약제는 열에도 강해야 한다.

포소화약제가 처음부터 계면활성제였던 것은 아니다. 물에 섞으면 끈끈해지는 소발굽 추출물 같은 동식물성 단백질에 안정제 방부제 등을 넣은 것들을 썼는데, 그런 단백질포의 거품은 질기긴 하지만 두꺼워서 발포 팽창비율이 20배 이하로 낮고 부식성이 강하며 보존성이 나빠 요즘은 거의 쓰이지 않는다. 단백포는 물의 표면장력을 줄이는 게 아니라 물에 녹은 단백질의 끈기로 거품막의 장력을 늘리는 것이지만, 그 끈기 때문에 물거품을 꺼지지 않게 하여 기름과 같은 연소물 위에 차폐층을 형성함으로써 불을 끄는 것이다.

요즘은 거의 합성계면활성제를 많이 쓰는데, 팽창비율이 1,000배까지 이른다. 즉 1톤의 물로써 가로 세로 높이가 각 10m씩 되는 비행기 격납고 하나에 포를 가득 채울 수 있다. 계면활성제 포소화약제는 기름 위에 뜬다고 해서 라이트워터라는 별명도 얻었다. 영화에서 비행기가 불시착하여 불붙은 기름이 활주로에 쏟아질 때 뿌리는 거품이 바로 이것이다.

포소화약제는 물과 정밀한 비율로 혼합해야 하는데, 물의 양이 워낙 많은데다 설치된 대상마다 물의 소요량이 달라서 정밀한 혼합을 자동적으로 해내기가 쉽지 않다. 그래서 여러 가지 방식의 혼합장치가 개발되어 있다.

과불화화합물

    탄소와 불소의 화합물 중 과불화화합물(PFAS: Per- and Poly-Fluoro-Alkyl substances)이라는 게 있다. 탄소와 불소의 결합이 무척 강해서 좀처럼 분해되지 않아 영원한 화합물질(forever chemicals)이라는 별명을 얻은 이 물질은 발암성 외에도 호르몬 이상, 신경세포 손상 등 여러 가지 심각한 건강문제를 일으키는 것으로 밝혀져 미국과 유럽에서 중요한 환경이슈로 주목받고 있다.

    분해되지도 않는 이 물질이 문제가 되는 것은 뛰어난 방수 방유 기능 때문에 쓸모가 많아 이미 우리생활에 광범위하게 퍼져 있기 때문이다. 프라이팬에 불소코팅이라 함은 이 PFAS를 말하는 것이며, 방수 의류나 종이컵에도 널리 쓰여 이젠 생활주변에서 필수적인 물질이 되었다. 이 물질은 워낙 질겨서 잘 부서지지 않지만 낡은 프라이팬의 불소코팅이 벗겨지기 시작하면 이 물질이 부서져 나와 몸에 흡수될 수 있다. 종이컵을 여러 번 써도 그럴 위험이 있다. 우리가 내일 마시는 일회용 커피잔에 함유된 화학물질이 신경세포 사멸 등 인체에 악영향을 끼친다는 국책연구소 안전성평가연구소(KIT)의 연구결과가 2024년 3월 4일 여러 언론에 보도된 바 있다. 자연에서는 완전히 분해되지 않고 부서져 미세플라스틱 형태로 몸에 흡수된다.

소방분야에서는 기름에 섞이지 않고 기름과 물을 분리하는 성능이 뛰어나 유류화재용 포소화약제에 많이 쓰인다. 수성막포 소화약제 및 불화단백포 소화약제에 과불화 계면활성제가 들어간다. 불을 끄느라 대량 방출된 이 소화약제들은 대책없이 자연에 방출되어 환경을 오염시키고 모든 동물의 몸에 흡수된다.

포소화약제의 국내 보유량은 약 1만 톤 정도이며 대부분 수성막포를 사용하는데, 수성막포 소화약제에 PFAS의 일종인 PFOA계열과 PFOS계열의 계면활성제가 5~10% 함유되어 있다. 이러한 물질을 퇴치하는 세계적 추세에 맞춰 환경 측면에서는 수성막포 소화약제를 전량폐기하고 새로운 약제를 사용토록 권고하고 있으나 약제 교체비용 외에도 시설교체, 폐기물처리 등 비용부담이 너무 커서 지지부진하다. 그런가 하면 미국 NBC 뉴스는 2022년 8월 25일 다음과 같은 보도를 하였다.

'소방관 노조와 소방서장 협의회는 소방관이 착용하는 보호장비가 간 및 신장암의 위험 증가와 같은 문제와 관련된 합성 화학물질인 PFAS를 함유할 수 있기 때문에 꼭 필요할 때만 보호장비를 착용하여 PFAS에 대한 노출을 줄이도록 권고하였다.'

할론소화약제도 퇴출되고 PFAS도 퇴출되고, 또 새로운 약제가 개발되어 나오지만 새로운 개발품은 위험성 여부를 판단하는 데 수십 년의 사용 경험이 필요하기 때문에 항상 산 넘어 산이다. 결국 궁극의 소화약제는 물뿐인 것 같다.

새로운 소화약제 개발이 무척 어려운 과제인 만큼 그 모든 소화용도에 물을 사용하는 연구개발 노력도 병행되어야 할 것이다.

2022년 8월 19일, 미 노스웨스턴대 연구팀이 섭씨 400도 이상의 뜨거운 온도에서 비로소 분해된다고 알려진 과불화화합물을 80~120도의 저온에서 일반 용해제를 이용해 분해하는 방법을 발견했다는 사실이 여러 보도매체에 실렸다. 일상에 널리 퍼져 수많은 경로로 배출되는 이 폐기물을 어떻게 효과적으로 수거할지는 별개의 문제다.

환경문제의 큰 주체인 지구온난화, 오존층 파괴, 비닐, 그리고 환경호르몬 중 소방분야에서는 화학적 소화약제의 지구온난화와 오존층 파괴가 주된 해결 과제였다.

소화약제로 사용하는 이산화탄소는 따로 생산하는 것이 아니라 다른 목적의 연소과정에서 나온 것을 포집하는 것이므로 지구온난화에 직접적인 해를 끼치진 않으며, 오존층 파괴의 주범으로 지목됐던 할론계열의 소화약제도 거의 퇴출되어 소방분야에서는 환경문제에서 한숨 돌렸다고 생각했다. 그러나 할론계열 대체물로서 성능과 환경지수 측면에서 가장 뛰어난 성능의 소화약제로 평가받던 'FK5-1-12(상품명 노벡1230)'이라는 약제가 PFAS 성분의 환경호르몬 제제라는 것이 밝혀져 그 개발회사인 3M[43]이 생산중단을 설정했으며, 미국에서는 이 화학

---

[43] 각종 사무용품과 공업용 연마재, 의료용품 등을 생산하는 다국적 기업인데, 세계에서 가장 창의적인 기업으로 불린다. 가장 널리 알려진 생산품은 포스트잇(post-it)과 스카치테이프 등의 소비재 사무용품이지만 이 밖에도 산업재, 전자, 에너지, 통신, 우주, 광학, 화학, 헬스케어 등 다양한 분야에서 제품을 생산하고 있다. 3M이 보유하고 있는 특허는 500개, 개발품은 6만여 종 이상에 달한다(다음 백과에서 인용).

약품으로 불을 끈 소방서에 대해 화재피해 업체가 오히려 오염 처리비용을 배상하라는 소송까지 제기하는 실정이다.

　인위적으로 개발된 화학적 소화약제는 어떤 것이든 안전하고 효과적인 기능을 발휘하지 못하는 역사를 반복하고 있다. 서양 음악이 결국은 바흐로 돌아가듯 소화약제는 궁극적으로 물로 돌아가야 한다. 효과적인 화학적 소화약제 개발에 쏟는 노력만큼 모든 불을 물로 끄는 안전한 방법을 개발해야 하고, 궁극적으로 불이 안 나는 관리환경을 조성해야 한다.

　불을 물로 끄려면 물의 사용기술만이 아니라 화재발생 시설도 화재 시에 물 피해를 최소화하는 기술로 설계되어야 한다.

화재의 분류

화재는 연소물에 따라 여러 가지의 특성을 갖는다. 생활주변에 가장 흔한 탈 것인 종이나 천 또는 목재 같은 것들은 물을 뿌리면 잘 꺼지고 한번 젖으면 마를 때까지 타시노 않는다. 이런 불을 일러 A형 불이라 하고, 그런 불이 주가 되는 화재를 A급 화재라고 한다.

한편 기름은 물에 젖지도 않거니와 물보다 가벼워서 물을 뿌리면 물위에 올라타서 널리 퍼질 위험이 있다. 그래서 물로는 끄기가 어렵다. 이런 불이 B형 불이고, 그런 불이 주가 되는 화재를 B급 화재라고 한다.

또 다른 화재 형태가 전기에 의한 C급 화재다. 전기 스파크나 누전, 또는 흔히 합선이라고 하는 단락(短絡) 때문에 과열이 되어 발생하는 화재로서 물을 뿌리면 감전사고 우려가 있어 다루기 어렵다. 화재의 발생원인은 전기지만 그로 인해 타는 것은 대개 A형 불이라는 점이 문제다. 특히 전력선의 과열로 인해 가장 먼저 타는 것은 전력선의 합성수지 피복이다. 그래서 감전우려만 빼면 C형 불과 A형 불은 동일한 것이고, 전력차단장치가 잘 설치되면 C급 화재도 물로 꺼야 한다.

여기서 A, B, C급이라는 명칭은 등급을 말하는 게 아니라 분류일 뿐인데, 영어의 A, B, C Class를 어색하게 번역한 말이다. 원어의 형태에 얽매이지 말고 A, B, C형 화재라 하는 게 좋을 것 같다.

이런 불들의 공통적 특성은 연소의 연쇄반응을 일으키는 중간 과정의 화학적 이온들이 불씨로서 단시간 생성 소멸을 반복한다는 점이다. 그래서 그런 불씨를 잡아 연소의 연쇄반응을 차단하는 기능을 가진 분말 소화약제가 많이 쓰이는데, 그런 형식의 소화기가 생활 주변에 가장 많은 ABC급 소화기로서 A, B, C형 화재에 모두 쓸 수 있다는 이름이다. 어느 아파트나 계단실에 하나씩은 있게 마련이고 어느 건물에서나 쉽게 볼 수 있는 흔한 소화기인데, 소화기의 겉면에 ABC라는 표시가 있다. C급 화재의 적응성이라는 것은 전기전도성이 없어서 불붙은 전선에 뿌려도 된다는 말이다. 그래서 모두 분말소화기다.

　문제는 이런 소화기의 가장 흔한 쓰임새가 불을 끄는 게 아니라 문이 안 닫히도록 받쳐놓는 데 쓴다는 점이다. 대개의 철제문은 불이 퍼지는 것을 막는 방화문인데, 불을 끄는 데 써야 할 소화기로써 방화문 기능을 무효화시키는 아이러니가 소방서 건물들에서도 발견된다는 슬픈 현실이 있다.

　그다음이 D급 화재다. 이것은 금속화재인데, 일부 경금속들은 물과 반응하면 격렬한 발열반응을 일으키며 탄다. 옛적에 시골 사진관에서 플래시로 쓰던 마그네슘이 대표적이고 그 외에 나트륨, 리튬, 칼륨, 칼슘 등도 잘 탄다. 이것들이 물과 반응하여 발열폭주가 일어나면 끌 방법이 없다. 다만 불이 번지지 못하도록 마른 모래나 팽창질석 등으로 덮어서 다 탈 때까지 기다리거나 아주 물속에 담가버려야 한다. 이것들은 물속에서도 계속 탄다. 다행히 생활주변에서 많이 쓰이는 경금속 원소들은 대개 전자가 하나 둘씩 모자라거나 더한 이온들이라 반응성이 작아져 화재 위험은 없다. 대표적으로 염화나트륨(소금)이 녹은 소금물에 있는 것은 나트륨(Na)이 아닌 나트륨이온(Na⁺)이고 시금치나 멸치국물 안에도 칼슘이 아닌 칼슘이온이 있다.

요즘 태양광 시설의 축전지(ESS, Energy Storage System) 시설에서 화재가 많이 발생하는데, 축전지는 리튬이온(Li⁺) 전지로서 전지 내부에서 리튬이온이 움직여 이동하는 매질인 전해액이 과열되어 발생하는 것이며 리튬이 불타는 D급 화재는 아니다. 전해액은 리튬, 불소, 산소 등의 화합물인데,[44] 수많은 연구결과들이 아직 명확한 수치를 정하지 못하고 있지만 대략 200~300℃ 범위에서 자연발화가 일어나는 것으로 보고 있다. 전시가 눌성되어 양극에 접촉하는 단락이 발생하면 열이 발생하고, 그 열에 의해 전해액이 과열되어 발화점을 넘기면 불이 나는데, 일단 불이 붙으면 자기 열에 의해 다시 가열되는 반응폭주가 일어난다. 열의 발생량이 냉각량보다 많으면 불이 꺼지지 않는데 화재가 극성기에 이르면 물속에서도 다 탈 때까지 꺼지지 않는다.[45] 전기차량 화재 시 물을 뿌리는 것은 불을 끄기 위해서라기보다는 주변으로 번지는 것을 막기 위해서다. 이제 전기차량이 많아지고 대형 아파트들의 주차장이 거의 지하 옥내인 것을 생각하면 대책이 시급하다.

전해물질이 액체가 아닌 전고체방식의 배터리가 대안으로 제시되어 치열한 개발경쟁을 벌이고 있는데, 일본의 도요타 자동차는 10분 충전으로 1,200km를 달리는 전고체 배터리를 2027년에 상용화하겠다고 발

---

44 배터리 관리를 잘못하면 새어 나오는 액체가 전해액이다.

45 소용량의 리튬이온전지는 전해액의 체적에 비해 외부표면적이 크기 때문에 물을 많이 뿌리면 냉각열량이 더 커서 불이 꺼질 수 있다. 대용량 전지는 소용량 전지를 모아놓은 것이어서 외부 케이싱을 뚫고 물을 주입하면 내부 소용량 전지를 냉각하는 효과가 있으나, 대용량 전지는 강한 화세 때문에 접근하기 어려워서 실무에서 적용하기는 어렵다.

표했고 삼성전자 역시 2027년에 전고체 배터리를 양산하겠다고 하니, 소방분야 최고의 난제인 배터리 화재문제는 머지않아 해결될 것 같다.

화재형태를 무한정 세분할 수는 없지만 부엌에서 튀김을 하는 식용유가 과열돼서 생기는 화재를 K급 화재라고 한다. K는 부엌(Kitchen)을 가리키는 것인데, 물을 뿌리면 기름불이 튀고 주변으로 화재가 급속히 번진다. ABC 소화기로 일단 불을 꺼도 과열된 기름이 재발화하여 진화가 안 된다. 이것은 기름 위를 덮어서 재발화를 막는 기능의 K형 소화약제가 주성분인 K급 소화기를 쓰는 것이 좋다.

소화기 사용법은 누구나 관념적으로 알고 있지만 실제 상황에서 가장 흔히 겪는 어려움은 안전핀이 안 빠지는 것이다. 소화기의 손잡이는 소화기를 작동시키는 방아쇠이기도 한데, 실수로 손잡이가 당겨지지 않도록 손잡이 두 가닥에 뚫은 구멍에 끼워놓은 것이 안전핀이다. 불을 보고 당황해서 손잡이를 꽉 잡고 안전핀을 잡아당기면 핀이 끼어서 빠지지 않는다. 안전핀을 먼저 빼고 분사노즐을 불 쪽으로 향하

[그림 43] ABC급 소화기

게 한 후 손잡이를 당겨야 한다. 안전핀이 안 빠지는 소화기를 집어 던져도 소화기는 작동하지 않는다. 실제로 소화기를 잘못 사용하는 가장 흔한 사례가 소화기를 집어 던지는 것이다.

분말소화기는 내부에 있는 고압의 이산화탄소 병을 터뜨려서 그 압력으로 소화약제를 방출한다. 그처럼 압력이 돌발적으로 작용하는 경우에 재료(소화기 몸체)가 받는 응력[46]은 동일한 압력이 지속적으로 작용하는 경우보다 두 배로 크다. 또한 재료에 날카로운 흠이 있는 부분

[그림 44] 녹슨 소화기

이 충격에 더 취약해지는 응력집중이라는 현상도 있다. 이러한 현상들로 인해 그림 44처럼 녹슨 소화기는 이산화탄소 병이 터질 때의 압력을 견디지 못하고 폭발적으로 파괴되거나 반동으로 날아갈 수도 있어서 자칫 위험한 물건이 될 수 있다. 겉으로 상한 곳이 없는지 항상 잘 살피고 닦아줘야 한다. 꼭 소화기만이 아니라 무엇이든 소중한 물건을 대하는 자세가 그런 것이다. 소화기는 무척이나 소중한 것이다.

---

46 응력(應力)은 단위 면적당 작용하는 외력을 뜻하는 영어의 stress를 번역한 말이다. 일본이 서양의 재료역학을 받아들일 당시에는 stress가 생소한 용어였으므로 부자연스럽게 번역되었다. 그냥 '스트레스'가 자연스럽다.

이온

　리튬, 나트륨, 마그네슘, 칼륨, 칼슘 등의 경금속 물질들은 화학반응을 일으키는 외각전자가 하나 또는 둘뿐이어서 작은 외적 끌림에도 쉽게 전자를 빼앗기는 경향이 있는데, 그러한 반응에서 많은 열이 발생한다. 인간의 심적 본질을 둘러싼 표면적 열정이 중후한 자제력으로 통제받지 못할 때 격동되기 쉬운 것과 같다. 그래서 적당한 상대, 예를 들면 물 같은 것을 만나면 격렬히 반응하며 많은 열을 내놓는다. 이러한 폭발적 반응은 젊은이의 맹목적 사랑의 열정과 비슷하다.

　그러나 일단 전자를 잃어 안정된 상태가 되고 나면 다시 그 전자를 돌려받아 원래 물질 상태로 돌아가지 않는다. 뜨거운 열정을 잃고 나서 성숙해지면 다시 젊은 시절로 돌아가지 못하는 인간의 심성과 같다. 그렇게 열정의 기억만을 간직하는 성숙함을 가수 최백호는 '실연의 달콤함'이라고 표현했다.

　이렇게 외각전자를 잃고 본질만을 유지하며 성숙해진 물질이 우호적인 주변 환경 속에서 어디에도 구속되지 않고 자유를 누리는 상태가 된 것을 이온이라고 부른다. 이런 이온들이 녹아 있는 액체에서 이온들이 전기적 극성에 끌려 이동할 때 전기적 흐름으로 나타나고, 그렇게 전기가 통하기 때문에 전해질이라고 부른다. 성숙한 영혼들이 녹아 있는 사회가 소통이 잘 되는 것과 비슷하다.

물은 산소와 수소의 결합력이 아주 세서 이온으로 나뉘지 않으므로 비전해질이지만, 이온성 불순물이 섞이면 전해질이 된다. 생활주변에서는 순수한 물을 찾아보기 어렵다. 솥뚜껑에 맺히는 응결수나 빗방울이나 풀잎에 맺히는 이슬은 순수한 물이지만 솥뚜껑이나 풀잎에 먼지나 불순물이 묻어 있고 빗방울이 내려오면서 공중의 먼지가 묻어 섞이면 전기가 통할 수 있다.

이온들은 아주 안정돼 있어 헤어졌던 상대를 다시 만나도 조용히 결합하여 다른 물질을 이뤘다가 주변 환경이 너 우호적일 때는 사인스럽게 헤어져 다시 자유를 누린다. 마치 왕년의 영화배우 엘리자베스 테일러와 같다고나 할까.[47]

금속나트륨은 격렬하게 연소하는 물질이지만 소금물 속의 나트륨이온은 위험하지 않으며 물이 마르면 다시 염소이온과 부드럽게 결합하여 소금결정이 된다. 이렇게 안정화된 이온은 우리 식품의 영양물질 중에도 많고 산업재료로도 많이 쓰이는데, 요즘 각광 받는 리튬이온전지도 그중 하나다.

---

47 엘리자베스 테일러는 18세 때인 1950년 5월, 호텔왕 콘래드 힐튼 주니어와의 요란한 결혼 후 7개월 만에 이혼한 이래로 총 8번의 결혼과 이혼을 반복하였으나 그 자신은 그로 인해 상처를 입지 않고 계속 사랑을 찾아 다녔다. 다섯 번째 남편이던 리처드 버튼과 1974년 이혼할 때에는 사랑하기 때문에 헤어진다는 유명한 말을 남겼다가 2년 후에 재결합, 다시 5개월 후에 재이혼을 하였다. 그 두 사람은 죽기 직전까지 가장 사랑했던 사람으로 서로 회고하였으나 둘이 결합하기보다는 떨어져 자유를 누리는 것이 삶에 더 소중하였던 것 같다. '사랑하기 때문에 헤어진다.'라는 말은 1969년 우리나라의 스타 커플 김지미-최무룡이 이혼할 때 언론에 회자됐던 말인데, 테일러-버튼이 당시 한국에서 그 말을 얻어들었던 것인지는 알 수가 없다. 김지미는 영화배우로서의 전설적 스타성은 물론 네 번의 결혼과 이혼까지 엘리자베스 테일러와 닮았고 별명도 '한국의 엘리자베스 테일러'였다. 나이는 엘리자베스 테일러가 8년 위다(위키백과에서 인용).

승강기

화재가 발생하여 피난할 때에 승강기를 타지 말라는 말은 상식이 되었다. 승강기 자체가 위험한 것이 아니라 승강기가 오르내리는 수직 통로, 즉 승강로(영어로는 hoist way 혹은 lift shaft라 부른다)에 연기가 차면 승강기 안에서 질식할 수 있고 간혹 정전으로 인해 승강기 안에 갇힐 수도 있기 때문이다. 연기는 불완전 연소 생성물에 다량의 공기가 섞인 기체상 물질이어서 밀도가 공기와 비슷하다. 그러나 온도가 높기 때문에 공기보다 가벼워서 공기보다 높은 곳으로 올라가는 경향이 강하고 특히 승강기 승강로와 같이 위아래로 뻥 뚫린 공간에 들어가면 급격히 치솟으며 승강로를 가득 채우게 된다. 이러한 연유로 예전에는 화재 시 승강기에 갇힌 인명피해가 컸고, 승강기는 움직이는 관(moving coffin)이라는 명예롭지 못한 이름까지 얻었다.

그런데 건물이 고층화됨에 따라 소방관이 건물의 고층에 화재를 진화하기 위해 올라가야 하는 문제가 심각하게 대두됨으로써 비상용 승강기의 개념이 생겼다. 비상용 승강기는 소방대가 안전하게 효과적으로 사용할 수 있도록 여러 가지 대책을 구비한 승강기를 말하며, 현행 우리 건축법규에는 높이 31m 이상의 건물에 의무적으로 설치하도록 되어 있다. 비상용 승강기에 구비된 안전장치들은 정전으로 인해 승강기가 멈추지 않도록 비상용 전력을 공급하는 장치, 외부와 통신할 수 있는 전화 장치, 연기가 승강로에 들어가지 않도록 하는 제연설비, 소방대가 승강기를 임의로 조작할 수 있는 소방대 전용 스위치 등인데, 아파트의 경우에는 승강기가 대개 비상용 승강기를 겸하므로 화재 시에도 사용할 수 있는 안전한 승강기다. 그러므로 아파트 화재 시에는 승강기를 사용하는 것이 피난에 더 효과적이라고 할 수 있다. 다만 소방대가 출동하여 승강기를 제어하게 되면 승강기의 자동기능이 꺼져 일반적인 호출에 응답하지 않으므로 승강기가 호출에 응답하지 않으면 기다리지 말고 신속히 계단실로 피난해야 된다.

현행 건축법에는 30층 이상의 고층건물에는 비상용 외에 피난용 승강기를 설치하도록 하고 있는데, 피난용 승강기는 소방대가 임의로 제어하는 장치가 없다는 점 외에는 비상용 승강기와 동일한 조건을 갖추고 있다. 그러므로 피난용 승강기의 위치를 평소에 잘 알아 두었다가 화재 피난 시에 사용하는 것이 효과적이다. 비상용 승강기도 내려가는 방향으로 멈춰서 문이 열리면 얼른 타는 것이 좋다. 승강기를 무조건 기피할 것은 아니지만 비상용도 피난용도 아닌 일반 승강기는 여전히 고전적으로 위험성이 크다. 그러므로 일반 승강기는 화재 시 접근할 수 없도록 셔터나 스크린 등으로 차폐하는 건축적 배려가 필요하다. 승강기 자체의 위험성도 있지만 오지 않는 승강기를 기다리며 귀중한 피난시간을 허비할 수 있다는 것도 중요한 요인이다. 또한 일반 승강기의 승강로로 연기가 들어가는 것을 막기 위해서도 셔터나 스크린의 효용은 대단히 크다(그림 45).

비상용 승강기에 겉으로 드러나는 가장 큰 특징은 그림 46과 같은 모양의 소방대 전용 스위치다.

[그림 45] 승강로를 차폐하는 방법의 예

[그림 46] 승강기의 소방스위치: 사진이 항균 필름 때문에 번쩍거린다.

건축재료

건축재료가 갖춰야 할 필수조건으로는 강도, 시공성, 경제성, 단열성 등이 사용처에 따라 제각기의 우선순위로 꼽히고, 건물이 커지고 복잡해질수록 불에 타지 않는 불연성이 중요해진다. 그러니 그 모든 조건을 갖춘 재료를 찾기는 어려워서 부득이 어떤 측면을 포기해야 하는 경우가 많은데, 가장 많이 포기되는 것이 아마 불연성일 것이다.

철판 사이에 발포 폴리스티렌(스티로폼)을 넣은 샌드위치 패널은 경제성 시공성 단열성을 두루 갖춰 건축현장의 여러 가지 어려움을 일거에 해결하는 획기적 발명품이었다. 경량철골 몇 개를 간단히 조립해서 뼈대를 만들고 샌드위치 패널을 붙이면 웬만한 가설 건물은 1주일이면 만들 수 있었고 비용도 아주 적게 들었다. 판의 양쪽을 철판으로 막았으니 불연성도 좋을 것으로 생각했는데, 사실은 현장에서 그리 환영받는 재료는 아니었다. 가볍고 절단하기 좋아서 시공성이 좋을 것으로 생각했지만 잘못해서 담배 불씨가 그 안에 떨어지면 순식간에 녹으면서 파고들어가 개미집을 만들어놓기 일쑤이기 때문이다. 그런 개미집 샌드위치 패널을 모른 체하고 붙여놓은 불량시공도 많았지만, 가장 치명적인 것은 불이 났을 때 철판 피복이 별로 방호 역할을 못하여 건물이 거의 모든 경우에 전소해버리는 데다 스티로폼이 타면서 유독가스를 대량으로 내뿜고, 지붕 패널에서 미처 타지 못하고 녹은 액체가 소방관의 몸 위로 떨어지는 것이다.

스티로폼을 석고와 시멘트에 섞어 외벽에 바르는 드라이비트 공법도 단열성 시공성 경제성에 미관까지 겸한 획기적 공법이어서 환영받았지만 대부분의 저층 연립주택 외장재로 널리 보급된 이후 뒤늦게 불에 잘 타고 유독가스를 많이 발생시키는 위험한 것임이 밝혀지고, 의정부 화재[48] 등 여러 건의 화재와 수많은 희생을 겪은 끝에 스티로폼은 건축재료에서 퇴출되었다.

문제는 건축재료가 아닌 것 같은 건축재료다. 대형냉동냉장 창고는 대개 밀폐된 지하실에 두꺼운 스티로폼이나 우레탄폼 등 불에 잘 타는 재료로 칸막이를 설치하여 냉동고를 만드는데, 공사 중 용접불똥으로 화재가 발생하는 것이다. 1998년 10월 29일 부산 범창콜드프라자 화재사고에서는 27명이 숨졌다. 2008년 1월 7일, 이천지역의 냉동물류창고에서 발생한 화재로 40명이 희생되고, 2020년 4월 29일에는 이천지역의 또 다른 냉동물류창고 화재로 38명이 희생되었다. 고도의 단열성과 안전 문제의 갈등은 아직 풀기 어려운 과제다.

언뜻 보기에 불연성이나 난연성이 좋을 것 같은 재료가 신뢰를 배신하는 사례가 많았는데, 고층건물의 외장재로 많이 쓰이는 알루미늄 치장 패널이 대표적이다.

---

48 2015년 1월 10일 의정부 시내의 주거용 오피스텔에서 발생한 화재로 5명 이상이 사망하고 120여명의 부상자가 발생하였다. 1층 필로티 부분의 주차장에 세워둔 ATV 모터사이클에서 시작된 불이 필로티 천장의 가연성 단열재와 외벽의 드라이비트 마감재를 전소시켰고, 건물의 주출입구가 불이 난 필로티 주차장으로 나 있어 피난통로가 막혀버렸다. 소형연립주택 건물의 주출입구가 필로티 주차장으로 나 있는 현재의 지배적 건축 관행에 대수술이 필요하다.

2010년 10월 1일 해운대의 38층 주상복합 건물인 우신골든스위트에서 발생한 화재는 4층의 미화원 작업실에서 발생한 화재가 바람을 타고 위로 번지면서 한쪽 외벽면이 전 층에 걸쳐 상당부분이 타버렸는데, 불을 끄는 데 3시간 반이 걸렸다.

이 화재로 치장판 내부의 작은 공간이 연돌효과를 일으켜 불길이 잘 올라간다는 것, 빌딩풍이 화세를 키운다는 것, 그리고 상승기류가 강해서 헬리콥터가 건물 옥상에 내리기 어렵다는 것, 그렇게 올라가는 불길이 각 층의 창문을 깨고 스프링클러를 터뜨리기 때문에 소화용수가 금방 고갈된다는 것 등 막연히 추성되던 사실들을 확실히 알게 되었다. 부상자가 5명에 불과한 경미한 피해였음에 비해 얻은 것이 많았던 점은 불행 중 다행이다. 그 이후로 알루미늄 치장판을 건축 외장재료로 사용하는 것은 건축허가 동의를 얻기 어렵다.

앞의 우신골든스위트 외에도 화재사례에서 예를 든 런던의 그렌펠타워, 두바이의 토치타워 등이 동일한 사례인데, 다음 그림 47은 2021년 8월 29일 이탈리아의 밀라노에서 20층 아파트 건물의 외장이 전소하기 전과 후의 사진이다.

금속이라서 불에 안 탈 것 같은 알루미늄도 종이처럼 얇게 만들면 불에 탄다. 가끔 에어컨 실외기에서 나는 불은 대개 전기 스파크 불똥이 실외기의 대부분을 이루는 얇은 알루미늄 냉각핀(fin)에 튀어서 발생하는 것이다. 실외기는 냉매관 속에 흐르는 냉매를 냉각시키는 일종의 선풍기라서 일단 불이 붙으면 통풍이 잘 되어 아주 잘 탄다.

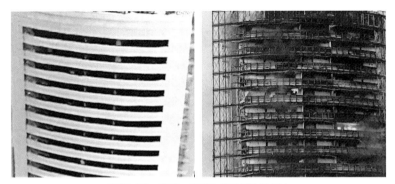

[그림 47] 밀라노 아파트 화재 전후의 모습

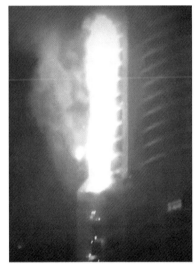

[그림 48] 두바이 토치타워 화재

[그림 49] 해운대 골든스위트 화재

분진 화재

리튬이나 마그네슘 등 경금속은 불이 잘 붙는다고 알려져 있다. 외각전자의 수가 적어 불안정하기 때문이다. 그것들보다 조금 더 무거운 알루미늄도 조건만 맞으면 잘 탄다. 그러면 구리나 철 같은 무거운 금속도 불에 탈까?

물론 탄다. 다만 여건이 갖춰져야 한다. 흔히들 말하는 불이 붙는다는 현상은 급속한 산화현상으로 인한 발열의 결과다. 생물체의 조직이 세균의 분해를 통해 천천히 산화되는 것은 무척 느린 것이고, 금속이 산화되어 녹이 스는 것은 조금 느린 것이고, 핫팩 손난로가 열을 내는 것은 조금 빠른 것이고, 불꽃을 내면서 타는 것은 무척 빠른 것이고, 그보다 더 빠른 것은 폭발이라고 부른다. 쇳조각도 급속한 산화가 가능하도록 여건을 조성해주면 잘 타는데, 생활 주변에서도 금속화재는 드물지 않다.

불이 붙어 연소가 지속되는 중요한 요인으로는 공기와의 접촉기회가 커서 산화가 잘 되는 것과 열손실보다 발열량이 커서 온도가 쉬이 높아지는 것이 있다. 높은 온도는 그 자체로서 연소의 원인이기도 하고 산화를 촉진하기도 한다. 목재는 다른 부분으로 열전도가 잘 안 되어 가열되는 부분에만 열이 집중되기 때문에 온도가 급격히 높아져 작은 점화원으로도 잘 타지만, 금속은 열전달이 잘 되어 가열 부분에 열이 잘 보존되지 않으므로 온도가 잘 올라가지 않는다. 물론 나무가 쇠보다 훨씬 낮은 온도에서 불이 붙는 것이 더 중요한 요인이기도 하다.

불붙은 나무젓가락은 다른 쪽 끝을 손으로 잡을 수 있다. 그러나 한쪽 끝을 달군 쇠젓가락은 다른 쪽 끝도 뜨거워서 잡기 어려운 것은 열의 전달이 빨라서 젓가락 전체 온도가 평준화되었다는 것, 즉 가열 부분의 온도가 처음보다 낮아졌음을 뜻한다. 그러나 열전달 대상이 무척 작은데도 표면적이 넓어 열을 받는 효율이 커지면 전체적으로 급속히 온도가 오르게 되고 목재보다 더 빨리 마치 폭죽처럼 타오른다.

철이나 구리에 급속한 산화가 발생하는 가장 큰 원인은 표면적이 무척 넓어져서 공기(산소)와 접촉하는 조건이 획기적으로 늘어나는 것이다. 아래 육면체 블록의 그림을 보자. 점선은 앞에서는 안 보이는 블록 뒤쪽의 모서리선이고, 어둡게 그림자를 입힌 부분은 공기에 접하는 블록의 양쪽 벽면이다. 이 그림에서 양쪽 벽면의 넓이는 벽면 두 개의 분량이다.

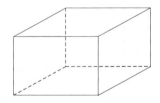

이 육면체를 다섯 개로 나누면 아래 그림과 같이 된다.

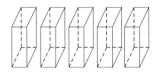

이렇게 블록을 나누면 공기에 접하는 양쪽 벽의 면적은 조각 하나에 두 개씩, 도합 열 개가 된다. 블록을 나누는 수만큼 공기에 접하는 표면적이 늘어나는 것이다. 이 블록을 더 잘게 나누어 가로 세로 높이 각 백 개씩으로 나누면 각 방향으로 백 배씩, 도합 3백 배로 늘어난다. 가로 세로 높이 각 1cm짜리 철제 주사위는 불이 절대로 안 붙지만 각 0.1mm의 가루로 만들면 공기에 접하는 면적이 3백 배로 늘어나 어쩌면 불이 붙을지도 모른다. 다만 비록 가루가 됐을지라도 철가루는 무겁게 쌓여서 그 중간으로 공기가 잘 유통되지 않을 것이므로 잘 타지는 않을 것이나. 그런데 사구가 아니라 이주 작은 불쏘시개 모양으로 쪼개져 엉성하게 쌓이면 중간에 공기가 잘 유통되어 작은 불꽃으로도 점화시킬 수 있다. 철공소의 금속가공 공정에서 나오는 칩[49]은 엉성하게 쌓이는 데다 가끔 기름까지 묻어 있어서 화재의 원인이 될 수 있다. 물론 두꺼운 칩은 잘 타지 않는다.

일반적으로 금속보다 유기물이 더 잘 타는데, 대부분의 실내 먼지가 유기물 성분이다. 천장 속에 수북이 쌓인 먼지는 크기에 비해 엄청나게 넓은 표면적 때문에 작은 열적 충격에도 잘 탄다. 이런 것을 분진화재라고 부른다. 분진화재 예방을 위해서는 가급적 먼지가 쌓이지 않도록 해야 한다. 모든 안전사고와 마찬가지로 불조심에도 정리정돈과 청소가 중요한 놈을 한다.

분진화재가 가장 잘 일어나는 곳은 당연하게도 석탄 저장창고이고, 곡물 시일로에서도 많이 발생한다. 석탄은 일단 불이 붙으면 쌓인 더

---

49 chip은 간식으로 먹는 과자 칩과 마찬가지로 얇은 판으로 된 조각을 말한다.

미 깊은 곳에서 공기에 잘 접촉하지 않고도 불꽃 없이 끈질기게 타면서 확산되기 때문에 물이 스며들지 못해 일단 불이 나면 *끄*기가 어렵다. 곡물 사일로도 화재가 잘 나는데, 밀폐된 공간이라 외부에서 물을 뿌려 *끄*기가 어렵기 때문에 반드시 효과적인 내부 소화장치를 갖추어야 한다.

그런데 용광로에서는 왜 철이 타버리지 않고 녹기만 할까? 그것은 철이 녹는 온도로 가열되는데도 그 내부로 공기가 공급되지 않기 때문이다. 쇠도 액체가 된 이상 소량의 증발이 있다. 용광로의 쇳물 위에서 증발된 쇠 증기는 불꽃을 일렁이며 탄다. 그러나 그렇게 집중적으로 타서 나오는 다량의 재, 즉 산화철은 무거워서 멀리 날아가지 못하고 다시 떨어져서 너무 높은 온도 때문에 철과 산소가 분리되는 환원 과정을 반복한다. 적당한 온도는 산화를 촉진하지만 너무 높은 온도는 거꾸로 환원시킨다.

과유불급은 만물의 원리다. 우리 인생사가 늘 그러하듯이.

소방관의 기도

화재현장에서 구조 활동 중 소방관이 순직하는 일은 매년 빠지지 않고 벌어진다. 소방청이 집계한 '위험직무 순직 현황'에 따르면 2014년부터 2023년까지 10년간 순직한 소방관은 42명이나. 소방청의 설문조사에 의하면 소방관 10명 중 4명이 외상후스트레스장애나 우울증을 앓아 관리나 치료가 필요한 위험군이라고 한다. 한 번 이상 극단적 선택을 생각했던 사람도 전체의 8%라고 하며,[50] 실제로 실행에 옮긴 사람도 상당수라 하니 참으로 안타까운 일이다.

전문적 훈련과 경험을 쌓고 남보다 뛰어난 심신의 능력을 가진 소방관들조차 희생을 피할 수 없을 만큼 화재는 위험한 것이며, 그 현장에서 받는 충격은 상상 이상의 것이다.

재난상황에서 몸을 던지는 영웅적 행위는 인간의 본성인 것 같다. 이러한 전통은 이미 2천 년 전의 기록에도 나타난다.

로마제국의 해군 사령관이던 대 플리니우스(Gaius Plinius Secundus)는 서기 79년 베수비오 화산 폭발로 폼페이가 사라질 때 부하들의 만류에도 불구하고 출항하지 않고 주민들을 구출하기 위해 노력하다 화

---

50 2024년 2월 4일 YTN 보도.

산연기에 질식하여 56세의 나이로 순직했다고 동일한 이름의 조카 겸 양자인 소 플리니우스가 기록을 남겼다.

인류가 판도라의 저주를 극복하고 번영을 지속하여 나아가는 것은 에피메테우스의 후예들이 발휘하는 책임감과 인류애에 의지하는 바가 크다.

국내 어느 소방서에나 반드시 모든 사람이 잘 볼 수 있도록 현관이나 복도 벽에 붙여 놓은 감동적인 시가 있다. '소방관의 기도'다.

소방관의 기도

신이시어
제가 부름을 받을 때는
아무리 강력한 화염 속에서도
한 생명을 구할 수 있는 힘을 제게 주소서

너무 늦기 전에
어린 아이를 감싸 안을 수 있게 하시고
공포에 떨고 있는 노인을 구하게 하소서

언제나 만전을 기할 수 있게 하시어
가장 가냘픈 외침까지도 들을 수 있게 하시고
신속하고 효과적으로 화재를 진압할 수 있게 하소서

제 사명을 충실히 수행케 하시고
최선을 다할 수 있게 하시어
모든 이웃의 생명과 재산을 보호하고 지키게 하소서

그리고 당신의 뜻에 따라
제가 목숨을 잃게 된다면
당신의 은총으로
제 아이들과 아내를 돌보아 주소서

이 시는 1958년 미국 캔자스 주 '위치타' 소방서의 소방관 A. W. Smokey Linn이
지은 것으로 알려져 있다. 이름 중의 Smokey는 늘 연기에 그을려 있는 소방관의 별
명인지도 모른다. 원문은 다음과 같다.

Fireman's Prayer - A. W. Smokey Linn

When I am called to duty, God
Whenever flames may rage,
Give me the strength to save some life
Whatever be its age.

Help me to embrace a little child
Before it's too late,
Or some older person
From the horror of that fate.

Enable me to be alert
And hear the weakest shout,
And quickly and efficiently
To put the fire out.

I want to fill my calling
And give the best in me,
To guard my neighbor
And protect his property.

And if according to Your will
I have to lose my life,
Please bless with Your protecting hand
My children and my wife.

불의 흔적을 찾아

· 이종인 ·

앞의 사진은 1935년 화재로 소실된 런던의 크리스탈 팰리스의 폐허 모습이다.
모든 화재현장에서 화재의 원인을 찾아내는 것은 재발을 막기 위한 통렬한 반성이다.
사진 출처: Public domain

◇◇◇

'행복한 가정은 모두 비슷하지만 불행한 가정은 저마다의 이유
로 불행하다.'

톨스토이의 〈안나 카레니나〉의 첫 문장이다. 우리의 인생사가 모두
그러한 것을 빗대어 문화인류학자 재레드 다이아몬드[51]는 '안나 카레
니나의 법칙'이라고 이름 붙였다.

불이 안 난 집은 안전하다는 한마디로 표현할 수 있지만 불난 집의
화재원인은 저마다 다르다. 화재는 그 자체로서 불행이며 불난 집이 잘
된다는 새옹지마는 로또처럼 드물다.

매일 발생하는 수많은 화재의 원인을 모두 캘 수는 없으나 대표적인
몇 가지 화재를 더듬어 불행의 원인을 찾아보고 그 예방을 위한 공감
의 자료로 삼고자 한다.

여기에 실린 화재 사례는 그간 이종인이 〈119플러스〉 매거진에 실었

---

51 〈총, 균, 쇠〉(1997), 〈문명의 붕괴〉(2004) 등의 베스트셀러 작가이기도 하다.

던 것 중 몇 개를 골랐고, 화재조사의 이해를 돕고자 약간의 이론을
가급적 쉽게 서술하느라 나름의 노력을 기울였다.

1. 화재조사 방법론

화재조사관이 갖추어야 할 것

우리나라에서는 연간 4만여 건의 화재가 발생하고 있다. 화재가 발생하면 왜 화재가 발생하였는지, 원인이 가장 궁금할 것이다. 그렇게 화재원인을 규명하는 사람들이 있다. 잿더미 속에서 진실을 찾아 규명하는 사람들, 그들이 바로 화재조사관이다.

화재조사라 하면 화재원인을 모두 찾아 규명하는 것으로 알고 있는데 그것은 아니다. 화재조사는 불이 난 현장을 그대로 지면 위에 올려놓는 기록문학이라 말하고 싶다. 왜냐하면, 현장을 조사함에 있어 가감(加減) 없이 진실만을 기록하여야 하고, 객관적 사실만을 기록하여야 한다. 즉 화재조사관이 규명한 화재원인을 보았을 때 누구나 '가능성 있어!'라는 생각이 들어야 한다. 얼토당토않게 원인을 규명한다면 신뢰성도 떨어지고, 제2의, 제3의 피해자가 발생하기 때문이다.

화재조사관의 마음가짐은 다음과 같다.

첫째, 화재조사관은 목석과 같아야 한다. 화재현장은 분명 희로애락이 있다. 희로애락을 느껴도, 보아도, 알아도 변함없이 현장을 읽어야 하고, 객관적으로 해석해야 하기 때문이다. 감정이 없는 것은 아니지만 최대한 화재조사관의 감정은 가해자나 피해자에게 드러내지 말아야 한다. 가해자, 피해자의 입장을 고려하면 자칫 화재원인 규명에 오류가 있을 수 있기 때문이다.

둘째, 화재조사관은 흔들바위와 같아야 한다. 화재로 인한 가해자, 피해자의 이야기를 들어주고, 최대한 입장을 이해하고 현장을 해석하여야 한다. 대부분 화재현장은 이익 다툼이 발생하기에 자신의 잘못보다는 다른 이의 잘못을 더 부각하고, 상대의 귀책사유를 더 많이 이야기한다. 그러기에 가해자 이야기를 들을 때는 가해자 입장에서, 피해자 이야기를 들을 때는 피해자 입장에서 이야기를 들어주어야 한다. 그러나 가해자, 피해자 입상에서 이야기를 듣고 해석하더라도 화재조사관은 중심을 항상 지켜야 한다. 설악산 흔들바위는 사람이 밀면 움직이고 놓으면 제자리를 찾듯 흔들리지만 항상 중심을 잡고 제자리를 지키듯 화재조사관 역시 심지(心志)를 굳게 지켜야 한다.

셋째, 화재조사관은 백록담 같아야 한다. 백록담은 산이면서 물을 품고 있듯 화재현장에서 일어나는 모든 말이나 행동 그리고 풍문이라도 포용하고 귀담아들어야 한다. 화재현장의 모든 내용을 흘려들어서도, 흘려보아서도 안 된다. 모든 것을 담아야 실체적 진실에 최대한 가까운 화재원인을 규명할 수 있기 때문이다.

화재조사관은 현장을 조사하고 원인을 규명함에 있어 현장을 360°돌아보며 연소 흔적을 정확하게 읽고, 해석해야 한다. 화재조사 방법 중 먼저 해야 할 것은 목격자나 관계자의 진술을 청취하는 것이다. 화재현장은 불난 뒤에도 잔존하지만, 목격자 진술과 관계자들의 최초 진술에는 오염이 없으나 시간이 지나면 생각이 바뀌는 경우가 있기 때문이다. 시간이 지나면서 이해관계를 확인하게 되고 진술이 번복되는 경우가 부지기수다. 대부분 화재현장에서 연소 패턴을 논하고 패턴으로 발화지점을 해석하는 것은 자칫 오류가 있을 수 있다. 화재현장은 가연물과 공기 유동에 따라 달리 나타나고, 건물의 구조나 충고에 따라 달리 나타나기에 연소 패턴을 해석함에 있어 집기 비품과 같은 가연물과 구조물을 모두 해석하고 조심스럽게 방향성을 논하여야 한다. 화재현장을 조사하는 이들이 흔하고 편리하게 이용하며 이야기하는 'V' 패턴[52]은 벽면에 나타나 있을 때 그 꼭짓점이 발화지점일 가능성이 있기에 흔하게 거론된다. 그러나 연소 패턴은 현장마다 다르고 화재하중도 달리 나타나기에 섣불리 패턴만으로 현장을 해석하고 결론을 내리는 것은 오류가 발생할 수 있기에 주의를 기울여야 한다.

화재조사관이 화재현장을 살피고 의문이 든다면 몇 번이고 현장을 돌아보고 과학기술과 지식을 이용하여 논리적으로 의문을 풀어야 한다. 화재원인을 규명함에 있어 현장, 패턴, 증거, 목격자 진술 등이 객관적이고 일치하는 부분이 있어야 하고, 과학의 힘을 빌려 입증하여야 한다. 예를 들어 '알루미늄은 불에 녹는다.'라는 원인을 규명하였다고 하면 논리를 어떻게 전개할 것인가? 막연하게 '불에 녹아'라고 할 것인가? 화재현장 발코니 새시 알루미늄도 녹았고, 창문틀 알루미늄도 녹았고, 현관의 알루미늄도 녹았다면 최소한 화재현장의 화열은 알루미늄의 녹는 점인 660℃ 이상이었다는 사실을 알 수 있다. 화재현장 가연물이 연소하며 660℃ 이상 상승하였기에 화재현장 구조물인 알루미

---

52 화점으로부터 화열이 상승하면서 넓게 퍼지기 때문에 벽이 그 화염에 접촉하면 V 형태로 그을린 자국이 남는다.

늄이 녹았다는 논리가 성립하고, 객관적인 내용으로 정립이 가능하다.

화재원인은 분명 하나인데 현장을 조사하는 과정은 변수가 많아 여러 방법을 동원하곤 한다.

현장에 말 없는 목격자를 찾아라!

　화재현장 자체는 불에 타 검은 탄소덩어리로 변하고(탄화, 炭化), 진화 과정에서 가구나 집기 비품들의 위치가 변하는 경우가 있으나 화재현장 주변의 말 없는 목격자들이 있다. 화재현장 인근에 설치된 폐쇄회로 TV 카메라가 그것이다. 때론 건물과 관계없이 다른 목적으로 설치되었거나 다른 방향을 촬영하고 있었다 해도 화재지점이나 측면 또는 연기 방향성을 촬영하고 있을 때도 있다. 폐쇄회로 카메라는 있는 그대로를 촬영하기에 거짓이 없다. 다만 영상을 해석할 때 약간의 지식이 필요하다. 빛의 반사, 섬광과 같은 빛의 각도, 크기 등을 정확하게 해석해야 오류가 없다. 폐쇄회로 카메라의 자료는 누구나 수긍하는 부동적 증거이기에 귀중한 자료로 활용된다. 또한 주변에 주차되어 있는 자동차의 블랙박스도 귀한 증거자료이기에 현장을 조사할 때 주의 깊게 살펴 증거자료로 활용하는 것도 중요한 방법이다.

현장에 설치된 기기들을 활용하라!

　화재현장에 폐쇄회로 TV 카메라가 있었다면 좋은 증거로 활용할 수 있으나 대부분 화재현장에서 화재지점을 정확하게 촬영하는 카메라는 그리 흔하지 않다. 현상에 설치된 카메라는 화재시점을 정획하게 촬영하기보다는 작업공정이나 시설의 안전을 확인하기 위해 설치하기에 정확한 발화지점보다 그 인근을 촬영하고 있어 발화지점과 발화원인을 규명하는 것은 전적으로 화재조사관의 몫이다. 폐쇄회로 카메라는 발화지점을 규명하는 데 움직일 수 없는 증거일 수는 있으나 정확한 화재원인을 촬영하지는 못한다. 화재원인을 어떻게 추론하고 어떻게 증명하느냐는 전적으로 화재조사관의 지식과 과학을 활용하여야 한다. 화재원인 규명은 감이나 추측이 아닌 객관적 입증자료, 증거 등을 토대로 하여야 하며, 주관적이어서는 안 된다. 현장에 설치된 폐쇄회로 카메라나 무인경비시스템의 경보 신호 등을 수집하여 Time line을 확인하여야 하고, 폐쇄회로 TV에 촬영된 영상과 시간이 일치하는지도 확인하여야 비로소 그 증거로 활용할 수 있다.

　현장에 설치된 기기들의 특성을 이해하고 정확하게 해석해야 한다. 예를 들어 현장에 설치된 열선감지기의 경우 움직임을 감지할 수 있는 시간이나 거리가 어떻게 되는지, 온도 변화가 어느 정도여야 감지되는

지, 어떻게 하면 무인경비시스템이 침입 신호를 송신하지 못하고 경광등만 켜지게 되는지 등을 학습하고 연구하여 사실관계를 입증하도록 하여야 한다.

화재현장의 조사에는 수많은 경험과 지식이 필요하다. 과학적 지식이 부족하다면 경험칙에 의해 현장을 읽고 해석해야 한다. 지식, 과학, 경험이 부족하다면 동료나 선배 그리고 학계, 전문가들에게 자문하여서라도 현장을 이해하고, 해석할 수 있어야 한다.

현장을 모두 조사하고 보고서를 작성하라!

화재조사관으로서 화재현장을 조사하고 보고서를 작성할 때 가장 어려운 것이 '미상'의 보고서를 작성하는 것이다. 일부 사람들은 미상으로 처리하는 보고서가 가장 쉽다고 생각하시만 화재소사관에서는 가장 어렵다. 모든 원인을 규명하려 백방으로 노력하고 과학, 지식을 모두 활용하여도 도무지 원인을 규명할 길이 없을 때 원인 미상으로 기록할 수밖에 없다. 화재조사관이 화재원인을 100% 규명하는 것을 봐야 명조사관이라고 하겠지만 현실은 녹록지 않고 100% 규명할 수도 없다. 어떤 방법을 쓰느냐는 화재현장을 조사하는 화재조사관의 주관적 가치관이겠으나 화재원인 규명은 객관적이고 공통된 원인으로 추론된다. 예를 들어 '전기적 요인'의 원인을 추론할 때 어떤 조사관은 인입된 전선이 있는 배전반, 분전반, 연결전선, 부하의 말단 순으로 입증하는 방법을 택하는가 하면, 단락 흔적을 중심으로 연결전선을 따라 분전반으로 역으로 입증하는 방법을 택하는 조사관이 있다. 단락 흔적이 있으니 당연히 차단기가 작동하였을 것이고, 차단기 상태가 Trip이냐, Off냐 하는 형태로 논하는 사람이 있는가 하면 단락 흔적을 놓고, 변색 흔적, 경계면, 용융점, 연화성이나 경화성 등으로 단락이나 통전을 입증하려 하는 조사관도 있다. 추론의 방법 차이는 있을 수 있지만 단락이 발생하는 전기적 구조나 흐름을 이해하고 작성하는 내용이다. 귀납적 방법에 의하여 추론하고, 연역적 방법에 의하여 입증하는 방법을 택하는 것도 화재조사관의 몫이고, 성향이다. 그러나 어떤 방법을 써서 현장을 읽고 해석하여 결론에 도달하였을 때 공통된 원인이 되어야 비로소 신뢰성이 확보된다.

화재조사를 하는 불과
조사하지 않은 불의 차이점!

    불이란 빛과 열을 발산하는 물체 또는 그 현상을 말한다. 불은 인류의 생활에서 중요한 수단이 되어왔고 이는 원시시대의 인류를 나른 냉장류로부터 구별되게 하였다. 인류는 불이라는 강대한 에너지를 얻게 됨으로써 온난함과 조명을 취득하였고, 음식물을 조리하고 도구를 만들어냈으며 금속에 대한 지식도 가질 수 있게 되었다. 또한 불을 자연과 더불어 이용하기 시작하면서 문명사회를 구축하여 오늘에 이르게 되었다. 불과 화재는 구별되어 왔다. 법령에서 정의하는 화재란 사람의 의도에 반하거나 고의 또는 과실에 의하여 발생하는 연소 현상으로서 소화할 필요가 있는 현상 또는 사람의 의도에 반하여 발생하거나 확대된 화학적 폭발현상을 말한다. 불이 있었다고 하여 모든 것을 다 조사하는 것은 아니다. 즉 화재 정의 내용에 부합하여야 화재현장을 조사하는 것이다. 단순하게 탄화되었다고 불이 있었다고 해서 현장을 조사하는 것은 아니다.

    일반인들은 화재보험을 가입하고 보험 처리를 위해, 화재증명원 발급을 받기 위해 화재조사를 해 달라고 하는 경우가 있는데 이러한 부분은 화재의 정의를 잘못 이해하는 경우이다. 화재란 소화할 필요성이 있는 것이고, 자체적으로 탄화하고 진화한 현상은 화재가 아니다. 화재의 정의에 부합하지 않는 탄화현상은 화재로 해석하지 않고 단순한 탄화현상으로 본다. 화재보험처리는 꼭 화재증명원이 있어야 가능한 것은 아니다. 화재보험 처리 시 편리한 절차를 위해 화재증명원이 필요할 순 있지만 꼭 있어야 하는 것은 아니다.

화재는 연소의 4요소가 있어야 화재로 발전할 수 있는 것이지, 4요소 중 한 가지만 연결이 안 되어도 화재는 지속할 수 없고 소진된다. 즉 가연물, 점화원, 산소 그리고 연쇄반응이 있어야 비로소 화재인 것이다. 이중 하나라도 누락되거나 제거하면 화재는 발생하지 않는다. 화재조사관이 조사하는 것은 연소의 4요소 중 점화원을 밝히는 일만의 행동이라고 해도 과언이 아니다. 또한 연소 생성물이나 탄화 잔류물을 보고 연소 확대 방향성을 추론하고 발원지를 찾아 원인을 규명하는 것이다. 화재조사관은 연소 메커니즘을 규명하여 연소 확대 경로를 해석하고 화재원인을 추론하는데 어느 때부터인가 화재원인을 찾는 사람으로 전락해 버렸다.

화재현장을 조사할 때의 십계명

화재현장을 조사할 때 지켜야 할 **첫 번째 계명이 '현장에서 되도록 말을 아껴라.'**다. 화재현장에 필요한 질문은 간결하고 필요한 부분을 짧게 하고 길게 늘어지는 말투는 삼가야 한다. 때론 침묵이 필요할 때도 있고, 때론 연예인처럼 말이 많아질 때도 있다. 현장에서 화재조사관 입에서 나온 말은 일파만파로 넓게 소문이 나고 신뢰성도 떨어지며 원인과 전혀 관계없는 말이 와전되어 마치 화재 원인인 양 소문이 난 무해진다.

두 번째, 장담하지 말라. 화재현장에서 증거를 찾았다고 장담하지 말라. 그것이 설령 실제 원인이라도 단정하거나 장담하면 안 된다. 방화를 목적으로 의도한 화재라면 함정이 있고, 오류가 발생할 수 있으며 더 나아가 방화범이 비웃을 것이다. 현장에 잔류한 형태를 그대로 지면 위에 올려놓을 뿐 보태거나 빼지도 말아야 한다. 그것이 화재조사관이다.

세 번째, 발화지점은 분명 존재한다. 어느 현장이든 발화지점은 반드시 존재한다. 못 찾을 수 있으나 발화지점이 없는 화재현장은 단 한 곳도 없다. 현장을 조사할 때 현장에 잔류한 잔류물의 용융점을 확인하여 연소 방향성을 찾아야 한다. 비닐, 플라스틱, 목재, 비철금속, 철재 등 현장에 잔류한 형태에서 연소 방향성이 확인된다. 물론 잔류한 탄화물이 있을 때는 가능하지만 전소되었을 때는 방법을 달리해야 한다. 가연물이 모두 탄화하고 방향성을 알 수 없을 때에는 바닥이나 구석의 소염구간, 즉 불이 닿지 않는 부분을 찾아 연소 방향성을 확인하여 발화지점을 찾는다. 목재는 탄화 부분이 가늘어지는 세연화 현상이나 화살표 패턴으로 방향성을 추론할 수 있고, 비철금속은 용융점을 근거로, 철재는 변색 흔적으로 화염의 방향성을 추론할 수 있다.

네 번째, 확언하지 말라. 화재현장에서 조사 중 원인이 밝혀졌다 하더라도 확언하지 말아야 한다. 현장은 어수선하고 피해자가 2인 이상이면 서로의 이익을 추구하고 책임을 회피하려는 성향에서 오는 진술이나 이의 제기가 많아진다. 이러한 현상은 거의 모든 화재현장에 공통적으로 나타나는 현상이다. "우린 화기 취급도 안 했고, 전기도 모두 끄고 퇴근했어요."라든지 "우리 공장에는 탈 것이 없어요."라든지 "우리 직원이 봤는데 저 집에서 우리 집으로 옮겨붙었대요."라든지 말이 많아진다.

다섯 번째, 되도록 현장 사진을 많이 남겨라. 화재조사관이 못 보는 지점까지 카메라는 볼 수 있다. 현장에서 동, 서, 남, 북, 상, 하, 좌, 우 등 골고루 찍어 두면 현장을 조사하고 사무실로 들어와 사진 판독 시점에서 중요한 증거를 확인하기도 한다. 현장에서 보고 촬영한 형태는 조사하고 수집한 증거와 일치해야 하고, 의심되는 부분은 다음날 다시 한 번 확인하며 촬영하라. 전일 촬영한 사진을 비교하면 철재에 산화 현상이나 다른 변색 흔적을 발견할 수 있다. 현장 사진을 되도록 많이 촬영하여 판독할수록 화재현장을 해석하는 데 도움이 된다.

여섯 번째, 입면도를 그리라. 건물 내부에서 화재가 발생하였다면 관계자나 점유자에게 현장 구조를 질문하여 도면을 작성하면 연소 방향성이나 연소 패턴을 해석하는 데 큰 도움이 된다. 주택에서 발생한 화재는 가구 위치, 소파, 냉장고, TV 등 가구 배열이나 가전제품 위치를 점유자에게 질문하여 그대로 그리도록 하거나 조사관이 직접 그리면서 현장을 이해하면 현장을 조사하는 데 큰 도움이 된다. 현장 가구 배치나 가전제품 위치를 확인하고 개구부와 공기의 유동 등을 해석하면서 연소 방향성을 확인하고 발화지점을 찾아야 한다.

일곱 번째, 화재원인 주론은 객관적이어야 한다. 화재현장에서 가장 중요한 부분 중 하나가 객관성이다. 화재도 객관성, 연소 현상도 객관성, 학연이나 지연은 투명성을 확보해야 한다. 객관성이나 투명성이 없다면 송사에 휘말려 화재조사의 신뢰성이 저하되는 경우가 발생한다. 객관성을 확보하여 원인을 규명하고, 규명된 원인을 해석할 때는 기술적인 면이나 흐름에 주관적인 의견을 서술하여도 무방하다.

여덟 번째, 중립성을 반드시 지켜야 한다. 화재원인은 객관적으로 규명하고, 대한민국 국민이라면 누구나 믿을 수 있고, 신뢰할 수 있도록 현장을 조사하고 의견이 어느 한쪽으로 치우쳐서는 안 된다. 즉 현장을 조사하고 규명된 화재원인이 설령 잘못된 것일지라도 누구나 수긍할 수 있게 하라는 말이다. 객관적으로 누구나 인정하는 원인이 되어야 비로소 공신력이 확보된다. 화재조사관이 주관적으로 조사하여 오류가 가미될 여지에서 규명된 원인이라면 자칫 공신력이 실추되고 배신감을 줄 수도 있다. 조사하는 과정은 주관적 지식과 경험을 토대로 조사하여도 규명된 원인은 객관적이어야 한다.

아홉 번째, 사명감을 가지라. 화재조사관에게 부여된 지위와 권한에 대한 자부심과 사명감을 갖고 직무에 최선을 다하라! 화재조사관의 길은 고되고 어렵지만 사명감으로 일하다 보면 국민에게 한층 더 다가가고 신뢰받는 화재조사관으로 거듭날 수 있다. 그것이 화재조사관의 자존심을 지키고 직무에 충실하는 길이다.

열 번째, 자존심을 가지라. 현장을 조사할 때 지식, 과학, 경험, 현장 해석, 목격자 진술을 종합하여 판단하고 근거를 찾을 때 조언하거나 이해관계가 있다고 하여 원인을 흐리면 안 된다. 민원이 거세다고, 상급기관이나 감정기관에서 원인을 달리한다고 동요하거나 수긍하지 말라. 근거 없는 조언이나 과학적 기반이 없는 의견이나 원인을 따르지 말아야 한다. 화재조사관으로서 사명감을 갖고 조사한 내용을 쉽게 번복하거나 근거 없는 주장에 흔들리지 말고 자존심을 지켜야 한다.

2. 화재현장 조사 사례

주택화재

　어느 해 완연한 봄 이른 아침에 경기도의 어느 주택에서 발생한 화재다. 화재를 최초 목격한 박 씨는 화재 건물 맞은편 주택에서 아침을 준비하던 중 문밖으로 나와 보니 상가주택 2층 발코니 부분에서 검은 연기가 나는 걸 보고 2층으로 올라가 문을 두드려 취침 중인 거주자 두 명을 깨워 대피시켰다.

　주택에서 취침 중이던 거주자는 불이 난 걸 전혀 모르고 있다가 인근 주민 박 씨가 화재를 인지하고 문을 두드리자 잠에서 깨 대피했다. 화재 당시 대피시키는 과정에서 '방 2'와 '방 3'에 불길은 없고 연기만 가득했다고 했다.

　최초 목격자는 화재를 알리고 취침 중인 거주자를 깨운 후 화재현장 인근 행인에게 신고를 부탁했다. 행인은 다시 화재 상황을 확인하고 119에 전화하면서 신고가 너무 늦어졌다. 화재를 인지하고 우선 신고부터 했다면 어땠을까?

　어느 현장이든 내화조 건축물에서 화재가 발생하면 화염분출 패턴이 반드시 흔적을 남긴다. 외부에서 내부로 유입된 것인지, 내부에서 외부로 분출한 것인지를 파악할 수 있다. 가끔은 흔적을 쉽게 지나치거나 간과해 흔적을 찾지 못하는 경우도 있다.

현장조사 결과 건물 내부 출입구 복도에는 중성대가 형성돼 있었다. 출입문은 내부에서 열을 받은 형태로 탄화 부분이 남았다. 이러한 현상은 단순하게 내부에서 발화해 외부로 분출했다고 판단할 수 있는 근거가 된다.

모든 현장에 동일한 패턴이 남는 것은 아니지만 조심스럽게 판단할 수 있다. 가연물의 양이 비슷하다면 연소 패턴은 대동소이하게 남는다.

방향성을 확인하다

현장에 잔류한 미연소 물질이나 구조를 확인해 화염의 방향성을 추정할 수 있다. 예를 들어 천장의 목재는 떨어진 방향으로 화염이 진행된 것이고 벽면의 목재는 화살표 패턴(Arrow Pattern)이 식별되는 방향으로 화염이 진행된 것이다. 그러나 여기에도 변수가 있다. 공기가 어느 방향으로 진행됐는가 하는 것을 살펴야 한다.

그림 50처럼 '방 2'의 목재 문틀 상단에서 하단으로 화염이 진행돼 상단만 탄화하고 하단은 그대로 있는 건 화염이 상단에서 하단으로 진행된 걸 의미한다.

또 천장의 목재가 우측은 떨어져 있고 좌측은 붙어 있는 건 화염이 좌측에서 우측으로 이동했다고 추정할 수 있다. 다만 우측에 창문이 있어 공기 유동이 원활하고 연소가 촉진됐을 것으로 판단되는 점을 유의해야 한다. 또 벽면 벽지가 완전 연소한 흔적으로 잔류해 있다. 이러한 현상을 '클린 번(Clean Burn)'이라고 하는데 그보다는 '퍼펙트 컴

[그림 50] 화염의 방향 추정

버스천(Perfect Combustion)', 즉 완전한 연소 현상으로 표현함이 옳을 듯하다.

탄화흔적을 확인하라

'방 2' 맞은편 화장실 출입문(그림 51)의 탄화형태로 볼 때 출입문이 일부 개방된 상태에서 화염이 진행된 패턴으로 식별된다. 문틀 상단이 소회(燒灰)[53]한 형태로 잔류해 있으며 하단으로 내려갈수록 탄화형태가 약해진다. 그리고 문틀 우측 하부는 목재 페인트가 원색 그대로 남아 있다.

---

53 燒燬: 가연물이 불에 타서 재 또는 숯이 된 상태.

[그림 51] 화장실 출입문

현장을 크게 전체적으로 보라

그림 52는 거실 방향에서 촬영한 주방 전경이다. 정면의 소훼 상태
가 심하게 식별되고 국부적인 탄화형태는 관찰되지 않는다. '방 2'와
'방 3'의 문틀에 잔류한 연소 방향성은 주방에서 방으로 화염이 진행
된 형태로 탄화되어 있다.

바닥은 소훼 상대가 심히지 않고 심지어 원형을 유지하고 있어 바닥
부분은 발화지점에서 조심스럽게 배제할 수 있다. 정면 싱크대 하단은
소훼되지 않고 원형으로 잔류해 있으며 우측은 하단에서 열을 받은

[그림 52] 주방의 모습

형태로 식별된다.

'방 3' 문틀에 잔류한 소회 형태는 주방에서 '방 3'으로 화염이 전파한 형태였다. '방 3' 내부의 침대나 이불은 탄화하지 않은 채 원형을 보존하고 있었다. 이런 탄화형태는 '방 3' 밖에서 '방 3' 방향으로 화염이 진행한 상황을 쉽게 추정할 수 있다. 그렇다면 '방 3'은 발화지점에서 배제할 수 있다. 이렇게 하나하나 발화지점을 축소하며 압축할 수 있다.

주방에서 소회 상태가 가장 심한 부분은 싱크대 윗부분이었으나 가스레인지 화구는 발열 형태가 관찰되지 않았다. 전면 플라스틱 부분은 상단에서 열을 받아 흘러내린 형태로 연화(軟化)[54]돼 있었다. 가스레인지 왼쪽 싱크대 또한 상단에서 하단으로 열을 받은 형태였다. 싱크대 주변에서는 발화 열원이 식별되지 않았다. 가스레인지 위 프라이

---

54 연화: 단단한 게 부드럽고 무르게 되는 현상.

팬은 외부에서 열을 받은 형태로 식별됐고 손잡이는 열을 받아 경화돼 있었다.

발코니에는 보일러와 세탁기가 있었다. 보일러 커버에 붉게 산화된 현상이 식별되고 세탁기 전면은 열을 받아 용융된 형태로 남아 있었다. 보일러 내부를 확인한바 발열형태나 탄화형태는 관찰되지 않는다. 내부 플라스틱 물통도 연화되지 않고 원형으로 유지돼 있었다. 그을린 형태는 왼쪽에서 오른쪽으로 방향성이 식별된다. 왼쪽은 주방이고 오른쪽은 외기와 면하는 창문이다.

세탁기 내부에도 화염전파 형태가 식별되지 않았고 일부 그을림 형태만 식별된다. 세탁기에서 발화하는 경우 내부 그을림이나 탄화형태가 식별되는 게 일반적인 형태지만 내부가 미미하게 그을린 형태를 볼 때 세탁기 발화 가능성도 배제할 수 있다.

증거와 가능성을 확인하라!

세탁기 하단에 보관 중이던 1리터들이 시너 2통이 식별되나 플라스틱 용기도 원형으로 유지돼 있었다. 탄화형태는 전혀 관찰되지 않아 이것도 발화지점에서 배제했다. 인화성이 큰 시너가 연소하지 않았다는 건 열전도가 작았던 걸 의미한다. 현장에서 큰 증거를 찾기보단 보편적이고 타당한 증거를 수집해 경험칙이나 논리칙을 주장하는 게 더 객관적이다.

발코니 상단으로 연결했던 콘센트 연결 전선에서 합선 흔적이 관찰됐다. 이런 흔적을 '단락(短絡)' 흔적이라고 표현한다. 즉 전선에서 형성되는 흔적은 단락이나 용융, 아크(Arc), 스파크(Spark)라고 표현한다. 한쪽 선에서만 식별되는 용융, 용단 흔적은 무엇을 의미하는가? 두 선 모두 용융, 용단된 흔적은 무엇을 의미하는가? 이런 부분을 직렬(Serial) 또는 병렬(Parallel) 아크라고 부른다.

발코니에서 확인된 단락 흔적이 발화 원인이라면 발코니 부분의 소회상태가 심하고 탄화한 형태가 식별돼야 함에도 발코니 소회상태는 경미하였다. 물론 경미하게 탄화된 걸 두고 발화지점이 아니라고 단언할 수 없고, 반대로 단락 흔적이 있다 해도 화재 원인이라고 단언하기 어렵다.

주방 후드 상단에서도 전기적 흔적이 관찰됐다(그림 53). 발코니 부분과 맞닿은 부분이며 단락 흔적과 맞닿은 부분이기도 하다. 이렇게 단락 흔적이 2곳 발견됐을 때 어느 쪽이 발화요인으로 작용했을까?

[그림 53] 단락의 흔적

이렇게 발생한 전선의 흔적만 놓고 볼 때 선행 여부를 판단하기 쉽지 않다. 하지만 전기선에는 부인할 수 없는 논리가 하나 있다. 같은 전선에 연결된 전선이라면 전원에서 가장 멀리 있는 부하 측의 전선에서 형성된 단락 흔적이나 합선 흔적이 선행됐다는 건 일반적인 논리로 정립돼 있다.

원인을 논리적으로 설명하라

발코니 상단에서 발견된 단락 흔적이 더 멀리 있어 당연히 화재원인이라 생각하고 넘어가는 경우가 있지만 이 현장은 달랐다. 이런 경우 반드시 전선 연결 결선을 확인해야 한다. 탄화 정도가 심하고 주방에서 발코니, 거실, 각 방으로 화염이 전파된 형태가 식별됐기에 발화지점 확인을 위해서라도 전선의 결선을 확인할 필요가 있다.

이 화재 현장은 특이한 전선 연결이 확인됐다. 먼저 주방 냉장고 측면 벽면 콘센트에서 멀티코드를 발코니로 연결해 세탁기와 보일러를 연결해 사용했다. 또 하나의 멀티코드는 주방 후드 전원 코드를 꽂아 사용했다. 통상적인 전기 연결보다 복잡하게 연결해 사용해 왔다.

주택화재에서 방화 가능성은 작다. 다만 인명피해가 있고 연소 흔적에 특이점이 있다면 고려해야 한다. 또 보험 가입이 지나치게 많은지, 가입 보험사는 몇 개 회사인지 등을 종합해 판단해야 한다. 현장에서 발화 가능성이 있는 기기들도 하나하나 확인해야 한다. 가스레인지의 중간 밸브는 개방됐는지, 점화 스위치는 정지 위치가 맞는지 등을 확인해야 한다.

신고자가 화염보다는 검은 연기가 분출하는 걸 보고 신고했다는 진술을 토대로 화염보다는 연기 분출이 심했던 것으로 보인다. 따라서 가스에 의한 급격한 연소 가능성은 작은 것으로 판단된다. 주방 후드 전기배선과 벽체 콘센트에서 단락으로 식별되는 용융흔적이 관찰되는 점과 주방 후드와 연결된 발코니 창문 부분의 소회 흔적을 종합할 때 주방 후드 부분의 소회상태가 심하고 분열 흔적이 관찰되는 점, 주방 후드 모터와 연결된 전선에서 단락 흔적이 식별되는 점으로 볼 때 전기적 요인에 의한 가능성이 큰 것으로 판단했다.

조사한 내용을 정리하라!

화재는 관계자 진술과 최초 목격자의 진술을 참고하고 잔류한 연소 패턴과 현장의 미연소 잔류물, 주염흔(주된 화염 흔적), 집중 탄화한 지점에서 발굴된 증거 등을 종합해 발화지점을 추정했다.

신고자 김 씨는 식당 일을 하기 위해 나와서 보니 화재 발생 건물 2층 보일러실 창가에서 검은 연기가 나는 걸 봤다. 박 씨가 허둥대며 2층 주거자 배 씨 등 2명에게 화재 발생을 알려 대피시키고 김 씨에게 부탁하여 119에 신고했다고 진술했다.

현장을 면밀히 조사한바 주방에서 보이는 연소의 방향성과 '방 2', '방 3'에서 잠자던 거주자가 피난한 것으로 볼 때 주방 부근에서 화재가 발생한 것으로 판단됐다. 주방 후드 전기배선과 발코니 상단 콘센트에 연결된 전선에서 단락으로 식별되는 용융 흔적이 관찰되는 점과 주방 후드와 연결된 발코니 창문 부분의 소회 흔적을 종합할 때 후드

모터에 연결된 전선에서 식별된 전기적 요인에 의해 발화한 화재로 추정됐다.

　남의 집에 전기선이 어지럽게 늘어져 있으면 위험을 느끼지만 늘상 보는 자기 집의 전기선에 대해서는 무심한 것이 보통의 심리다.

생계형 부주의 화재

　겨울이 끝나갈 무렵, 화기나 난로를 가까이하기엔 덥고, 멀리하기엔 다소 추운 그런 시기에 발생하는 화재는 부주의 화재가 잦다. 이번에 소개할 화재 사고는 생계형 부주의라 생각된다. 자칫 연소 확대됐더라면 걷잡을 수 없는 피해가 발생할 수 있었다.

신고과정을 확인하라!

　어느 공장 휴게실 겸 간이주방으로 사용하는 부분에서 발생한 화재로 조금만 주의를 기울이고 사용했더라면, 아니 조리 시간만이라도 연소기구를 확인하고 감시했다면 이런 사고는 일어나지 않았을 거다.

　목격자 조 씨는 인근 밭에서 일하는 중 공장 뒤 컨테이너 부근에서 연기가 나는 것 같아 공장 관계자에게 알려 줬다. 목격자도 화재라고 여기지 않고 단순하게 연기가 피어오르는 정도로 생각해 공장 관계자를 찾아 그 사실을 알렸다. 연기가 난다는 사실을 전해들은 공장 직원은 컨테이너로 가서 현장을 확인하고 공장 대표 김 씨에게 연락했다. 김 씨가 컨테이너로 가보니 컨테이너 주방 쪽에서 연기가 올라와 소화기로 자체 진화를 시도했고 실패하자 그제야 119에 신고했다. 이 과정에서 연소가 확대됐고 1층 컨테이너와 측면 공장 창고까지 연소했다.

최초 목격자가 바로 119에 신고하고 공장 관계자에게 알렸더라면 소방대가 좀 더 빨리 현장에 도착해 창고까지의 연소 확대는 막을 수 있었을 게다.

화재, 인지하는 즉시 '119' 신고 먼저

화재 신고는 화재를 인지하면 지체할 것 없이 '119'로 먼저 신고하는 게 지극히 당연한 일이다.

이 화재 사고는 우선 신고하고 관계자에게 알리거나 자체 진화를 시도했더라면 화재가 발생한 컨테이너는 소실됐어도 창고로 연소 확대하는 건 충분히 막을 수 있었을 것이다. 컨테이너 내부 벽면은 대부분 단열을 위해 가연물로 마감하기 때문에 쉽게 연소하지만 외부가 불연재라서 빠르게 확대하진 않는다. 다만 창문을 통해 화염이 분출하면 불티가 날아서 흩어지며 연소는 빠르게 확산될 수 있겠지만, 화재를 발견하거나 징후 확인 당시 바로 119에 신고했더라면 피해를 줄일 수 있었을, 아쉬움이 많이 남은 화재현장이었다.

화재현장 배치를 살펴라!

화재현장 건물의 배치를 살펴보면 다음과 같다.

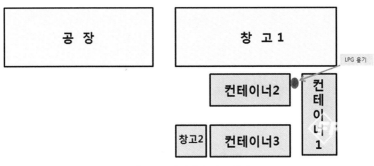

[그림 54] 화재현장 건물 배치도

컨테이너 세 개를 건물 앞에 배치해 사용하고 있었다. 화재 신고가 늦어 컨테이너 세 개 동과 창고까지 연소하는 피해를 봤다.

전면에서 봤을 때에는 컨테이너가 두 개로 보인다. 컨테이너 내부에는 연소하는 불꽃이 있었고 지붕에는 흰색 연기만 분출하고 있었다. 배치도에서 컨테이너는 세 개로 식별되지만 지붕을 전체적으로 덮어놓아 하늘에서 보면 하나의 컨테이너로 보인다.

연소 패턴과 잔류물 흔적을 살펴라!

컨테이너 하나는 붉게 산화된 현상이 관찰되고 창고 지붕은 화염전파로 만곡해 있었으며, 우측에 주차했던 승합차는 전소해 차체가 산화돼 있었다. 샌드위치 패널로 축조한 건물에서 화재가 발생하면 방향성을 알 수 있으나 발굴과정은 육체적으로 정말 힘들다. 붕괴하고 만곡돼 거의 원 상태로 복원할 수 없을 정도로 변형된다.

이 화재 사고는 목격자가 분명했고 연기 나는 지점이 확연해 발화지점은 쉽게 찾을 수 있었다. 그렇다면 화재 원인만 밝히면 된다. 목격자가 연기 나는 걸 본 것은 컨테이너다. 컨테이너는 공장 직원들의 식사를 위한 주방과 식당으로 사용됐다. 이 정도로 탄화하고 목격자 진술과 일치한다면 화재원인은 쉽게 찾을 수 있다. 화재 발생 시간이 오후 1시를 넘겨 식사 시간도 끝나고 작업이 한창 진행 중이었다.

그렇다면 컨테이너 내부에서 화재를 일으킬 수 있는 원인을 전기 아니면 부주의로 쉽게 압축할 수 있다. 관계자는 "점심시간이 끝나 연소기구 사용은 없었고 전기난로는 꺼 놨다."고 진술했다. 그러나 현장에

[그림 55] 컨테이너 주방 부분

서 전기난로는 발견할 수 없었다. 치운 건지, 아니면 아예 없었던 건지, 현장에서 화재조사관이 확인하지 못한 건지, 현장을 조사하면서 조사가 끝날 때까지 전기난로는 확인할 수 없었다.

그림 55는 주방으로 사용했던 부분이며 싱크대와 가스레인지가 식별되고 벽면은 군청색으로 변한 게 열을 많이 받은 형태로 판단됐다. 싱크대 위에 창문이 있어 공기 유입이 원활하고 창문을 통해 열 교환이 이뤄지면서 심하게 열을 받은 형태가 남은 것으로 판단된다.

증거를 수집하고 입증하라!

간단하면서도 입증해야 할 내용이 있다. 관계자는 점심시간이 끝나 연소기구를 모두 사용하지 않았다고 했다. 일부 전선에서는 용융 흔적이 관찰됐다. 관계자 진술대로라면 부주의보다 전기적 요인에 무게가 실리고 원인도 찾기 쉬울 것으로 판단했다. 그러나 늘 현장에서 있는 일이듯 관계자 진술은 자기의 잘못을 감추려는 의도가 있다. 다른 원인으로 밝혀졌으면 하는 의도가 있기도 해 진실을 밝히긴 쉽지 않다.

그러나 진실은 쉽게 묻히지 않는다. 좁은 공간에서 원인을 찾기란 그리 어렵지 않다. 다만 그걸 입증하기 어려울 뿐이다. 전기적 요인이면 다들 수긍하고 '뭐 그럴 수도 있어'라고 지무하면서 '부주의'라고 하면 발끈하는 경우가 있다. "왜? 난 잘못이 없으니까!" 하고 말하는 이가 대부분이다. 사실을 입증하는 것도, 사실을 수긍하게 만드는 것도 화재조사관의 몫이다.

사실 이 화재 현장에서 가장 의심이 됐던 건 가스레인지다. 그런데 이미 1시간 전에 사용한 후 꺼 놨다고 했다. 가스레인지 점화 레버는 플라스틱으로 모두 소실돼 외관으로 ON, OFF를 확인할 수 없었다. 그러나 흔적은 찾으면 찾을 수 있다.

그림 56은 가스레인지 버너 부분이다. 우측은 수열 상태에서 수분 접촉으로 붉게 산화된 현상이, 좌측은 조리기구가 거의 용융돼 조리 기구 일부만 남아 있었다. 이런 경우 자체 발열인지 화염전파로 인해 용융된 건지, 현장 연소 흔적과 잔류물, 용융한 패턴 등을 종합해서 판단해야 한다.

[그림 56] 가스레인지

가스레인지 버너 부분은 좌우측이 차이가 있었다. 사진 좌측 버너 캡은 용융된 상태고 우측 버너 캡은 원형을 유지하고 있었다. 상판은 좌측보다 우측에 붉게 산화된 현상이 심하게 식별됐다. 좌측이 발화지점인가, 우측이 발화지점인가를 확인해야 한다. 아니 객관적으로 입증해야 한다.

발화지점을 확인하라

가스레인지 주변 구조물의 변색 흔적은 군청색으로 관찰됐다. 가스레인지 자체 일부만 붉은 산화 현상을 띠고 있다. 주변에 어떤 종류의 가연물이 얼마만큼 쌓여 있었는지 알 수 없다. 가연물은 모두 소실되고 비철금속 일부만 용융된 채로 잔류해 있었다.

그림 57을 보면 가스레인지 벽면 바로 뒤에 LPG 통을 설치해 사용했다. 연소 과정에서 잔류 가스가 분출해 연소하면서 연소 확대를 가중했다. 컨테이너에서 본다면 외부지만 컨테이너와 컨테이너 지붕을 하나로 덮은 중간에 놓고 사용한 것은 실내에 가스통을 놓고 사용한 거나 다름없다.

그림 58은 가스레인지 좌측 버너이며 버너 캡 일부가 용융된 채 잔류해 있었다. 아마도 발열하고 있었던 걸로 판단된다. 가스레인지 점화스위치를 확인하면 가스레인지 작동 여부를 확인할 수 있다. 가스레인지 점화스위치 손잡이는 플라스틱이라 연소해 소실되지만 점화스위치는 철재라 ON, OFF 확인이 가능하다. 좌·우측 점화스위치를 비교해 확인하면 확연한 차이를 알 수 있다.

[그림 57]　LPG 통

[그림 58]　가스레인지 좌측 버너

증거를 확인하고 입증하라!

그림 59의 윗부분은 좌측 버너 점화스위치, 아랫부분은 우측 버너의 점화스위치다. 좌측은 적색 화살표 부분의 압전소자 헤드 걸림쇠가 사진에서 우측으로 가 있지만 하단은 좌측으로 가 있다.

[그림 59]　가스레인지 점화스위치

좌측 버너의 걸림쇠가 우측으로 넘어갔다는 건 인위적으로 점화스위치를 돌렸다는 증거다. 반면 우측 버너의 걸림쇠가 좌측에 있다는 건 동작하지 않았다는 증거다.

최초 목격자 조 씨가 인근 밭에서 일하는 중 공장 컨테이너 부근에서 연기를 보고 관계자에게 알렸다고 진술했다. 공장 대표 김 씨는 컨테이너에서 연기가 난다는 직원의 연락을 받고 컨테이너로 가보니 컨테이너 주방 쪽에서 연기가 올라와 소화기로 화재진화를 시도했다고 진술했다. 또 컨테이너 외부에서 불길이 있었다고 했지만 안쪽은 연기로 잘 볼 수 없다고 했다.

내용을 종합하면 목격자 조 씨와 공장 대표 김 씨의 진술은 모두 주방으로 사용하는 컨테이너에서 연기가 올라왔다고 했다. 공장 대표 김 씨는 컨테이너 외부에서 연기가 났다고 진술했으나 신빙성이 없다. 컨테이너 내부 냉장고와 선풍기에서 출화 형태는 관찰되지 않았으며 전선도 용융 형태가 관찰되나 단락 흔적인지, 용융 흔적인지의 논단은 불가한 상태다.

점심 식사 후 식당에는 아무도 없었다고 했으나 식당으로 사용하는 컨테이너 내부 가스레인지 상판에 잔류한 수열 흔적과 가스레인지 레버가 ON 위치로 식별되는 점 등을 종합하여 볼 때 가스레인지 좌측에서 발열하고 있었던 것으로 판단된다. 가스레인지 부분에서 옮겨붙은 불로 주방 기구와 컨테이너가 연소하며 불이 번진 것으로 보인다. 관계인이 가스레인지를 사용하지 않았다고 했으나 관계인이 점심 식사 후에 음식물이 조리 중인 걸 잊은 채 모두 작업장으로 이동해 작업한 것으로 추정된다.

음식물을 조리하던 조리기구와 버너 캡이 용융되고 조리기구 받침대 위에 조리기구가 용융, 응착된 상태로 잔류해 있는 건 외부 수열에 의한 현상보다 자체 발열 현상이 있었던 증거가 되는 것이다. 화재로 화재 발견부터 신고까지 시간이 지체돼 연소 확대 피해가 컸던 사고로 기억에 남는다.

일부 국민께서 잘못 알고 있는 인식을 바로잡고자 합니다.

"소방서에 신고해 소방차가 출동하면 벌금이 얼마인가요?"

→ 119에 신고해 소방차가 수십 대 출동해도 벌금이 없고 부담금도 없습니다. 다만 공공의 위험을 발생시킨다면 형법상에 실화죄에 해당할 수 있는데, 신고가 늦을수록 그 가능성도 커집니다.

그러니 화재가 발생하면 조그만 화재라도, 작은 화재라도 우선 신고해 주시길 부탁드립니다. 신고하고 자체 진화를 했다면 다시 119에 전화해 화재가 진압됐다고 알려주세요. 그럼 출동했던 소방대 대부분은 돌아가고 지역을 관할하는 소방대가 안전을 확인하기 위해 현장을 찾아갑니다.

부담 갖지 마시고 현장을 확인할 수 있도록 안내해 주시면 가장 친절한 방식으로 봉사하겠습니다.

자연발화? 화재조사관의 착각인가? 미상의 원인인가?

일반인이 생각하는 자연발화는 어떤 물질이나 물건이 사람의 고의성이나 부주의 없이 불에 타는 현상을 말한다. 환경적 자연 발화나 화학반응에 의한 자연발화를 통틀어 자연발화로 인식하고 있다. 화재조사관은 자연적 요인과 자연발화를 정확하게 구분해 사용한다.

우리 국가화재분류 체계에서 자연적 발화는 자연에서 발생하는 화재, 즉 자연에서 형성된 태양열이나 바람에 의한 마찰열, 돋보기 효과와 같은 인위적 가미가 없는 대자연 그대로에 의해 발생하는 열을 자연적 요인에 의한 발화로 규정하고 있다.

화재조사관은 자연적 요인과 자연발화를 반드시 구분해야 하고 열원에 대한 조사를 정확하게 해야 한다. 자연적 요인과 자연발화에 대한 조사나 규명은 화재조사관으로서도 쉽지 않은 명제다. 자연적 요인은 어찌 보면 추상적 개념이기 때문에 열원을 정확하게 규명하는 건 어려움이 있다.

화재원인을 규명하고지 할 때 다수의 화재조사관은 소거법에 의해 원인을 규명하고자 한다. 관계가 불분명한 모든 원인을 소거하고 남는 열원을 화재원인으로 결론 내지만 열원을 소거했을 때 남는 열원이 없다면 '원인미상'으로 결론지을 수밖에 없다.

그렇다고 열원을 못 찾거나 가능성이 있는 열원, 요인이 현장에 없다고 원인미상으로 처리한다면 연간 발생하는 4만여 건 이상의 화재 사고 중 대다수가 원인미상으로 결론 날 수 있다. 또 원인미상 화재는 발화지점의 점유자 또는 소유자가 무과실 책임을 주장하며 발화지점만을 다툴 수 있다. 화재로 인한 가해자와 피해자는 서로 점유한 공간에서 화재가 발생하지 않았다는 걸 입증하려는 시도와 나아가 원인에 대한 부분도 서로 다툼과 혼돈이 발생할 수 있다.

어떤 현장이든 화재 피해자가 있고 가해자가 있다. 이러한 가해자와 피해자를 가려내고 원인도 정확하게 밝혀야 하는 고뇌와 어려움은 화재조사관이 아니고서는 그 누구도 알기 어렵다.

자연적 발화열은 도시화된 지역에선 아주 드물게 나타나는 현상이다. 아니 규명되지 않았는지 모르겠으나 도농복합도시나 농촌에선 가끔 나타나기도 한다.

자연적 요인인가?

이번에 소개할 화재 사고는 도시화된 지역의 한 아파트에서 발생했다. 화재원인은 화학적 요인 중 자연발화로 결론지은 사건이다.

어느 해 3월 중순 아파트 13층에서 오후 2시 30분께 발생한 화재는 자체 진화된 후 관계자가 소방서에 신고했다. 아파트 소유자는 오전 10시께 외출했고 주택에는 아무도 없었다.

오후 2시 30분께 신고자가 귀가해서 보니 주택 내부에 연기가 자욱하고 거실 소파 위에 놓았던 라텍스 이불에서 연기가 모락모락 나고 있었다. 라텍스 이불을 화장실로 옮기고 물을 뿌렸다. 정확한 발화 시간은 알 수 없었다.

주택에 스프링클러 설비가 설치돼 있었으나 작동하지 않았다. 화재 규모가 작고 훈소[55] 형태로 탄화했다. 소파 위 이불에 국한돼 탄화하고 연소 확대도 없었다. 스프링클러는 작동온도인 72℃까지 도달하지 않아 작동하지 않았다.

소유자가 외출했다 집에 돌아왔을 때 주택 내부엔 연기만 자욱했고 화염은 없었다고 했다. 소파 위에는 열원이나 발화요인이 전혀 관찰되지 않았다. 훈소의 대표적인 열원은 담배꽁초로 알려져 있으나 집안 어느 곳에서도 담배의 흔적이나 라이터를 찾아볼 수 없었다. 사실 화재지점을 모두 치운 현장에서 증거를 찾기란 그리 쉽지 않다. 화재지점 탄화물이 모두 치워진 상태에서 화재 원인을 조사한다는 건 불가능에 가깝다.

그러나 인위적인 부주의나 고의성이 있다면 치밀한 계획이 아니고는 증거를 완전하게 감춘다는 것이 그리 쉽지는 않다. 그것을 찾아내는 게 바로 화재조사관의 몫이다. 탄화한 형태와 연소 패턴 등을 볼 수 없으니 진술에 의존해 현장을 복원하거나 추정할 수밖에 없다.

소파에 잔류한 형상을 살펴보니 바닥은 온전했고 등받이 부분만 열에 의해 경화한 형태였으며 탄화하지 않았다. 소파가 석유화학 물질임

---

55 熏燒: 가연물의 내부에서 불꽃이 없이 연기만 나면서 타는 현상.

에도 탄화하지 않고 경화한 형태는 수열이 있었으나 과하지 않았다는 것, 즉 서서히 온도가 상승했거나 간접수열에 의한 것으로 판단했다.

이렇게 잔류한 현장을 보고 화재원인을 규명해 내라고 하면 참으로 난감하다. 무엇을, 어떻게, 어떤 근거로 화재원인을 규명할 건가? "이 현장은 화재원인을 밝힐 수 없어요"라고 답하기엔 화재조사관으로서 무책임한 말 같기도 하고 원인을 규명하자니 소설을 쓰는 것 같기도 한 느낌이 뇌리를 스쳤다.

하나하나 확인해 보자

"소파 위에 있던 이불은 다 어디 있나요?"라고 물으니 "화장실에 갖다 놓고 물을 부었어요"라고 말했다. 화장실을 확인하니 탄화한 이불이 있었다.

[그림 60] 탄화한 이불

확인하니 탄화한 이불과 탄화하지 않은 이불이 식별됐다. 겉으로 확인되는 건 불꽃이 있는 유염화원보다 불꽃 없이 서서히 무염화원으로 진행한 형태다. 이불 종류와 탄화 정도를 확인해야 했다. 이불이 캐시밀론[56]인지, 라텍스[57]인지, 목화솜인지를 확인해야 한다. 석유화학 제품과 천연제품은 탄화형태가 다르게 나타나고 인화 온도가 다르기에 잔류한 탄화형태가 다르게 나타날 수 있다. 따라서 하나하나 들춰가며 탄화 정도를 확인했다.

소파와 면하고 있는 맨 아래 이불은 열에 의해 눋은 정도였고 탄화하지 않았다. 라텍스 이불은 심하게 탄화해 있었다.

탄화한 이불 중 탄화 정도가 가장 심한 건 라텍스 이불이고 면 이불은 군소적으로 탄화형태가 나타나 있었다.

하단에 있던 이불은 미연소 상태로 남아 있었고 일부 수열에 의해 경화한 현상만 관찰됐다.

그림 61은 이불이 소파 위에 놓인 순서다. 하단에 있던 이불은 미연소 상태고 중간에 있던 라텍스 이불은 군소적으로 탄화한 형태다. 상단에 있던 이불은 전체적으로 고루 탄화한 형태로 확인했다.

이불이 소파 위에서 탄화한 형태를 보고 쉽게 추론할 수 있는 부분은 '부주의' 또는 '방화'다. 이번 사고는 외출 시간과 귀가 시간이 확인되고 현장에 방화와 관련해 연관 지을만한 증거나 증상이 관찰되지 않았다. 화재로 인해 수익이 발생하기보단 손해가 더 클 것으로 판단됐다. 연소 현상은 방화보다는 의문점이 많이 남는 화재였다.

---

56 명주, 목화솜의 단점을 보완한 화학솜.

57 고무나무 껍질에서 나오는 끈적한 액체, 천연고무.

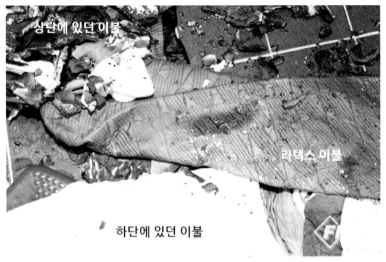

상단에 있던 이불

라텍스 이불

하단에 있던 이불

[그림 61] 이불 놓인 순서

화재 원인의 여러 가능성을 고민하라

아파트 소파 위에서 화재가 발생했는데 담배꽁초 외 달리 생각나는 화재원인은 없었다. 하지만 가정 내 흡연자가 없었고 더군다나 주택 내부에 담배나 라이터가 전혀 확인되지 않는다는 점은 뇌리를 더욱 복잡하게 했다.

그렇다면 방화? 그건 가능성이 있다? 경제적 손실을 생각하면 가능성은 희박하지만 현장에 잔류한 탄화 흔적만으로는 가능성이 있어 보였다. 그렇다면 무엇으로 어떻게 연소시켰을까? 하는 고민에서 접근해 봤다. 가정에서 일상적인 용품을 이용해 연소시켰다면 무엇으로 했을까? 그 정도로 해박한 지식을 갖고 있을까? 하는 의문이 있었다. 그리나 화재조사관은 약간의 가능성도 확인해야 하고 조그만 증거라도 깊이 있게 관찰해야 한다.

큰 틀에서 자연발화? 어떻게 고민해야 할까? 자연적 요인에 의한 발화인가? 아니면 자연발화를 가장한 방화인가? 살짝 딜레마에 빠졌던 기억이 난다. 그렇지만 하나하나 되짚어 보면서 방화보다는 다른 가능성을 우선 조사하기로 생각하고 이불이 있던 소파 근처를 먼저 살폈다.

발화지점 주변 구조물을 살펴라!

다른 주택과 다른 특이점은 거실과 발코니 창문이 개방형이고 화초가 많다는 점이 눈에 띄었다. 또 태양 빛이 발코니 외벽 창문을 통해 내부로 비치는 게 확인되고 화초가 무성하게 잘 자라있었다. 발코니에는 발화 열원이 전혀 감지되지 않았다. 외부 창문은 페어글라스로 설치돼 있었고 깨끗하게 청소된 상태로 햇볕 투과가 잘 되고 있었다.

신고 시간이 오후 2시 30분께고 화재 발생 시간은 언제인지 알 수 없는 상황이었다. 훈소 형태를 볼 때 장시간 탄화한 걸로 판단했고 정오 무렵 혹은 정오를 지난 시간일 수 있다.

이런저런 현상을 모두 종합한다 해도 태양 빛이 발화 열원으로 작용하려면 태양광 빛을 한곳에 집약적으로 모아야 발열이나 발화가 가능하다. 빛을 집약적으로 한곳에 모으려면 돋보기 효과가 있어야 하는데 페어글라스 자체만으로는 빛을 한곳에 모을 수 없다. 빛을 한곳으로 모으려면 볼록렌즈가 주변에 있어야 하는데 탄화한 높이에서 딱히 식

별되는 건 없었다. 천장에 샹들리에형 펜던트 조명이 있었으나 각도가
맞지 않는 것 같았고 주변에는 빛을 모을 만한 도구나 구조가 없었다.

샹들리에가 있다고 빛이 한곳으로 모이는 건 아니다. 샹들리에에서
빛이 모일 가능성이 있을까? 샹들리에에 빛을 더하기 위해 장식한 크
리스털이 눈에 띄었고 생긴 모양이 돋보기와 유사했다.

[그림 62] 발코니의 샹들리에 펜던트 조명

샹들리에를 거실에서 쳐다보니 창문 상단보다 약간 낮은 높이에 설
치돼 있었다. 밖에서 빛이 들어온다면 가능성이 있어 보였다. 그렇지
만 이렇게 확인된다 해도 객관성을 확보하는 숙제는 여전히 남는다.

태양광이 샹들리에를 통해 내부로 집중되고 발열했다는 건 이찌 보
면 추리소설을 쓰는 것과 같다는 생각이 들기도 했다. 화재조사관 입
장에선 모든 가능성을 기록했을 뿐인데 화재를 다루지 않는 사람들은

"야, 소설을 써라. 영화에서나 나올법한 얘기를 보고서에 쓴다" 하는 목소리도 있었다.

주장하는 원인에 관해 설명하라!

태양광이 샹들리에를 통해 거실 내 소파까지 전달되는 메커니즘을 설명해야 한다. 태양 빛의 직진성을 생각하면 발코니 유리창과 샹들리에를 통해 소파까지 빛이 일직선으로 오기에는 빛의 각노가 맞지 않는다. 빛이 소파까지 도달할 가능성을 단순하게 '태양 빛 → 발코니 창문 → 샹들리에 → 소파로 이어져 발열해 훈소한 형태다'라고 한다면 빛의 직진성을 무시한 진술이 된다.

현장과 비교해 일치되지 않는 부분을 어떻게 설명할 것인가? 하는 게 문제다. 페어글라스를 통해 투과된 태양광이 샹들리에에서 굴절된

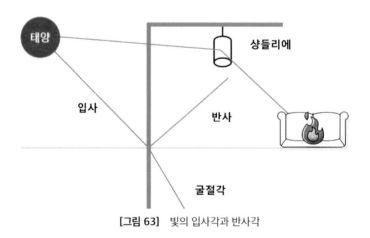

[그림 63] 빛의 입사각과 반사각

다면 소파에 빛이 도달할 가능성은 있다. 빛이 어떤 구조물이나 물체가 닿으면 반사되거나 굴절되는 효과가 있어 입사각과 반사각, 굴절각이 여러 가지로 조합될 가능성은 충분하다.

샹들리에 구슬이 볼록렌즈 역할을 했다면 가능하다. 샹들리에 볼록렌즈에 의해 태양광이 모집돼 집중적으로 소파에 비출 가능성이 있다.

진술 내용을 종합해 판단하라

소유자는 라텍스 이불을 일주일 전 세탁해 소파 위에 개어 놓은 채 있었다고 했다. 정오에는 라텍스 이불과 다른 이불을 같이 개어 놓은 소파 부분에 햇볕이 잘 들었다고 한다. 이불은 라텍스 제품과 면 종류 이불이 있었다. 그런데 맨 위에 놓았던 이불만 집중 탄화했고 중간 이불은 조금 탄화했으며 맨 아래 있던 이불은 미연소 상태로 잔류했다.

진술 내용 중 특이한 건 라텍스 이불을 소파 위에 놓고 3~4일이 지난 후 매캐한 냄새가 나기는 했는데 화재 징후는 없었다고 진술했다. 보통 매캐한 냄새가 나면 다시 세탁하거나 햇볕에 말리는데 거실에 햇볕이 잘 들어 완전하게 건조하면 괜찮겠지 하는 생각에 그대로 뒀다고 했다.

세탁에 사용한 세제는 일반적인 세제로 확인됐다. 세탁할 때 첨가하는 과탄산소다와 이산화염소, 차아염소산 등의 성분이 확인됐다. 그렇다면 세탁할 때 사용한 세제들이 어떤 반응으로 발열하지 않았을까? 확인해 봤다.

라텍스 제품의 기공에 잔류해 있던 과탄산소다나 차아염소산이 스며들어 태양열에 의해 건조되고 축열되면서 발열하여 매캐한 냄새가 발생하지 않았는지 하는 의문이 있었다.

표백제 성분에 있던 차아염소산나트륨 성분은 가성소다와 염소가스를 만들고, 매우 불안정한 결정상태이며 용융점은 18℃다. 공기 중 이산화탄소에 의해 분해되고 건조된 세탁물에 잔류한 무수물은 폭발 가능성도 있다. 산소계 표백제는 탄산나트륨과 과산화수소로 만들며, 클로락스와 산소계 표백제가 혼합 후 물이 증발하면 폭발 가능성도 있다.

종합하여 생각하라

진술 내용과 현장을 종합하여 판단하면 다음과 같다.

세탁하고 이불을 개어 소파 위에 올려놨고 3~4일 지난 후 매캐한 냄새가 났다. 그리고 사흘 후 화재가 발생했다. 이불은 세탁 후 건조해 소파 위에 개어 놓은 지 일주일이 됐다. 라텍스 종류와 면 종류의 이불이었다.

거실과 발코니 사이 중간 문은 없었고 평소 햇볕이 잘 드는 거실까지 빛이 들어와 따뜻했다. 세제는 일반 중성세제와 산소계 표백제, 일반 표백제를 사용했다. 세제의 성분을 분석하니 발화 가능성이나 폭발 가능성이 있었다.

라텍스 제품은 천연고무 재질로 기공이 많아 세탁 시 사용한 세제가 기공에 머물 수 있다. 건조된 상태에서 보관되고 태양열이 지속해서 창문과 샹들리에를 통해 비쳤다.

정오를 지나 발생한 화재로 추단되며 직접 발화한 부분에서 화재원인을 찾는다면 화학반응에 의한 자연발화지만 전체적으로 살펴본다면 태양열에 의해 축열되고 탄화하여 발화한 자연적 요인에 가까운 화재로 기억에 남는다.

실화인가? 방화인가?
천륜을 거스른 것인가?

살아가면서 해야 할 일과 하지 말아야 할 일이 있다. 시비를 가려야 할 일들이 있는가 하면 모른 척하고 넘어가는 것이 미덕인 경우도 있다. 사람이 마땅히 지켜야 할 바른길이 도리다. 사회에 대해 지켜야 할 도리, 가족 간에 지켜야 할 도리 중 인륜은 대인관계에서 지켜야 할 질서이며 천륜은 부모와 자식 간에 하늘이 맺어준 혈연관계다. 가끔 언론에 보도되는 인륜과 천륜을 거스르는 일들을 화재현장에서 목격할 땐 참으로 마음이 아프다.

많은 화재현장에서 규명되는 원인이 대개 슬픔을 주지만, 어떨 땐 얼굴을 붉히게 되고 사회 상규상 절대 용납할 수 없는 원인이 밝혀지기도 한다.

어느 날 건물 화재

신고자인 A 씨는 자신의 주택에서 식사하던 중 밖에서 '펑'하고 무언가 터지는 굉음을 들었다. 놀라 창문을 열고 확인해 보니 맞은편 건물에서 불꽃이 분출하는 걸 보고 119에 신고했다.

화재 발생 전 상황에 주목하라!

화재지점 주택에는 모녀 2명이 거주하고 있었다. 화재 당시 어머니는 거실에 있는 화장실 겸 샤워장에서 샤워 중이었고 딸은 자기 방에서 "그냥 쉬고 있었다"고 했다. 그렇다면 화재는 어떻게 알게 됐냐는 질문에 딸은 자신의 방에서 쉬고 있는데 펑 소리가 나 방문 밖을 확인하니 거실 화장실 앞에서 화염이 보이고 검은 연기가 나 집 밖으로 대피했다고 말했다. 어머니가 거실 화장실에서 샤워 중이었는데 화재 사실을 알리지 않고 혼자 대피했다? 살짝 의문이 드는 대목이었다. 당황

[그림 64] 화재 현장

했으니 화재현장을 벗어나려고 하는 탈출 본능 외에 다른 생각은 전혀 못 할 수도 있었겠지….

현장에서 탈출한 사람의 외모를 살펴라!

주택에서 쉬다가 화재를 인지하고 밖으로 대피한 딸이 울면서 "집에 엄마가 아직 나오지 못했어요. 살려주세요"라고 외친다. 엄마가 어디 있냐는 물음에 "엄마는 집 안에 있었는데 나오지 못했어요"라고 한다. 화재진압대에서 진입할 당시 어머니는 샤워하다 탈출한 듯 알몸인 상태로 현관에 엎드려 가냘프게 숨만 헐떡이고 있었다. 딸의 외모를 살펴본바 머리끝부터 발끝까지 특이점이 전혀 없었다. 다만 급하게 탈출한 듯한 모습 그 자체였다. 신발도 못 신고 뛰어나왔고 밖에 주저앉아 발버둥 치며 "엄마, 엄마, 엄마를 구해주세요"하고 울부짖었다. 보통 화재현장에서 탈출한 사람 몸에서 나는 탄화한 내음 매캐한 냄새가 전혀 나지 않았다. 화재를 인지하고 바로 탈출했다는 진술과 일치한다.

구조대상자를 우선 이송하라

구조대상사는 현관 앞에 엎드린 자세로 있어 선착대에서 구조해 관할 구급대에서 산소를 투여하며 바로 병원으로 이송 조치했다. 구조 대상자인 어머니는 의식을 잃고 구급차 안에서 한마디도 못 한 채 호흡만 하고 있었다. 언어지시에도 반응이 없었으며 통증 자극에는 일부 반응했다고 한다. 결과론적이지만, 말씀을 아끼셨던 건지 아니면 화재현장 유독가스 흡입으로 언어지시에 반응이 없었던 건지는 알 수 없었다. 병원에 도착해 응급실에서 처치를 받고 중환자실로 옮겨 치료 중 4일째 사망했다. 참으로 안타까운 일이자 화재현장을 조사하는 조사관으로서도 참으로 힘든 일이다. 업무적으로가 아니라 심적으로 힘들다. 사망자가 발생하면 남의 일 같지 않고 사연이 밝혀지면 더욱더 마음이 무겁다. 특히 조사관은 현장에서 화재원인을 조사하고 더 나아가 사망원인이 화재인지 사망 후 범죄 은폐인지를 확인해야 하기 때문이다.

전체적인 화재를 살펴라!

화재는 4층 건물의 3층에서 발생했다. 3층은 주택으로 사용 중이었다. 화재지점에 잔류한 물리적 증거물은 전선에서 합선(合線) 흔적이 관찰된 것이지만 합선이 화재원인이라고 단정 짓기엔 현장에 석연치 않은 연소 패턴이 잔류했다. 분열 흔적[58]이 관찰된 부분에는 발화요인이 없었고 전기합선 흔적은 분열 흔적 중심부가 아니라 측면에서 발굴·관찰됐다. 전선이 발굴된 측면 소파에 잔류한 연소 패턴은 합선 흔적이 발화요인이 아니라고 말하는 듯했다. 얇고 넓게 탄화한 형태와

---

58 연소흔적이 한 점에서 여러 방향으로 갈라져 나가는 형태를 가리키는 용어다.

발화지점이 산발적으로 살펴지기도 했다. 이것은 유류를 뿌리고 방화했을 때 나타나는 전형적인 방화패턴이다. 유류를 뿌리면 넓게 퍼져 불을 붙이면 순식간에 연소하기에 현장에 잔류하는 패턴은 얇고 넓게 탄화흔적이 나타난다. 현장 물리적 증거는 '전기적 요인', 정황적 증거는 '방화' 판단이 엇갈리는 현장이었다. 연소 형태는 산발적이고 화재 요인은 물리적 증거와 정황적 증거로 갈려 있었다.

방화 가능성을 생각하라!

딸은 어머니 심부름으로 집 근처 페인트 판매점에서 시너 2통을 사온 게 확인됐다. 그러나 사실상 어머니가 사 오라고 했는지는 알 수 없었다. 출입구에 시너 빈 통이 발견됐으나 내용물은 없었다. 시너를 산 내용만으로 방화 가능성을 논한다는 건 무리가 있었다. 하지만 빈 통에 뚜껑이 없다는 건 직접 사용이나 연소 촉진제로 사용했을 수도 있을 거라는 의심이 들었다. 이게 방화 사건이라면 자식이 부모를 해하기 위해 방화한, 천륜을 저버리는 일이다. 그러나 방화가 아니라면 괜한 의심으로 딸에게 씻을 수 없는 상처를 줄 뿐 아니라 주변인들의 따가운 시선에서도 벗어나기 어려울 것이다. 그렇기에 방화가 의심될 땐 신중하고 조심스럽게 접근해야 한다.

현장에 잔류한 증거를 확인하라!

 현장에 잔류한 증거는 전선에 나타난 단락 흔적이 유일했다. 만약 시너를 뿌렸다면 소화용수가 고인 물 위에 얇은 유막이 무지개처럼 빛나는 레인보우 패턴(Rainbow Pattern)이 식별돼야 함에도 전혀 관찰되지 않았다. 현장에 전기적 요인이 있다고 해서 모두 전기적 요인의 화재는 아니다. 전선이 노후하거나 단락이 있던 지점에서 분열된 연소 패턴이 관찰되고 주변에 잔류한 증거가 없을 때 비로소 전기적 요인을 논할 수 있다. 그러나 이 화재현장에서 관찰된 전기적 요인은 화재원인으로 규명하기엔 다소 부족한 부분이 있었다.

[그림 65] 시너 통

그림 66처럼 단락 흔적이 관찰됐으나 그 흔적은 왠지 화염에 의해 결과적으로 형성된 것 같다는 생각이 뇌리를 스친다. 이럴 때 감이라고 해야 하나 수많은 현장 경험에서 몸에 밴 촉이라고 해야 하나 아무튼 단락 흔적이 발화원이 아니라는 생각이 지배적이었다. 왜냐하면 그림 67의 멀티 코드 부분에서 그림 66의 단락 흔적이 발굴됐기 때문이다.

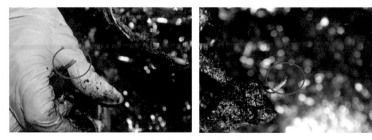

[그림 66] 단락 흔적

[그림 67] 멀티 코드

만약 그림 66의 단락 흔적이 화재원인이라면 그림 67에 소파 목재의 탄화상태가 비교적 가벼운 대신 소파 상단의 구성물의 연소 형태가 이치에 맞지 않는다. 즉 단락 흔적이 관찰된 부분에서 발화해 주택 거실이 전소했다면 멀티 코드가 위치한 부분의 탄화심도가 깊고 주변으로 분열 흔적이 관찰돼야 함에도 분열 흔적보다는 상단에서 연소하며 가연물 일부가 흘러내린 듯한 형상이 관찰됐기 때문이다. 그림 66과 같은 단락 흔적이 관찰됐다면 화재실에 연결된 차단기를 확인할 필요가 있다. 단락 흔적인지, 화염에 의해 용융된 흔적인지, 확인을 위해서라도 차단기를 확인해야 한다.

[그림 68] 차단기

차단기 레버(Lever)는 꺼짐 위치에 있었다. 그렇다면 통전 중 단락에 의해 작동했다는 논리가 성립한다. 그러나 단락이 확인되고 차단기가 차단됐다고 해도, 단락이 화재로 인한 것인지 단락으로 인해 화재가 발생하며 차단된 것인지는 확인할 방법이 없다.

목격자 진술과 현장을 비교하라!

A 조사관: 주임님, 여기 딸이 시너를 2통 사 왔다는데 확인해보니 3통이랍니다.

주임: 그런데 왜 2통이라고 거짓말을 했을까? 설마….

A 조사관: 거실에 소훼 현상이 많이 나타나 있어요. 다른 부분들은 위에서 아래로 하방 연소한 흔적이 관찰됩니다.

주임: 그려. 그런데 이상하지 않은가? 이상하게 발화부가 두 군데로 보이는데 무언가 석연치 않은 것이 있네!

A 조사관: 딸의 진술은 거실에 불꽃이 있었다고 했어요.

주임: 맞아. 거실에 불꽃이 있었던 건 맞는데…과연 점화원이 뭘까? 차근차근 한번 보세나. 그리고 일단 신고자가 말한 '펑' 소리가 무엇인지도 찾아보고….

A 조사관: 주임님, 이것 아닐까요?

식탁 위에 올려져 있던 파열된 부탄통이 '펑' 소리의 근원이었다. 화재현장은 실내 온도가 상승하고 가연성 가스가 들어 있는 부탄통은 파열되기 십상이다. 그렇다면 '펑' 소리는 화재가 어느 정도 진행한 후 폭발하는 소리였던 것으로 판단된다. 그런데 직선 선상에 시선이 있는 딸은 화재를 인지하지 못하고 있다가 '펑' 소리와 화염, 검은 연기가 있을 때 비로소 화재를 인지했을까?

[그림 69]　파열된 부탄통

의문점을 하나씩 풀어나가라!

현장의 의문점은 하나씩 풀어나가야 한다. 모든 화재현장에 의문점이 잔류하지만 하나씩 풀어나가야 최대한 실체적 진실에 가까워질 수 있다. 이 현장에서 첫 번째 의문점은 딸이 화재를 인지하고 신발도 신지 않고 탈출했는데 그만큼 긴박한 상황이었다? 만약 화재를 늦게 인지한 이유가 방에서 문을 닫고 있었기 때문이라면 가능하다.

화재현장 구조는 그림 70과 같다. 어머니는 샤워 중 화재를 인지하고 탈출하려가 현관 앞에서 넘어져 엎드러 있었고 선착대가 구조해 병원으로 이송했다. 현관 출입문 잠금장치는 번호 키였으나 사고 당시 건전지가 모두 이탈된 상태였다.

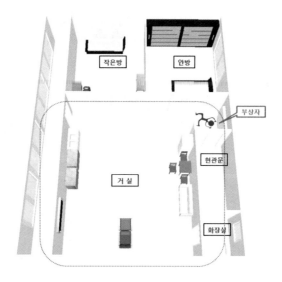

[그림 70] 평면도

처음부터 다시 현장을 살펴보기로 했다. 왜냐하면? 현장에 잔류한 증거는 전기합선 흔적이고 연소 패턴은 방화의 흔적이 살짝 의심스러웠기 때문이다.

그림 71은 평면도의 작은방 위치에서 촬영한 형태다. 바닥 좌·우측 장판이 미연소 상태로 관찰되고 중앙 부분이 심하게 소훼된 상태였다.

좌측 냉장고에 잔류한 수열 패턴은 거실 중앙에서 좌측으로 화염이 진행된 패턴으로 관찰된다.

[그림 71] 거실-1

그림 72는 거실-1 사진의 반대 방향에서 촬영했다. 전체적인 소훼 상태가 바닥에 국한돼 있으나 우측 냉장고 상단 도색이 백색에 가깝게 변색해 있었다.

그림 72의 우측 하단의 소파 목재는 탄화심도가 다른 부분보다 깊었다. 소파 부분의 탄화 정도가 심하게 잔류한 부분은 그림 67의 멀티 코드가 있던 자리 반대쪽이다. 자세히 보면 독립된 발화지점처럼 보이기도 한다.

[그림 72] 거실-2

[그림 73] 연소 흔적

연소 패턴을 관찰하라!

[그림 73]의 연소 흔적은 거실에 잔류한 탄화흔적이다. 좌측 전동안 마기 탄화 방향성은 우측에서 좌측으로 진행된 수열 패턴이 관찰됐고, 정면 장식장에는 좌·우 양방향으로 진행된 수열 흔적이 관찰된다. 특히 바닥 연소 형태는 중앙 장판이 모두 소실되고 가장자리로 갈수록 연소 형태가 적게 잔류해 있었다. 마치 유류를 사용한 흔적 같아 보였다. 그러나 진압 당시 사용했던 물의 표면에 레인보우 패턴(Rainbow Pattern)이 전혀 관찰되지 않았기에 살포시 의문점이 뇌리를 스치며 무언가 답답한 마음이 가시질 않았다. 물리적 증거인 전기합선 흔적을 무시할 수도 없고 현장에 잔류한 연소 패턴을 무시할 수도 없었다. 간단하면서도 답답한 화재현장이었다.

의문점은 토론하라!

소파 앞 연소 형태와 달리 식탁 위 탄화형태가 심하게 관찰됐다. 장판은 모두 소실됐고 식당 의자 등받이에는 마치 하방 연소한 형태처럼 변색 흔적이 식별됐다.

현장에서 의문점에 대해 의견을 나눴다.

A 조사관: 주임님, 시너 뚜껑이 딸아이 방 책상 위에서 발견됐어요.

주임: 그래? 왜 거기 있을까? 어머니가 시켰나? 어머니는 샤워 중이

없는데….

A 조사관: 이상해요. 시너 통 뚜껑은 딸아이 방에서, 빈 통은 현관
　　　문 앞에서 각각 발견됐어요.

주임: 방화가 의심되기도 하지만 시너를 이용해 불을 놓았다면 딸
　　　몸에 흔적이 남아야 하는데 전혀 없었거든. 코 밑에 약간의 그
　　　을린 형태 외 다른 점은 전혀 관찰되지 않았어…. 의심은 가는
　　　데 맨발로, 주저앉아 울며불며 어머니를 구해달라고 했는
　　　데….

B 수사관: 현장 감식하셨어요? 어떻게 보셨어요?

주임: 예. 현장에 잔류한 물적 증거는 전기합선이고 연소 패턴이나
　　　정황은 방화인데 도무지… 방화 혐의는 수사에서 드러나야 할
　　　것 같네요.

[그림 74] 연소 특이점

참 이상하다. 딸은 화재를 늦게 인지했고 화장실에서 샤워 중인 어머니는 따뜻한 물 때문에 수증기가 있고 비누나 세정제를 사용하면서 향기가 있어 연기 냄새를 못 맡아 늦었다고 한다면… 딸은 '펑' 소리를 듣고 나갔다는 것인데 파열된 부탄통은 식탁 위에 있었고 최초 화염을 봤다고 진술한 부분은 소파 앞 전동안마기가 위치한 지점이라고 했다. 그런데 공교롭게도 딸이 불꽃을 봤다고 진술한 지점에 전기합선 흔적이 잔류했다는 것이다. 딸의 진술을 무시할 수도 없고 그렇다고 인용하기에는 석연치 않은 패턴들이 존재하고 머리가 복잡해지는 부분이었다.

10월이라 외기온도가 다소 차가운 날씨로 창문은 닫혀 있었다. 연소 형태는 바닥 장판이 소실됐으며 화장실 출입문은 천장에서 바닥으로 상단만 연소한 형태가 관찰됐다. 그런데 전기합선 흔적이 식별된

[그림 75] 화장실

지점에는 의례히 분열 흔적이 존재하는데 이 사건 현장에는 분열 흔적이 존재하지 않았다. 합선이 화재의 원인이 아니라 결과라는 추론에 끌리는 것이다.

화재현장을 다시 찾았다

사흘이 지난 뒤 바닥에 잔류한 변색 흔적을 확인했다. 거실 중앙에 장판이 소실된 부분이 회색빛으로 변색해 있었다. 화재 당일에는 소화용수를 많이 뿌려 현장의 윤곽이 잘 나타나지 않았지만 물이 배출되고 일부 건조한 상태에서 현장을 살펴보니 거실 중앙에서 분열한 흔적이 관찰된다.

[그림 76] 거실-3

화재지점에는 모녀가 살고 있었다. 화재 당시 어머니는 샤워 중이었고 딸은 작은 방에서 쉬고 있었다. 다만 어머니가 시너를 사 오라고 해서 딸이 시너를 사 온 사실은 확인됐고 그중 1통을 사용한 것으로 빈통은 현관에서 발견됐다는 점 외 방화로 추정할 만한 특이점이 없어 보였다. 그러나 현장의 연소 패턴으로 보아 방화 가능성은 배제할 수 없을 것 같았다. 그러나 화재로 인해 수익 발생이 없고 딸이 불을 놓았다면 천륜을 거스르는 일이기 때문에 조심스러웠다.

과연 화재원인은 무엇일까?

전기적 요인은? 주택 내부는 통전 중인 게 확인됐고 소파 앞 전선에서 합선 흔적이 관찰됐으며 불꽃을 목격한 딸의 진술과 목격지점이 일치하는 점으로 볼 때 전기적 요인을 배제할 수 없었다.

기계적 요인? 발화지점으로 추정되는 부분에 전동안마기가 설치돼 있었으나 특이점이 없어 전기적 요인은 배제했다.

가스누출에 의한 발화 가능성은 작은 것으로 판단했다. 가스레인지 위 조리기구 하단에 탄화 흔적이나 그을린 흔적이 관찰되지 않고 상단만 그을린 형태로 관찰됐기 때문이다. 가스레인지 형태로 보아 가스누출은 화재원인에서 배제할 수 있었다.

부주의 가능성은 거실 내부에서 미소화원이나 발열 기기가 관찰되지 않아 현장에 잔류한 현상만으로는 논할 수 없었다. 이 사건 현장 화재원인은 석연치 않은 물적 증거와 잔류한 연소 패턴으로 분석하건

[그림 77] 가스레인지

대 원인을 특정하기 어려웠다.

사실 이 사건 현장은 방화라는 생각이 지배적이었다. 그러나 물적
증거가 없었고 정황도 조각(阻却)될 수 있어 원인을 특정하기에 부족해
종결된 원인은 '미상'이었다. 사람을 직접 심문하지 못하는 화재조사의
한계가 거기까지였다. 경찰 수사결과 밝혀진 일이지만 이 사건은 천륜
을 저버린 방화 사건이었다.

딸은 화장실 앞에서부터 거실에 군데군데 시너를 뿌리고 불을 붙였
다. 그런데 시너는 급격하게 연소하는 특성이 있고 시너를 뿌릴 때 유
류가 튀어서 몸에 묻기 때문에 여간 조심하지 않으면 불을 놓은 사람
의 몸에 흔적이 남기 쉬운데 방화자 몸에 그을음이나 어떤 흔적도 찾
아볼 수 없었다.

시너의 특성을 알고 거실에 뿌릴 때도 시너가 튀지 않게 소파 위에서 방바닥으로 조금씩 뿌려 자기의 몸이나 옷에는 전혀 흔적이 나타나지 않도록 했고, 불을 붙일 때도 시너를 뿌린 지점과 떨어져 현관 앞에서 신문지를 말아 불을 붙여 화장실 앞으로 멀리 던짐으로써 자신의 몸에 전혀 흔적이 남지 않게 하였던 것이다.

기상천외한 방화수법이나 그토록 비정했던 가족 간의 갈등이나, 화재조사관 누구나 아마도 결코 지워지지 않을 이러한 기억들을 한두 개는 가지고 있다.

수상록

· 김동일 ·

◇ ◇ ◇

직업 활동이란 누구에게나 어렵고 힘든 것이지만 그래도 재미가 있으면 더 좋다. '불'과 관련된 직업의 특성상 평소 업무로서 접해야 하는 일의 대상은 대부분 재미없거나 삭막한 것들이었다. 자신의 직업이 마냥 좋기만 한 사람이 얼마나 되랴만, 그렇다고 일생에 걸친 긴 직업인으로서의 일상이 무미건조할 수만은 없는 터. 그래서 일을 통해서도 즐거움과 기쁨을 찾을 길은 없는지 여러 측면으로 모색해왔다.

그때 근무하던 한국화재보험협회 '방재시험연구원'에서는 계간으로 〈방재기술〉이라는 저널을 발간하고 있었는데, 한마디로 어렵고 지루한 책이었다. 주로 불의 거동과 그에 따른 소화(消火) 메커니즘을 다룬 실험이나 연구 결과물을 수록한 것이니 당연히 그럴 것이다. 화재와 소방을 직업으로 하는 사람은 물론, 이와 관련되지 않은 사람이라 할지라도 책을 접하였을 때 우선 쉽게 대할 수 있는 어떤 것, 즉 가볍고 흥미로운 내용의 고정 칼럼이 있으면 좋겠다는 생각에 '불'이나 그와 관련된 소재로서 재미있을 법한 것을 찾아 '고사와 불'이라는 이름의 칼럼으로 연재하였다.

불(火)은 우리네 삶과 불가분의 관계가 있다. 실생활에서는 물론 과학과 예술, 철학과 문학, 종교 등 여러 분야에 공기처럼 녹아들어 있다. 불을 다루는 직업인으로서 오랜 기간, '고사와 불'을 통하여 이를 재조명하고자 노력해 보았던 기억이 새롭다.

여기에 수록한 글은 그간 〈방재기술〉에 연재되었던 '고사와 불' 가운데 일부를 모아 재정리한 것이다.

이 소제목 '수상록'은 몽테뉴의 〈수상록〉에 대한 오마주다. '…교수들이나 대학의 엘리트가 아닌 최대다수를 위해 사고하려는 마음…'이라는 미셸 옹프레의 평가에서 힌드를 얻었다.

1. 불, 그리고 삶

화석정

임진왜란 때 신립 장군이 지키던 충주 방어선이 무너졌다는 소식이 궁궐에 전해지자 선조는 파천을 결정하였다. 1592년 5월 30일 새벽, 임금의 행렬이 돈의문을 빠져나갈 때부터 억수같이 쏟아진 비는 임진 강에 이르러서도 멈추지 않았다.

물이 불어 범람한 임진강에는 나룻배가 5, 6척 있었는데 임금도 아 랑곳없이 대소 관원들이 먼저 건너려고 다투어 상하가 문란한 가운데 칠흑같이 어두운 이 아비규환의 도강은 위험하기 짝이 없는 일이었다. 이때 도승지 이항복이 강 언저리에 있던 화석정(花石亭)에 불을 질러 그 불빛으로 길잡이를 했다고 한다.

그날 밤, 파주목사가 임금의 저녁 수라상을 차리고 있었는데, 호위 하던 사람들이 종일 굶었던 터라 차려놓은 음식을 다 집어 먹어버렸 다. 겁을 먹은 목사는 도망쳐 버리고, 허기진 임금은 내시에게 술을 가 져오라 시켰으나 없었다. 차라도 한잔 마시자 하였으나 그 또한 마련 되지 않았다. 때마침 시중하던 내의원의 한 하인이 상투 속에 비상식 으로 숨겨왔던 설탕 반 덩어리를 꺼내어 강물을 떠다가 타서 드렸고 그로써 굶주림을 면했다고 전한다. 이 일이 있은 후, 의리 없는 벼슬아 치들을 두고 '설탕 반 덩어리만도 못한 자'라는 속담이 생겼다고 한다.

화석정은 경기도 파주군 율곡리, 임진강이 내려다보이는 언덕 위에 세워진 작은 정자이다. 임진왜란을 예견하여 십만양병설을 주장한 이이(栗谷)의 5대조가 처음 지었고, 율곡이 벼슬에서 물러난 후 여생의 많은 시간을 보낸 곳이기도 하다. 율곡이 만년에 이곳에 기거할 때 그는 나무기둥에 기름칠을 하는 것이 일과였다고 한다. 집안사람이나 마을사람들이 그 이유를 물어도 그는 아무 대답 없이 기름칠만 하였다. 이 화석정 기둥에 기름을 칠한 이유는 그가 죽고 8년 만인 임진년 5월 그믐날 밤, 칠흑의 도강에 몸을 태워 불빛을 던져준 처참했던 상황으로 설명된다.

임진강 나루터에 더 이상 나룻배는 없지만, 지금은 군사훈련 장소로 이용되고 있다. 400년 전 왜란을 피해 한 나라의 임금이 개성으로, 의주로 쫓겨 다니던 비극의 한 현장이기도 한 이곳에서, 도하훈련을 하던 외국인 병사 2명이 익사하였다. 전투태세로 훈련에 임했던 장갑차가 침몰한 것이다. 사고현장을 지키던 흑인병사의 유난히 큰 키와 꾸부정한 어깨, 겁먹은 듯한 큰 눈 속에 그날의 상황이 어른거렸다.

촌각을 다투는 난리통이라고는 하지만, 임금님의 수라상을 준비하지 못한 급박한 현실과 후일 있을 엄한 문책 사이에서 조급해 하는 파주목사의 난처한 입장, 목숨만큼이나 귀한 설탕 반쪽을 강물에 풀며 몫의 배분으로 갈등하였을 내의원 하인, 극한 상황 하에서도 실추된 권위를 되찾아 임금의 파천 길을 책임지고자 했던 도승지 이항복, 그때 나이 막 불혹에 접어든 임금 선조의 다급한 심경들이 하나씩 하나씩 오버랩되는 듯하다.

화석정에는 불이 있고 세상살이가 있다.

칠보시

아우 우성론

영국의 한 조사에 의하면, 역사상 위대한 인물들의 공통점 가운데 하나는 출생 서열이 맏이가 아니라, 손위에 형이나 누나가 적어도 한 명 이상 있었던 것으로 나타났다고 한다.

또 과학자 로버트 윈스턴 교수가 12만 명을 상대로 한 조사에서도 어릴 적 맏이가 아닌 형제들은 형만큼 알아주지 않는 자신의 존재를 부각시키려는 본능적 행위가 평생 계속되어 창조적 자질 발전에 연결된다고도 했다. 미국 MIT의 한 사학자가 역사적 인물 6천명을 대상으로 조사했더니 인류를 발전시킨 인재와 출생순위가 밀접한 관계가 있다는 분석이 나왔고, 이를 바탕으로 '아우 우성론'을 펴기도 했다.

조선조에서 출중했던 임금들도 맏이가 아니었다. 태종은 다섯째요, 세종은 셋째며, 세조는 둘째다. 성종이 둘째, 효종이 둘째, 영조가 셋째, 정조가 둘째, 고종도 둘째다.

아우 콤플렉스

아우가 인망이나 자질이 우세하면 이를 질투하여 장남이 차남을 해치려 한다는 아우 콤플렉스, 즉 '카인 콤플렉스'의 역사는 유구하다. 구약성서 최초의 살인사건이 바로 아우인 아벨을 질투한 카인에 의해 저질러졌고, 당 태종 이세민은 천하를 다투어 그 아우를 죽였으며, 조조의 장남 조비는 아우 조식의 재주를 시기하여 죽이려다가 그 유명한 '칠보시(七步詩)'를 듣고 뜻을 거두었다고 전한다.

칠보시

중국 삼국시대 위나라의 조비(曹丕)는 조조의 차남이었지만 그의 형이 일찍 죽어 장남이 되었으며, 조조가 죽은 다음 그 아버지의 자리를 계승하여 스스로 황제가 되었다.

사실 조조는 평소, 자신처럼 문학적 재능이 뛰어난 셋째 아들조식(曹植)을 매우 총애하였다. 어려서부터 문학 공부에 정진하여 십여 세에 이미 수많은 시와 산문을 읽어 외었다고 한다. 그리고 글 짓는 재주가 탁월하여 조조는 내심 그를 후계자로 삼으려고도 했다. 조비는 왕이 된 뒤 아우에 대한 시기를 노골화했으며, 명분을 만들어 아우를 죽이고자 했다. 하루는 그를 불러들여 말했다. "네가 그토록 재능이 있다니 일곱 걸음을 걷는 동안 시를 한수 짓는다면 용서하되, 그렇지 못할 때에는 엄벌을 내리겠다."

형제 중 한 사람이 왕위를 잇게 되면 다른 형제는 목숨을 잃게 되는 것이 예사였던 시대니만큼 목숨이 걸린 마당이었다. 이에 조식이 일곱 걸음을 걸으며 지은 시가 바로 이 '칠보시'다.

> 콩대를 태워서 콩을 삶으니　煮豆燃豆萁
> 가마솥 안의 콩이 우는구나　豆在釜中泣
> 본디 같은 곳에서 나왔거늘　本是同根生
> 어찌 이리도 급히 삶아대는가　相煎何太急

첫 소절에 나오는 '자두연두기'는 후일 '자두연기(煮豆燃萁)'라는 4자 성어가 되어 골육간의 다툼을 뜻하는 말이 되었다. 일본의 정신과 의사 '오카다 다카시'는 그가 쓴 책 〈나는 왜 형제가 불편할까〉에서 이렇게 말한다. "성경에 따르면, 인류의 절반은 동생을 죽인 카인의 후예인 셈이다."

욕심과 겸손

사실 조식은 아버지와 형이 이루어 놓은 정치적 성공을 바탕으로 오(吳), 촉(蜀)을 평정하여 천하를 통일하려는 큰 포부가 있었다. 그래서 부친 조조에게 상소문을 올려 자신을 시험해 주기를 요청했는데, 이 일로 형의 더 큰 질투를 사게 된 것이다. 조식은 계모 무선황후의 도움으로 형으로부터의 죽음을 면하고 변방에서 평생 술과 더불어 지내다가 41세의 나이에 한을 품고 죽었다.

왜 인간은 반드시 겸손해야만 하는 걸까? 당연한 얘기지만, 다른 사람들의 시기심을 자극하지 않아야 하기 때문이다. 사회생활에서는 타인의 시기심을 자극하는 순간 바로 적이 된다. 시기심은 열등한 사람만의 감정이 아니다. 열등한 사람과의 간격이 좁혀지는 것을 두려워하는 우월한 사람의 시기심이 더 무섭다. 재능이 뛰어난 아우 조식을 시기한 형 조비도, 사실은 아버지 조조와 더불어 후일 '3조'라 불릴 만큼 시가(詩歌)에 남다른 재주를 가진 사람이었다.

청명에 죽으나 한식에 죽으나

문명의 발달이 앞섰던 지구의 북반구에서 동지는 태양이 가장 멀리, 가장 낮게 가는 날이다. 이 동지로부터 105일째 되는 날이 한식(寒食)이다. 보통 4월 5, 6일이 된다. 청명(淸明)은 춘분점을 기준으로 하여 태양의 황도(黃道)를 24등분한 첫 번째 절기로서 대개 4월 5일이 된다. 결국 청명과 한식은 같은 날이거나 하루 차이가 되기 때문에 그게 그거라는 뜻으로 '청명에 죽으나 한식에 죽으나'라는 속담이 생겼다.

한식은 설, 추석, 단오와 함께 우리나라 4대 명절의 하나이지만 다른 음력 명절과 비교하여 양력으로 계산되는 특징이 있다.[59]

찬 음식을 먹는 한식날의 유래에는 뜨거운 불(火)이 있다. 중국 진(晉)나라의 충신 개자추가 논공행상에 환멸을 느끼고 미앤산에 은거하였는데 문공이 뒤늦게 그의 충성심을 깨닫고 돌아오도록 하였으나 이를 거절하였다. 문공은 산에 불을 질러서라도 내려오도록 하였지만 개자추는 끝내 불에 타서 죽고 말아, 그 후 충신의 죽음을 위로하기 위하여 이날만은 불을 피우지 못하게 하고 찬 음식을 먹게 하였다는

---

59 다른 명절은 순순한 태음력이지만 한식은 태양력의 요소인 24절기 중 하나인 동지로부터 105일째 날이기 때문에 양력이 된다. 24절기는 태음력을 태양의 운행주기에 맞추기 위한 보조장치이므로 24절기가 반영된 역법을 태음태양력이라고 부른다.

것이 그 줄거리다.

학자 간에는 한식이 중국에서 전래한 명절이 아닌 우리의 오랜 풍습으로서, 해마다 이날에는 불조심 계몽 행사가 성행하였다는 의견도 있다. 이 무렵은 예나 지금이나 건조하고 바람이 많이 불어 불이 나기 쉽고, 또 불이 나면 그 피해도 엄청나기 때문에 세종 13년에는 관원을 동원하여 큰길을 돌게 하면서 "한식날에는 바람이 많이 부니 불을 함부로 피우지 말라"고 외치게 했다는 기록도 있다.

이 밖에 불과 관련된 우리의 세시풍속(歲時風俗)은 다음과 같다.

상원(上元, 正月보름): 황혼에 햇불을 들고 높은 곳에 올라 달을 맞으며 소원을 빈다. 이 무렵 궁중에서는 젊은 환관들이 햇불 행진을 하고, 농촌에서는 쥐불놀이와 햇불싸움을 하며 풍년을 기원한다.

청명(淸明): 느릅나무와 버드나무로 새 불을 일으켜 각 관청에 배분한다.

단오(端午): 등이 흰 쑥 잎을 볕에 말려 부싯깃으로 만들어 두었다.

난로회(煖爐會, 十月 초하루): 번철(燔鐵)을 숯불 위에 놓고 쇠고기를 조리하여 먹으며 닥쳐올 추위에 대비한다.

제석(除夕) 또는 제야(除夜, 섣달그믐): 다락, 마루, 방, 부엌 모두에 불을 켜 놓고 대낮처럼 한다. 이날 잠을 자면 눈썹이 모두 센다고 한다.

할망바당 애기바당[60]

제주도를 흔히 삼다도라 부른다. 알다시피 바람과 돌과 여자가 많은 섬이라는 뜻이다. 흔히 그렇듯 바다 가운데에 있는 섬이기에 바람이 많다는 건 쉽게 고개가 끄덕여지고, 화산의 분출로 이루어진 땅이니 검은 용암이 지천인 것 또한 금방 이해가 된다. 그런데 여자가 많다 함은 어떤 연유일까?

예로부터 바다 가까이에는 어부가 많아서 태풍 등으로 인한 남자의 사망률이 높았을 것이라는 추측도 가능하지만, 이런 사정이 꼭 제주뿐만은 아닐 터, 그렇다면 다른 이유가 있는 것일까?

외지인이 제주에 가면 육지에서는 볼 수 없는 해녀들이 자주 눈에 띄었을 것이다. 신기하기도 하고 기억에도 오래 남는다. 그렇다 보니 자연스레 여자가 더 많다 여길 수 있었을 것이다. 사실, 최근 통계를 보면 제주도의 남녀 성비(性比)는 남자 쪽이 더 많다. 남자가 조금 많은 전국의 통계보다 오히려 그 차가 더 크다.

삼다의 섬 제주의 여인 하면 우선 해녀를 떠올리고, 오랜 세월 그들은 타고난 근면성과 강인한 생명력의 상징으로 각인되어 왔다. 생업의

---

60 '바당'은 '바다'의 제주말이다.

수단으로서, 아니 삶 자체로서 그들이 일하는 제주 바닷가에는 으레 '불턱'이 있는데, '불턱'이란 '물질⁶¹을 위해 돌을 쌓아 만든 바닷가 노천 탈의장'을 일컫는 이 지역 고유의 말이다. 물질을 끝낸 해녀들이 불을 피워놓고 차가운 바람을 피해 한기를 녹이며 힘든 작업을 마무리하던 장소가 곧 '불턱'인 것이다.

불과 20여 년 전만 해도 '불턱'은 해녀들에게 있어 한 집단의 일상을 주관하던 곳이었다. 그야말로 '칠성판을 등에 지고 저승길을 오락가락 하는 위험한 일'을 하는 그들에게 인명안전은 최우선의 과제였기에, 이 곳에서는 물속에서 욕심을 버릴 것, 물실 중 동료를을 서도 돌볼 것, 공동체의 결속을 지킬 것 등을 먼저 가르치고 배웠으며, 그 외에도 일 상의 많은 대소사를 나누었다.

가난한 동료의 집에 초상이 났을 때는 모든 작업을 중단하고 그 장 례 돕기를 의논하며, 늙은 해녀가 물질의 기량을 잃었을 땐 '할망바당' 을 내어주는 결정도 한다. '할망바당'이란 안전하면서도 해산물이 많은 얕은 바다를 지칭하는 것으로서, 깊은 물에 잠수하여 물질하기 어렵 게 된 나이 든 해녀에게 양보하는 배려의 산물이다. 어린 초보 해녀들 에게도 '할망바당'과 같은 의미의 '애기바당'을 내준다고 하니, 사람살이 의 참모습이 이런 게 아닌가 싶다.

한해 여름의 마무리로 작정하고 나선 제주 올레길 여행에서 땀 흘리 며 찾아본 몇몇 '불턱'들. 이 세상에 변하지 않는 것은 그 어디에도 없 듯 '불턱'도 예외는 아니어서, 이제는 마을마다 보일러를 설치한 현대

---

61 '물질'은 물에서 하는 일, 즉 잠수행위를 말한다.

식 탈의장이 그 기능을 대신하게 되었지만, 아직은 곳곳에 유적처럼 남아 있는 '불턱'의 존재만으로도 제주 여인들이 견뎌온 간난의 긴 세월을 어느 정도는 추상할 수 있을 것 같다.

이곳 '불턱'에서 대를 이어 전해져 왔을 '살암시민[62] 살아진다'는 말이 '인생이란 사는 게 아니라 살아 내는 것'이라는 격언과 오버랩되어 오래 가슴에 남는다.

---

62 '살고 있으면'의 제주말.

단풍나무 불꽃

나무를 태울 때 가장 아름다운 색으로 단연 사과나무 불꽃을 꼽는다. 타오르는 불꽃을 유심히 보면 거개의 빛깔은 노란색인데, 이상스럽게도 우리에게 불꽃은 빨간색으로 각인되어 있고 화재와 소방을 상징하는 색도 그래서인지 빨간색이다. 하지만 수많은 나무 불꽃 가운데 특이하게도 사과나무 불꽃은 그 온도와 상관없이 파란색을 띤다.

불나무가 있다. 스기목(삼나무)과 더불어 일본의 2대 고유 수종으로 대표되는 노송나무를 일본 사람들은 '불나무'라 부른다. 원시시대에 이 나무 구멍에 막대기를 꽂고 양손으로 비벼 돌려 불을 일으켰던 데서 유래되어 그리 부른다고 전한다. 옛날 우리 조상들은 청명 날에 느릅나무와 버드나무로 새 불을 일으켜 각 관청에 배분하였으며, 중국에서는 겨울에 느티나무의 목재를 비벼서 불을 일으키는 풍속이 있었다. 특이하게도 적도 원주민들은 마른 왕대를 맞부딪쳐 불을 피운다고 하니 이들 나무는 각각 그 나라의 '불나무'인 셈이다.

아궁이에서건 캠프에서건, 나무를 태울 때 알아둘 만한 속설들을 살펴보았다.

목련나무: 여름철 장마가 길어 집안에 습기가 가득하면 목련나무 장

작으로 불을 때어 나쁜 냄새와 함께 습기를 없애기도 한다.

오리나무: 오리나무 숯은 화약의 원료가 되기도 하고 대장간의 숯불로도 중요하게 여겼다.

자귀나무: 잎을 불살라 고약을 만들면 접골에 효과가 있다고 한다. 간혹 열매를 말려 불에 볶아서 약으로 먹기도 하였다. 사찰에서는 향의 대용으로 태우기도 한다.

등나무: 중국에서는 등나무로 향을 만드는데, 이 향을 피우면 다른 향과 잘 조화되며 자색의 연기가 곧바로 올라가 그 연기를 타고 신이 강림한다고 여겼다.

감나무: 일본에서는 감나무를 불에 태우면 눈이 멀고 이가 아프며 미치게 된다고 하여 이를 금기시한다.

소철: 나무가 불에 그을려 바싹 말라도 땅에 심기만 하면 원래 모습으로 돌아온다. 이처럼 쉽게 소생한다 하여 소철이라 불렀다.

싸리나무: 나무속에 수분이 적어 참나무 계통의 나무만큼 단단해서 불을 지피면 화력이 세다. 그런 특징 때문에 옛날에는 싸리로 횃불을 만들었다.

왕버들: 이 나무가 오래 살면 줄기의 일부가 썩어서 큰 구멍이 생긴다. 어두운 밤에 이 구멍에서 종종 불이 비치곤 하며, 비 오는 밤이면 불빛이 더욱 빛난다. 이는 목재 안의 인 성분 때문으로, 조상들은 이것을 귀신불이라 불렀다.

산사나무: 그리스·로마 시대에는 결혼하는 신부의 관을 산사나무의 작은 가지로 장식했으며 신랑과 신부가 이 나무 가지를 든 들러리를 따라 입장하고, 이 나무로 만든 횃불 사이로 퇴장을 하였다.

마로니에: 세계 4대 가로수로 분류되는 그 유명한 마로니에. 그림을 그릴 때 쓰는 목탄은 바로 이 나무의 숯으로 만들어진다.

캐나다의 국기에 마음껏 그려져 있는 사탕단풍나무의 장작을 '땔감의 여왕'이라 부른다. 벽난로에 불을 지피면 불똥이 튀지 않으면서도 불꽃의 색이 아름답고, 냄새가 좋을 뿐 아니라 뒤에 남는 재의 색깔까지도 깨끗하다. 땔감의 여왕, 잘 어울리는 별명이다.

나뭇가지 하나를 태워도 그 모양과 쓰임새는 각각인 것 같다.

월광욕

이 세상은 유럽처럼 태양에 굶주린, 그래서 태양신을 흠모하는 아폴로 문화권과 인도처럼 태양열이 지겨운, 그래서 달을 사랑하는 다이애나 문화권으로 대별할 수 있다. 아폴로 문화권에서는 차가운 달을 저주하고 다이애나 문화권에서는 뜨거운 해를 저주한다. 다이애나 문화권의 대표 격이라 할 인도의 우화에 다음과 같은 것이 있다.

어머니가 두 아들과 막내인 딸에게 호두를 공평하게 나누어 준 다음, "내가 먹을 몫이 없으니 너희가 가진 것 중 하나씩만 되돌려 달라."고 했다.

맏아들은 아주 못마땅한 표정을 지으며 썩은 호두 하나를 주었고, 둘째는 제일 작은 것을 돌려주었으며, 막내는 가진 것 중에서 제일 좋은 호두를 골라 어머니께 드렸다. 이에 어머니는 세 아이에게 각각 다음과 같은 축복과 저주의 말을 건넸다.

먼저 맏이에게는 "너는 아주 나쁜 아이다. 너 같은 아이는 죽어서 모든 사람으로부터 저주와 미움을 받을 것이다." 했고, 둘째에게는 "너는 맘씨가 못된 심술쟁이다. 죽어서도 마음이 잡히지 않아 안절부절 못하고 괴로워할 것이다."라고 했으며, 막내딸에게는 이렇게 축복의 말을 했다. "너는 착하고 마음씨가 고운 아이다. 죽어서 모든 사람으로부터 사랑을 받고 흠모를 받게 될 것이다."

이 아이들이 죽어서 무엇이 되었을까?

막내딸은 모든 사람으로부터 사랑 받으며 노래와 시로 읊어지는 달님이 되고, 둘째는 끊임없이 비명을 지르며 허공을 헤매는 바람이 되었다. 그런데 모든 사람에게서 저주받고 증오를 받는다는 맏이는… 당연히 태양이 되었다.

지구의 평균온도 15℃를 유지시켜 주는 태양열이 지구에 전달되는 것은 복사 현상에 의한다. 복사란 전자파 형태의 에너지 전달현상으로서 진공 또는 공기 중에서도 거의 손실 없이 열을 전달할 수 있다. 그래서 태양으로부터 지구까지 약 1억 5천만 킬로미터(지구 둘레의 약 3,700배)의 먼 거리를 거침없이 날아온다. 실로 경이로운 현상이라 하지 않을 수 없다. 그러한 복사가 이 조그마한 지구 표면에 미치는 영향은 무척 다양하다.

8월의 파리에 가면 개와 여행자밖에 없다고 한다. 태양광이 부족한 유럽에서의 일광욕을 위한 대이동을 두고 한 말이다. 북위 40도의 파리, 북위 52도의 런던 등 유럽의 도시인은 여름이 되면 모두 태양을 맞으러 바캉스를 떠난다. 도시는 문자 그대로 텅 빈 바캉스(vacancy)가 된다. 그런데 만약 인도에서 바캉스를 떠나 일광욕을 한다면 가장 먼저 정신병원의 앰뷸런스가 출동할 것이다.

본래 우리나라에서의 여름철 피서지는 계곡이었다. 뜨거운 해를 피하고 차가운 물에 발을 담그면 그것이 피서였다. 지리적으로 태양광 과잉지역으로 분류되는 우리나라에서, 일광욕은 본래 우리의 것이 아닌 서구 북유럽의 유행이었을 뿐이다. 우리의 옛 여인들은 계곡의 피서 대신 월광욕(月光浴)을 했다. 보름달의 정기를 흡인한 바닷가의 모래 속에 하체를 파묻고 그 정기를 체내에 흡수하여 생식력을 보강하였다고 한다. 음력 보름날의 명절이 유난히 많은 우리나라에서 월광욕은 너무 자연스러운 일이다.

칠불사 아자방

  섬진강 동쪽 하동의 자랑인 쌍계사를 잠시 미뤄두고 지리산을 향해 10리를 더 오른다. 칠불사의 명물 아자방(亞字房)을 만나기 위함이다. 칠불사는 가락국의 시조인 김수로왕과 인노 공수 허왕후 사이에서 태어난 10명의 아들 가운데 7명이 외숙인 장유화상을 따라 출가해 모두 성불한 수행처라고 전해진다. 7왕자의 성불 소식을 들은 수로왕은 이곳에 큰 절을 짓고 칠불사라 이름 하였다.

  절 마당에 들어서 대웅전을 건성으로 대한 뒤 이내 아자방을 찾는다. 아자방은 서기 900년경, 신라 효공왕 때 담공선사가 벽안당이라는 선실을 아(亞)자 모양의 온돌방으로 조성한 데서 비롯된 이름이다. 방 가운데 십자형 통로를 만들고 이 통로를 네 귀퉁이보다 40~50센티미터 가량 낮게 하여, 높은 부분은 좌선하는 곳, 낮은 부분은 졸음을 쫓기 위해 걷는 곳으로 사용했다고 한다. 수행과 몸 풀기 운동이 한 자리에서 가능한 실용적인 선방인 셈이다.

  아자방은 온돌을 이중구조로 만들어 한 번 불을 지피면 온기가 49일이나 지속되기에, 두 차례 불을 지펴 석 달 간의 동안거를 무사히 마칠 수 있었다고 한다. 지금은 관람객이 내부를 볼 수 있도록 아자방 출입구에 유리문을 달아놓아서 정진에 방해가 될 법도 하지만, 진정

수행을 하고자 하는 승려들이 자청하여 이곳에 온다고 한다. 이 방은 기운이 편하여 잠이 많이 오는 곳으로서, 예로부터 잠만 극복하면 수행이 크게 진전되는 곳으로 알려져 있기 때문이다.

서산대사와 같은 선사들이 이곳에서 수행했고, 한국 차의 새 기원을 이룬 초의선사는 이 아자방에서 틈틈이 다신전(茶神傳)[63]을 썼다고 전한다. 또 3·1운동 때 민족대표 33인의 한 분으로 참여했던 용성 스님을 비롯하여 석우·효봉 스님 같은 고승들도 이곳을 거쳐 갔다. 통일신라 이후 이곳을 동국제일선원이라 하여 금강산 마하연 선원과 더불어 우리나라 2대 참선도량으로 부를 만한 이유가 충분하다. 아자방의 명성은 그 무렵 당나라에까지 자자했으며, 그 구조의 탁월한 과학성을 인정받아 최근 세계건축사전에도 수록되었다.

이러한 칠불사는 1800년 실화로 모든 건물이 소실된 후 복구되었고, 이 또한 1951년 지리산 공비토벌 때 절 모두가 불타 버렸으나 1982년에 다시 복원되었다. 아자방 온돌도 당시 최고의 전문가가 재설치를 맡았다. 온기의 보존기간이 예전 같지는 않지만 그래도 한 번 불을 때면 일주일 정도는 간다고 하니, 그나마 명성은 유지하고 있는 셈이다.

---

63 다신전은 청나라의 모환문(毛煥文)이 쓴 만보전서(萬寶全書)에 실린 다경채요(茶經採要)를 초의선사가 필사한 것이다.

불의 땅 우수아이아

땅 끝 마을은 바다와 만나는 곳이라면 육지 어느 곳에도 있다. 아프리카 대륙의 남단 희망봉, 남유럽 이베리아 반도의 서쪽 끝 포르투갈의 호카(Roca)곶, 뉴질랜드의 남섬 끝 블러프, 대서양을 향한 캐나다의 동쪽 끝 뉴펀들랜드, 그리고 우리나라의 땅 끝 해남. 아니 그들이 아니라 해도….

지구의 땅 끝을 곧이곧대로 말한다면 그 느낌은 사라지고 만다. 동과 서는 그 구분이 애매하고, 남과 북이라면 남극점 주변의 어느 삭막한 해안이거나 그린란드 끝 어느 얼음 땅일 테니까….

아메리카 대륙의 꽁지 너머에 있는 우수아이아를 진정한 '세계의 땅끝'이라고 부르는 사람이 많다. 남미 최남단의 도시로서 남극여행의 출발점이기도 하지만, 누군가는 순전히 '우수아이아(Ushuaia)'라는 이름이 잡아당기는 끌림 때문이라고 했다.

세계의 땅 끝 우수아이아는 '불의 땅'이다. 아메리카 대륙이 서구에 알려진 후 포르투갈 출신의 탐험가 마젤란은 1499년 스페인 왕실의 지원을 빌어 다섯 척의 배와 270명의 선원으로 구성된 함대를 이끌고 스페인 세비야항을 출항하여 서쪽으로 서쪽으로 나아갔다. 그가 천신만고 끝에 대서양을 지나 태평양으로 연결되는 비글해협(우수아이아가 있는 섬과 남미대륙 사이에 있는 해협)을 통과하는 동안 그 섬에 살고 있던 인디오들은 한바탕 난리를 쳤다. 처음 보는 커다란 범선에 놀랐기 때문이다. 인디오들은 부족에게 침입자를 알리기 위해 불을 피워 연기를 올렸고 배 위에서 이를 바라보던 마젤란은 느낌 그대로 그 섬을 '연기의 땅'이라고 이름 지었다.

대서양과 태평양을 횡단함으로써 지구가 둥근 것을 처음으로 확인한 마젤란 탐험대가 귀국한 후(마젤란은 돌아가는 도중 필리핀에서 사망), 스페인 왕은 "연기가 있다면 당연히 불이 있었을 것이므로 이름을 바꾸라." 하였고 그 후 이곳은 '불의 땅'이 되었다. 지금의 이름이다.

불의 땅 '티에라 델 푸에고'는 애잔한 도시 우수아이아를 품은 섬으로서 현재 칠레와 아르헨티나가 동서로 반반씩 나누어 다스리고 있다. 남미대륙의 땅 끝 도시는 칠레의 '푼타아레나스'이지만, 바다 건너 섬 속의 우수아이아, 세상의 끝에 있는 이 도시는 '영혼의 도시'라고도 불린다. 알지 못할 어떤 끌림이 그들에게도 있었던 것일까?

우수아이아를 500여 년 전 인디오들이 살았던 평화로운 산야는 백인들의 이주 이후 안타깝게도 그 주인이 모두 바뀌고 말았다. 순수했던 원주민들은 하나같이 문명의 해악을 견디지 못하고 유명을 달리하였다. 하지만 산과 바다 그리고 호수는 여전히 차분하고 아름답다.

인디오들의 슬픈 영혼이 안개처럼 저변에 가득한 땅, 바람은 언제나 남극에서만 불어올 것 같은 우수 어린 항구. 누구는 우수아이아를 이렇게 말한다. '세계 3대 미항으로 불리는 브라질의 리우에 와서야 문득 알았다. 지구의 땅 끝 우수아이아가 진정 아름다운 항구였다는 것을.' 그리고 우수아이아는 또 이렇게 말한다. '끝이란 언제나 모든 것의 시작'이라고.

"USHUAIA, end of the world. Beginning of everything."

불에 타야 피는 꽃

시드니 시내를 벗어나 서쪽으로 약 100km를 달려가면 호주가 자랑하는 국립공원 '블루마운틴(Blue Mountain)'이 나온다. 이 산을 뒤덮은 '유칼립투스' 나무에서는 특별한 수액이 방출되는데, 수액이 따가운 태양빛을 받아 증발하면 온 산이 푸른빛으로 반사된다.

호주 사람들은 푸르게 물든 그 모습 그대로 이 산을 블루마운틴이라 부르고, 세상 사람들은 호주의 자연을 감상하는 대표적 코스로서 아름다운 산, 블루마운틴을 찾는다.

불이 나야만 꽃이 피고 번식하는 나무가 있다. 광대한 서부의 사막지대로 이어지는 호주의 그랜드캐니언, 블루마운틴 등에서 자생하는 별난 세 가지 나무 유칼립투스, 뱅크시아, 그래스트리가 그것이다.

그래스트리는 풀과 나무의 합성어로서 줄기는 커다란 고목처럼, 잎은 마치 억새풀이 두세 가닥으로 갈라져 늘어진 것처럼 보이는 장수초목이다. 불이 나면 다른 식물들은 죽기 십상이지만 내화성 강한 그래스트리의 줄기는 아무런 해를 입지 않고 휘발성의 잎만 타게 되는데, 이때 생성된 다량의 에틸렌가스가 그래스트리의 성장을 촉진시켜 꽃이 피게 된다고 한다. 최근, 안면도 꽃 축제에서 큰 인기를 누렸던 이 나무는 서울 근교 어느 식물원 온실에서도 크게 자라고 있다.

뱅크시아는 꽃의 모양과 색상이 다양하고 열매가 독특하여 원예품종으로 많이 보급되고 있다. 불길이 가지를 태울 때, 마치 상수리처럼 씨를 싸고 있던 캡슐이 터져 땅에 떨어지게 되면 불 때문에 비옥해진 토양에서 최상의 생육 조건으로 다시 태어난다. 생장여건이 나쁜 호주의 황무지에서 뱅크시아는 이처럼 지혜로운 번식을 한다.

코알라의 주식인 유칼립투스는 불이 잘 붙는다. 알코올과 오일성분을 다량으로 배출하는 이 나무 주위에 사소한 점화원만 있어도 이내 화재로 변한다. 호주의 뜨거운 태양열이나 나무들의 마찰열이 산불의 원인이 되는 경우도 많다. 유칼립투스는 불에 타면 숯은 것처럼 보이지만, 재생력이 뛰어나 다음해가 되면 까맣게 탄 껍질을 벗고 새로운 줄기를 키워낸다.

불에 타서 죽지 않는 나무가 있을까 하겠으나, 사실은 나무 주위의 알코올 성분이 아주 빨리 타므로 줄기의 심부까지 고열이 전달되지 않기 때문에 회생이 가능하다는 것이다.

유칼립투스 나무에 얽힌 두 가지 흥밋거리가 있다. 호주의 명물 코알라가 하루에 18시간이나 잠을 자는 것은 게으르거나 졸려서가 아니라 유칼립투스 나뭇잎의 20퍼센트나 되는 알코올 성분에 취해 있는 것이고, 시드니의 명물 오페라하우스가 유명해진 것은, 조각낸 오렌지 껍질에서 착안하였다는 아름다운 외형과 더불어 유칼립투스로 지상된 내부의 울림이 최고였기 때문이라고 한다.

혹여, 호주의 산야에서 불이 났다는 뉴스를 들으면 이는 숲이 새롭게 자라는 자연스런 과정, 그래서 '아! 새 생명이 태어나는구나.' 하며 위안을 삼아도 좋을 것 같다.

루체른 카펠교

 스위스는 이 세상의 아주 많은 사람들이 가장 여행하고 싶어 하는 곳 첫 번째로 꼽는 나라이다. 곰으로 상징되는 고풍스런 도시 수도 베른, 레만호의 낭만이 넘치는 제네바와 로잔, 유럽의 지붕 융프라우의 길목에서 만나게 되는 친근한 마을 인터라켄, 그리고 세계에서 가장 살기 좋은 도시로 자주 오르내리는 취리히…

 관광하기 좋은 여름철이면 스위스 어디를 가든, 잘 정비된 도시와 어울려 멀리 알프스 고봉에는 보기 좋은 만년설이 쌓여 있고 산 중턱 아래로는 맑은 호수를 낀 거대한 녹색의 정원이 펼쳐진다.

 순해 보이는 소떼들은 딸랑딸랑 종소리를 내며 한가로이 풀을 뜯고, 푸르른 자연 속의 통나무집들은 테라스마다 예쁜 꽃들을 욕심껏 안고 있다. 멀리 혹은 가까이로 보일 듯 말 듯 이어진 산길을 따라가면 이내 천국에라도 오를 것 같은 환상에 빠진다.

 산자락 어디에서인가 금세라도 열네 살 소녀 '하이디'가 뛰어나올 것 같은 동화 같은 풍경들은 여행자의 가슴에 고스란히 각인되고, 다음에도 유럽에 간다면 자연스레 다시 찾고 싶은 나라가 곧 스위스인 것 같다.

 이러한 스위스의 모든 것을 아우른 도시가 있다. '루체른'이다. 이곳 사람들은 주저하지 않고 '루체른이 곧 스위스'라고 말한다.

국토의 중심부에 위치한 이곳에는 백조가 노니는 맑은 호수가 있고, 산악열차가 관광객을 유혹하는 아름다운 산이 있으며, 시내 곳곳에는 수많은 역사유적과 전설이 남아 있다. 루체른 사람들에겐 스위스에서도 남다른 자부심이 있다.

루체른을 대표하는 '카펠교'는 1300년대에 세워진 이 도시의 대표적 관광명소이다. 200미터가 넘는 목조의 긴 다리는 유럽에서 가장 오래되었다고 하며, 다리 양옆은 사시사철 꽃으로 장식되고 예쁜 지붕까지 얹어져 있다.

다리 속을 걷다보면 삼각형의 지붕들을 따라 이곳의 역사와 민속 등을 담은 많은 그림들이 있는데, 군데군데 불에 그을린 흔적을 볼 수 있다. 1993년 화재 때 다리의 대부분이 소실되었다가 복원할 때 남겨 둔 것이라고 한다.

누군가 무심코 피우다 만 담배를 버렸고, 이로 인해 700년도 넘은 다리와 300년도 더 된 소중한 그림들이 한순간에 소실되었다. 당시 다리 위에 걸린 그림은 모두 1백16점이었는데 이 중 85점이 불에 탔다고 하며, 현재 걸려 있는 65점 가운데 일부는 복원된 것이고 일부는 원본으로서 까맣게 그을린 채 그대로 걸려 있다.

루체른이 자랑하는 카펠교를 복원하는 과정에서, 화재의 상처를 잊지 않기 위해 부분적으로는 불에 탄 그림들을 그대로 보존해 둔 것은 최근 낙산사와 숭례문을 잃은 우리에게 큰 교훈이 될 것 같다.

복원 후 10여 년이 지났을 뿐이어서 이끼 낀 세월의 흔적은 느낄 수 없었지만, 문화재를 아끼는 그들의 정성이 배어있는 카펠교는 마치 수백 년 전 건축당시의 모습인 양 의연하게 그 자리에 서 있다.

로뎀나무 숯불

소돔과 고모라 성 주민들의 죄가 하늘까지 쌓여, 하느님은 그 곳을 불사르고자 했다. 아브라함이 이를 알고 하느님께 달려가 그 성 안에 착한 사람이 열 명만 있어도 용서하겠다는 약속을 간신히 받아냈다. 하지만 천사들이 소돔성 롯의 집에 갔을 때 그곳 주민들로부터 행패를 당하게 되자 당초대로 두 마을을 불사르게 되었다. 천사들은 착한 롯을 구해주고자 하여 아내와 두 딸을 데리고 산으로 도망치되 도중에 절대로 뒤돌아보지 말라고 했다.

신은 유황과 불을 퍼부어 두 마을과 그곳 주민을 모두 잿더미로 만들었다. 롯과 두 딸은 그곳을 빠져나갔으나 그의 아내는 천사의 말을 어기고 뒤돌아보았기 때문에 소금기둥이 되고 말았다.

구약 창세기의 이 이야기는 신이 인간의 방종과 불경건한 생활을 벌한 본보기로 풀이하지만, 이곳의 재앙을 '화재사례 연구' 측면에서 검토한다면 이러할 것이다.

가나안 근처의 비옥한 땅 소돔과 고모라는 현재의 사해 남쪽에 있는 만(灣)으로서 석유와 암염의 주산지이다. 지진에 의한 지층의 파괴로 대기 중에 가연성의 가스와 유황이 많이 분출되었고, 이것이 낙뢰에 의한 폭발로 화재가 발생하였다. 불길은 석유와 역청에 연소되어 그 지역에 대화재를 일으켰으며 소돔과 고모라는 그렇게 멸망하였다.

비옥한 소돔성의 안락한 생활을 잊지 못하고 뒤돌아보다 소금기둥이 된 롯의 아내라 함은 그와 같은 형상의 암염에 대한 후세 사람들의 원인론적 해석일 것이다.

'창세기'로 시작되는 구약 39책과 '요한계시록'으로 마감되는 신약 27책 등 모두 66권으로 된 성경[64]은 일언일구마다에 깊은 뜻이 담겨 있어, 고래로 뭇 사람에게 정신적 양식이 되어왔다. 성경에는 신의 존재, 인간의 본질, 신과 인간과의 관계는 물론 우주의 생성과 종말 또는 완성에 관하여서도 기록되었다. 이 성성 속에서 불은 인간의 역사와 함께 혹은 익화(益火)로, 혹은 앙화(殃火)로서 다층적 의미로 다루어진다.

성경 속의 불은 앞의 예화에서와 같은 심판의 도구로서뿐만 아니라 난방, 요리, 번제(燔祭), 군호(軍號), 고문수단 등 여러 형태로 이용되었다. 실로 방대한 성경 속에서 위의 인용은 극히 미약한 하나의 사례일 뿐이지만 인류의 역사나 문화 속에 불의 의미와 기능은 범위를 한정하는 것이 불가능하다.

표제(標題)의 '로뎀나무'는 노간주나무(또는 곱향나무: Juniper)를 말하며 그 뿌리로 만든 숯의 불은 오래 간다고 한다.

성경 '시편'에 나오는 로뎀나무 숯불은 불씨 보존이 어려운 옛날 인간생활에 있어 보배로운 것이었음에 틀림없다.

---

64 개신교 성경은 66책이고, 천주교 성경은 그 66책 외에 7책이 더 있어서 73책이다. 그 7책을 개신교에서는 합의되지 않았다는 의미로 점잖게 외경이라고 부르지만 속내는 가짜 혹은 조작된 위서(僞書)라는 뜻이다.

기우제와 기청제(祈晴祭)

　해방 전 어느 해 가뭄이 혹심했을 때의 일이다. 경상북도 영덕에서는 군수 주재로 군내 116개 마을에서 일제히 기우제를 올렸다. 크고 작은 산봉우리마다 장작과 청솔가지를 집 더미만큼 쌓아놓고 밤 10시를 기해 일제히 불을 붙인 것이다. 이렇게 기우제를 올린 지 채 한 시간도 지나지 않아 별이 총총하던 하늘에 구름이 엉키더니 빗방울이 떨어지기 시작하였다.

　높은 산 위에서 한꺼번에 많은 불을 피우는 형태의 기우제는 지상의 간절한 소원을 천신에게 상달케 한다는 민속적·주술적인 의미도 있지만, 경험에 의한 과학적 인공 강우법이기도 했다.

　기압의 변화가 적은 야간에 광역에 걸쳐 불을 사르면 차가운 대기 주변에 가열된 대기군이 형성되어 상승기류가 생기고 그에 따라 바다에서 습한 공기가 밀려와 구름이 형성되고, 생솔가지의 타고난 재가 비를 결집하는 매개체 역할을 하여 빗방울이 된다는 것이다. 물론 강우량은 적지만 목 타는 민심만은 이로써 축일 수 있었다.

　고대 히브리인들에게 있어 적당한 비는 법을 지킨 대기로 하늘이 내려준 축복이었다. 그들은 거대한 저수지가 하늘에 있는데 그곳이 바로 비의 수원(水源)이라고 생각했으며 하느님이 그 저수지를 관리한다고 믿었다. 따라서 가뭄이나 홍수는 인간이 지은 죄의 대가라고 여겼다. 그러한 연유에서인지는 몰라도, 재해의 원인은 크게 인재(人災)와 천재(天災 혹은 自然災害)로 분류한다.

보통 수해는 천재(Act of God 혹은 Natural Catastrophe)인 경우가 많지만, 화재는 대부분 인재(Accident of Human Error)이다.

지난 시대 몇 년간 중북부 지방에서 심한 물난리를 겪는 동안 사람들은 이를 천재가 아닌 인재라 말하고 싶어 하였으며, 23명의 귀한 어린 생명을 앗아간 화성의 '씨랜드 화재'(1999)는 마땅히 인재라 말하지만 실상은 그 이상의 해석, 즉 방화에 가까운 실화 또는 중실화(重失火)로 표현되어야 의의가 있을 것이다.

기술의 발달에는 거의 예외 없이 반효과(부작용)가 따르게 마련인데, 이 같은 반효과를 무시한 기술을 두고 '파행기술'이라 말한다. 안전의 영역에서 보면 재해를 고려하지 않은 모든 행위가 파행이라 할 수 있다. 그렇다면 씨랜드 참사야말로 파행의 표본이 될 것이다.

처서에 비가 오면 쌀독이 빈다고 했다. 기우제를 올리던 선인들은, 입추가 지나서도 비 오는 날이 계속되면 맑은 날씨를 기원하는 기청제(祈晴祭)를 드렸다. 기우제의 반효과에 상응하는 염원이 기청제인 셈이다. 물은 배를 띄우기도 하고 배를 가라앉게도 한다.

2. 소방의 경계를 넘어

화왕산 억새 태우기

화왕산(火旺山)에는 일 년에 세 번 불꽃이 핀다. 한번은 사람이 지핀 불꽃이고 두 번은 자연이 피워내는 불꽃이다.

자연이 피우는 불꽃의 하나는 봄의 진달래이다. 이른 봄 화왕산의 가파른 언덕은 진달래 꽃잎으로 온통 붉게 물든다. 정상으로 올라갈수록 색이 짙어져 멀리서 바라보면 산 전체에 시뻘건 불길이 훨훨 타오르는 듯하다.

다른 하나는 가을의 억새다. 이번에는 붉은 불꽃이 아니라 가녀린 하얀 불꽃이다. 잡목 하나 없는 산 정상의 넓은 평원의 억새는 마치 하얗게 변신한 불꽃과 같다. 이 두 불꽃 덕분에 화왕산은 당당히 명산으로 기억되고 있다.

진달래의 불길이 일기 전에 사람들은 또 하나의 불꽃을 피웠다. '억새 태우기' 축제다.[65] 불의 산이라 부르는 이 산은 불이 나야만 풍년이 들고 평화롭다고 하여 정월 대보름달이 뜨면 억새를 태운다.

억새 태우기는 한 마디로 장관이다. 겨우내 바짝 마른 억새는 마치

---

[65] 화왕산 억새태우기 축제는 2009년 2월 9일의 화재 사고로 인해 폐지되었다. 그 축제를 위해 동원된 공무원들의 노고에도 불구하고 산불의 관리는 너무도 어려웠고 불구경에 심취한 군중을 통제하는 것도 공무원들의 힘만으로 불가능한 것이었다.

기름을 끼얹기라도 한 듯 활활 타오른다. 순식간에 산 정상 넓은 분지를 모두 태우고 까만 재만을 남긴다. 불길이 이는 것이 아니라 화염이 춤을 춘다. 흥에 겨운 불꽃은 스스로 허리를 자르고 머리채를 흔들며 하늘로 오른다. 먼 옛날 화산이 폭발할 무렵 화왕산의 모습이 그랬을 것이다.

억새평원 화왕산 정상에는 화산이 폭발할 때 생긴 분화구가 있는데 후일 큰 못이 되어 용지라고 불렀으며 창녕 조씨 득성의 전설이 유래된 곳이기도 하다.

신라 때 한림학사 이광옥의 딸 예향이 어려서부터 신병을 앓아왔는데 화왕산 못이 영험하다 하여 그곳에서 목욕재계하고 기도한 뒤 돌아와 병도 낫고 아들까지 낳았다. 겨드랑이 밑에 '曺'자가 있어 이 사실을 왕에게 알렸더니 조씨로 성을 내렸고 그 아이가 장성하여 진평왕의 사위이자 창녕 조씨의 시조가 되었다고 한다.

창녕의 화왕산은 정선의 민둥산, 제주 한라산의 중산간 지대, 밀양 사자평고원, 포천의 명성산과 더불어 우리나라 5대 억새 명소로 알려져 있다.

민둥산의 억새는 더 많은 봄나물을 위해 한 줌 재로 변하고, 한라산 억새는 부드러운 목초를 토해내기 위해 까맣게 탄다. 사자평고원의 억새바다는 그 크기로서 국내 최대를 자랑하며, 명성산(鳴聲山) 억새밭 규모는 상대적으로 작지만 억새축제 기간에는 등산로가 꽉 막힐 만큼 인산인해를 이룬다. 혹여 인구가 많은 수도권에 위치한 덕으로 얻어진 명성(名聲)이라 한다면 섭섭한 말일까?

가녀린 하얀 불꽃, 억새의 모습 속에는 쓸쓸함이 숨어 있다. 늦가을을 보내는 듯한 손짓이 그렇고 바람에 흔들려 버석거리는 메마른 소리가 그렇다. 그래서 억새는 불태워 보내야 했나 보다. 화왕산 억새는 그렇게 모두 스러진다. 이 가을, 단풍 명산에서 부대끼기보다 억새 초원에서 흐느껴보라 했던가?

적벽낙화(赤壁落火)

중국의 후한 말 위(魏), 촉(蜀), 오(吳) 삼국의 역사가 중국의 삼국지다.[66]

우리나라에서도 많이 읽히고 있는 소설 삼국지(三國志演義)는 이의 역사적 사실에 소설의 흥미를 높이기 위한 픽션이 적당히 조합된 것이라 하며, 특히 도원의 맹세로 시작되는 유비, 관우, 장비 삼형제에 관해서는 과장이 많다.

삼국지에 등장하는 많은 인물 가운데 '위'의 조조와 '촉'의 제갈공명은 유비 삼형제와 그 주역의 자리가 바뀐 듯하다. 아무튼 이들을 당대 최고의 인물로 꼽는 사람도 많다. 세계의 전쟁사에 불멸의 이름을 남긴 적벽대전은 시대의 풍운아 조조와 와룡 제갈공명의 한판승부였다.

어유를 뿌린 건초를 가득 실은 오·촉의 연합 선단이 투항을 가장하여 접근한 뒤 풀단에 불을 질렀다. 때마침 제갈량의 예언대로 불어온 동남풍을 타고 불길이 옮겨붙어 북안에 포진한 조조의 수군은 제

---

66 삼국지연의는 황건적의 난으로부터 사마씨의 진(晉)이 천하를 통일할 때까지 약 100년 간(AD 184~280)을 배경으로 한다. 그러나 동오의 손권이 황제를 칭하며 건국(229)하기 전의 45년간은 명목상 한(後漢)의 지방 제후들이었고, 위·촉·오가 제국의 이름으로 쟁패하며 세 개의 솥발처럼 정립(鼎立, 제갈량의 표현)했던 삼국시대는 촉한이 멸망할 때(263)까지의 34년간에 불과하다.

대로 대항 한번 해보지 못하고 괴멸되었다.

지형과 일기를 이용한 화공의 교범처럼 인용되는 이 적벽전에서의 패배로 조조는 천하통일 일보 직전에서 좌절당하고 그 위업을 아들 대에 물려주어야 했다. 그때 공명의 나이 약관 28세였고 조조는 54세, 그리고 유비는 48세였다.

화순의 적벽은 팔도를 방랑하던 시인 김삿갓(金炳淵)이 그의 손때 묻은 대나무 지팡이를 안고 숨을 거둔 곳으로 유명하다. 나지막한 옹성산의 한 자락을 깎아 만든 것 같은 검붉은 바위벽 아래로, 물 맑은 적벽강이 모래를 끼고 흐르는 이곳은 김삿갓 같은 풍류객이 가히 최후를 맡길 만한 명승이었으리라.

화순적벽은 기묘사화 때 이곳에 귀양 와 있던 유학자 최산두가 소동파의 적벽부에 나오는 중국 양자강의 적벽에 버금갈 만하다고 해서 이름을 그렇게 붙였다고 전한다.

한때 이곳에서는 해마다 사월 초파일 밤이면 마을 사람들이 적벽을 타고 올라 벼랑에 몸을 붙이고 '적벽낙화' 놀이를 벌였는데, 이 놀이는 마른 풀 더미 속에다 돌을 넣어 묶은 뒤에 한 묶음씩 불을 붙여 농악 가락에 맞춰 강물에 던지는 것이다. 밤하늘의 별이 떨어지듯 불무더기들이 검푸른 강물 위에 수없이 반사되며 사라지고 또다시 이어지는 모습은 적벽의 절경을 한껏 돋보이게 했다고 한다.

소동파가 적벽부 후편을 썼던 가을밤에, 술에 취하여 적벽을 오른 기록이 있다. 달빛에 반사된 안개에 물빛이 녹아들이 천지가 물인지 안개인지 구분할 수 없을 때, 동파는 옷을 걷어붙이고 가시덤불 사이사이를 헤쳐 가며 적벽 꼭대기까지 올라 무아의 경지를 맛보았다고 한다.

본래 석가모니의 탄생을 기리는 의미로 시작되었다고 전하는 화순의 적벽낙화 놀이는 그 형태와 의미에서 1,800년 전 불꽃 튀기던 적벽 싸움과, 900여 년 전 달빛 속의 적벽부를 함께 재현한 것이 아닐까?

이민자의 등불

미국을 대표하는 도시 뉴욕의 3대 명물로서 엠파이어스테이트 빌딩, 브루클린 다리, 자유의 여신상을 꼽는다.

엠파이어스테이트 빌딩은 오랜 세월에 걸쳐 세계 최고의 건물로 각인된 초강국 미국의 자부심이지만, 1930년대 경제공황 때 실업자 구제를 위하여 건설한 것으로 전해지는 브루클린 다리는 부자나라 미국의 아픈 과거이기도 하다.

자유의 여신상은 신생국 미국 땅에서 영국을 몰아내는 데 결정적 도움을 주었던 프랑스가 미국의 독립 1백주년을 기념하여 1886년에 기증한 것인데, 이 여신상의 받침돌에는 다음과 같은 글귀가 새겨져 있다.

'자유를 갈망하는 억압받은 사람들아 피곤과 가난은 나에게 맡기고 오라. 이 풍요의 해안에 닿은 뒤의 어려움은 내게 의지하고 보금자리에 대한 걱정이나 정신적 안식 또한 내게 맡겨라. 나는 황금의 문 곁에서 등불을 높이 드노라.'

뉴욕항 입구 리버티 섬에 있는 자유의 여신상은 아메리칸 드림을 실현하려는 이민자들에게 곧 희망이었다.

마음먹기에 따라서는 전 세계를 지배할 수 있는 나라 미국이 그 큰 힘을 남용할 때 지탄의 대상이 되기도 하지만 횃불을 높이 든 자유의 여신상과, 세계 각국에서 마치 우리의 민요처럼 사랑받는 '산골짝의 등불'이 있는 나라 미국은 이렇듯 전 세계 이민자들에게 꿈과 안식을 준 나라이기도 하다.

신세계 미국에 '맡김과 의지'의 등불이 있다면 한때 몹시도 가난했던 나라 아일랜드에는 '보냄과 기다림'의 등불이 있다.

200여 년의 긴 세월을 영국의 통치하에 지냈지만 지금은 개인당 국민소득이 연간 8만 달러를 넘어서 경제적으로는 '켈트해의 호랑이'로 칭송받는 나라, 아일랜드의 대통령 집무실 창문에는 365일 등불이 매달려 있는데, 이는 질병으로 혹은 굶주림으로 인구의 1/3이 죽음을 맞이한 비운의 땅을 떠나 세계 곳곳에 흩어져 살아가는 아일랜드 이민자들을 위한 마음의 등불, 즉 '이민자의 등불'이라고 한다. '타향살이에 지친 형제들이여 고국 아일랜드는 매순간 너를 기억하고 있단다.'

아득한 산골짝 작은 집에
아련히 등잔불 흐를 때
그리운 내 아들 돌아올 날
늙으신 어머니 기도해
그 산골짝에 황혼 질 때
꿈마다 그리는 나의 집
희미한 불빛은 정답-게
외로운 내 발길 비치네.

고사에 얽힌 불 이야기를 쓰며 '산골짝의 등불'을 떠올림에, 자칫 삭막하기만 한 불의 세상에서 이렇듯 아늑하고 아련한 휴식은 사치일까?

백악관

빛나는 태양을 머리에 이고 쪽빛 바다를 내려다보면 올리브나무 언덕 아래로 길게 이어진 조용한 해변, 아름다운 '에게해'를 마주 보고 단정히 늘어선 조각 같은 해변 마을들, 올림픽 성화를 채화하는 여인의 날개옷을 닮은 하얀 나라 그리스. 그리스의 건축물은 온통 하얀색이다.

미국의 수도 워싱턴에는 현존하는 미 연방정부의 건물 가운데 가장 오래되었다는 장방형의 단아한 건물이 있다. 담백한 이미지의 하얀 집, 이곳이 미국 대통령이 생활하는 백악관이다.

백악관이 처음부터 하얀색 건물은 아니었으며, 또한 처음부터 백악관이라 불렀던 것도 아니다. 초대 대통령에 취임한 워싱턴은 1792년 대통령 관저 설계를 공모하였다. 영광의 주인공은 아일랜드계 미국인 건축가 호반이었고, 건축 당시 백악관의 이름은 '대통령의 집'이었다. 1814년 영국군이 수도 워싱턴에 진군하여 '대통령의 집'을 불태웠을 때 본래 회색 사암으로 지어진 이 집은 앙상히 건물 골조만 남게 되었고, 전쟁 후 이를 복원하면서 흰색 칠을 하였다. 그 후로도 계속해서 대통령의 집으로 불렸으나, 복원 후 80여 년이 지난 1902년에 루즈벨트(26대) 대통령에 의해 공식 명칭으로 '백악관(the White House)'이 되었다.

미국의 대통령에 당선되면 성경에 손을 얹고 취임 선서를 한 뒤 가장 먼저 안내되는 곳이 백악관 2층의 '트루먼 발코니'라고 한다.

트루먼 발코니의 기둥에는 아직도 불에 탄 흔적이 남아있는데, 이는 미국인에게는 유일하게 외세의 침공으로 국가의 권위가 불탄 역사의 상처로서, 어렵사리 이를 그대로 남겨둔 것이다.

미국의 대통령들은 한결같이 이곳에 설 때마다 '역사가 나에게 요구하는 임무의 무게를 느낀다.'고 했다 하니, 대통령의 직무에 대한 무언의 교육 자료로서 트루먼 발코니에 있는 불에 탄 흔적의 가치는 지대하다 하겠다.

클레오파트라의 정염

사람이 이루어낸 것이라고는 믿기 어려운 7가지의 인공구조물인 중국의 만리장성, 영국의 솔즈버리 스톤헨지, 이탈리아의 피사의 사탑과 콜로세움, 튀르키예의 성소피아 성당, 그리고 이집트의 피라미드와 알렉산드리아 등대. 이를 현대의 세계 7대 불가사의라고 부른다.[67]

이들 가운데, 수세기 동안 실제 사용된 실용성으로 더 큰 가치를 갖는 '알렉산드리아 등대'는 300개의 방이 딸린 완벽한 구조물로서, 끊임없이 지핀 불을 청동거울에 반사시켜 50km 밖의 선박에서도 볼 수 있게 했다는 믿기지 않는 걸작이다.

이 등대가 있는 이집트 제2의 도시 알렉산드리아에는 클레오파트라(7세)가 있었다. 이집트를 지배한 그리스 후에 프톨레마이오스 왕조의 마지막 공주로 태어나 39년의 극적인 삶을 살아온 클레오파트라의 근거지가 이곳 알렉산드리아인 것이다.

서양에서 미인의 조건은 우선 하얀 피부, 파란 눈, 금빛 머리[68]로 시작된다. 이런 점에서 본다면 클레오파트라는 통상적인 미인은 아니었

---

67 원래의 세계 7대 불가사의는 기원전 3세기 그리스인들이 알던 헬레니즘 세계의 것이어서 지금의 시각으로는 상당히 협소한 영역이었다.

68 엄밀히 말하면 이러한 조건은 일조량이 부족한 북유럽 게르만족의 조건이다.

다고 한다. 그녀의 코는 조금 길었고, 피부는 검은 편이었으며, 이집트식 단발머리는 적갈색이었다. 사람이 신을 닮지 못하도록 심술을 부린다는 '신의 손' 탓에 그녀의 얼굴은 완전한 좌우 대칭이 되지 않았다. 그래서 때로는 거울을 내동댕이치며 짜증을 낼 정도였다고 한다. 그러나 그녀는 총명하고 단호하였으며, 음악 같은 저음의 목소리에 유머 감각이 뛰어난 타고난 이야기꾼이었다. 거기에 천부적인 교태와, 목숨을 걸고 불태운 정염(情炎)의 덕으로 후세의 남자들로부터 최고의 미인으로 기억되고 있는 것인지 모른다.

클레오파트라는 평생에 두 남자를 사랑했는데, 한 사람 '카이사르'에게는 사랑을 바쳤고, 다른 한 사람 '안토니우스'에게서는 사랑을 받았다. 두 사람 모두 당대 로마 영역을 지배한 최고의 권력자였다.

패권자 카이사르와의 전략적인 사랑으로 그녀는 이집트 여왕의 자리를 보장받았고, 로마를 끌어들여 세계를 지배하겠다는 야망을 키워갔다. 이를 위해 자신의 모든 매력을 동원하였으며, 카이사르는 그녀의 요구를 대체로 수용하였다. 속절없는 그들의 사랑이 뜨거웠던 것은 각각 21세와 52세의 일이다.

카이사르의 착각을 거울삼아, 클레오파트라는 후일 안토니우스를 사로잡는 데 성공하였다. 그러나 뛰어난 남자는 여자 뜻대로 되지 않고, 뜻대로 되는 남자는 여자의 성에 차지 않는 법이다. 편안했던 남자 안토니우스는 끝내 그녀의 소망을 이루어주지 못했다.

이집트와 아이들을 구한다는 명목으로 그녀는, 다시 6살 연하의 새로운 패자 '옥타비아누스'에게 마지막 유혹의 손길을 내밀었으나 결과는 참담한 것이었다. 저 유명한 클레오파트라의 매력도 40세를 앞둔

나이 앞에서는 빛을 잃고 만 것이리라.

절세미인은 아니면서도, 남들이 그리 여기게 하는 능력이 뛰어났던 매혹적인 여제 클레오파트라가 떠난 뒤에도, 알렉산드리아 등대는 면면히 자신을 불태웠고, 지진으로 그 기능을 다할 때까지 1,300여 년간 캄캄한 뱃길을 지켜주었다.

때로는 짧게 때로는 길게, 역사는 사람 사는 세상이 무엇인가를 가르쳐 준다.

화씨 451

영국 영화는 프랑스 영화보다 더 재미있다.

객관적 데이터를 근거로 하는 말은 아니다. 불어보다는 영어를 더 많이 공부한 대다수의 우리나라 사람들이 군이 이 말에 반대하지 않을 것이라는 막연한 기대를 업고 해 본 말이다. 사실, 이해가 쉽지 않은 프랑스의 소위 예술영화들에 비하여 영국 영화는 일단 재미있게 볼 수 있다는 세간의 평이 많다. 현재 제작 중이라고 하는 22번째 007 시리즈[69]만으로도 그 대답이 될 수 있을 것으로 생각된다.

수년 전 개봉되었던 '화씨 451'이라는 영화가 있다. 미국의 SF 작가 브래드버리의 소설을 영국에서 제작한 것이다.[70]

텔레비전이 만능으로 통하는 미래의 어느 나라에서는 모든 정보나 지식이 모두 텔레비전에 의해 전달된다. 인간이 '사상'이나 '고민'이라는 바람직하지 않은 것을 갖게 되는 것은 모두 책을 읽기 때문이라 규정

---

[69] 2008년도의 일이며 2021년 현재 제25편(No time to die)이 나왔다.

[70] 원작은 1953년 작이며 과학소설계의 노벨상으로 불리는 휴고상 수상작이다. 영화는 1966년도 판과 2018년도 판이 있다. 이 글은 1966년도 판 영화에 대한 것이며 2018년도 판에는 과학기술의 발전을 반영하여 인간인 아내 대신에 AI 비서가 역할을 한다. 영화에서는 국가의 검열이 주제이지만 원작자는 인터뷰에서 TV로 인한 문화의 파괴를 주제로 삼았다고 하였다. 우리나라 최초 TV 방송(1956)보다 3년 먼저 나온 책이다. 과학소설가들의 예지력은 참으로 놀랍다.

하고 정부는 책의 소유를 절대 금한다.

이 영화의 원제이기도 한 '방화대(The Firemen)'는 불을 끄는 대신 세상의 모든 책을 찾아내어 태워버리는 소각대원이며, 영화제목인 화씨 451은 다름 아닌 종이에 불이 붙는 온도이다.

유능한 소각대원 '몬태그'는 우연히 17세의 여인 '클라리스'를 알게 되는데, 텔레비전대로만 움직이는 아내 '린다'에게서 느껴왔던 공허함과 비교하여 클라리스로부터는 생동감과 지적인 매력을 느꼈다. 그녀는 남몰래 금단의 책을 읽고 있었기 때문이었다. 그 영향으로 몬태그도 책을 읽게 되고 그는 책이 주는 생동감에 깊이 빠져들게 된다.

아내는 몬태그를 고발하고, 그를 잡으러 출동한 소방대장을 화염방사기로 태워 죽인 몬태그는 경찰에 쫓기는 몸이 된다. 하지만 텔레비전 인간들의 획일적인 허점을 이용하여 탈출한 몬태그는, 책만을 읽고 사는 산속 오지마을에 안주하게 된다. 영화 '화씨 451'의 줄거리이다.

작가 브래드버리의 깊은 관심사 가운데 하나였던 분서(焚書)는 역사 속에서 다양한 형태로 나타나 있다.

진시황제의 지독한 사상탄압으로 설명되는 그 유명한 분서갱유, '그 책 속에 기록된 것들이 〈코란〉의 내용과 일치한다면 그들은 소용이 없는 책이요, 코란과 일치하지 않는다면 그것은 독이 될 뿐이다. 따라서 그 책들을 모두 불태워 없애라.'는 종교적 분서, 명의 화타를 죽이고 그의 의서를 불태운 조조가 아들의 중병을 당한 뒤 땅을 쳤던 때늦은 후회, 알렉산드리아를 징복한 아랍인들이 그들이 즐기는 목욕물을 데우기 위해 고서 70만 권을 태운 이야기 등등.

텔레비전만 보고 자라는 소위 영상세대와 책을 찾아 읽는 활자병행

세대와는 개성이나 논리의 전개 등에서 많은 차이가 있다고 한다.

이 가을, 나만의 매력을 키워줄 좋은 책 한 권을 대하고 싶다.

휘게 라이프

행복한 나라 덴마크

세계행복보고서, OECD생활만족도조사 등에 따르면 세계에서 가장 행복한 나라로 거의 매년 덴마크가 선정되고 있다. 여러 조사에서 덴마크가 늘 상위를 차지하는 가장 큰 이유는 안정적인 사회복지 덕분일 것이다. 북유럽 특유의 복지모델은 덴마크 인들이 행복할 수 있는 기본 요소다.

흔히 복지란 행복의 완벽한 요소가 아니라 국민들이 극도의 불행에 빠지는 일을 방지해줄 가장 효과적인 방법 정도로 이야기한다. 그래서 덴마크가 세계에서 가장 행복한 나라라는 말보다는 세계에서 가장 덜 불행한 나라라는 말이 더 알맞다고 말한다. 진정한 의미의 행복이란 견딜 만한 삶을 사는 것, 즉 덜 불행하게 사는 것을 뜻한다. 현실적으로 행복이란 덜 불행하게 사는 법이라 말할 수 있겠다.

휘게(Hygee)라는 단어는 웰빙을 뜻하는 노르웨이 말에서 비롯된 것으로서, 덴마크에서는 '삶의 난순한 즐거움을 누리는 모든 것'으로 통한다.

안전한 느낌, 세상으로부터 보호받는 느낌, 그래서 긴장을 풀어도 될 것 같은 그런 느낌. 가령, 촛불 곁에서 마시는 핫 초콜릿 한 잔 같은 것…. 덴마크 사람들은 아늑한 분위기에 목숨을 건다.

코펜하겐 대화재

분위기 깨는 사람을 덴마크에서는 '촛불을 끄는 사람'이라 부른다. 촛불은 덴마크 사람들에게 일상이나 다름없다.

덴마크 사람들이 양초만큼이나 좋아하는 것이 벽난로이다. 벽난로나 장작난로가 설치된 집이 약 30%나 된다고 한다. 벽난로가 많은 영국의 경우 그 설치율이 3.5%인 것과 비교하면 대단한 보급률이다. 이들은 왜 그토록 불타는 장작에 집착할까? 벽난로의 이미지가 '휘겔리하다'는 의미도 있지만 그보다 더 실용적인 의미가 있다.

덴마크의 계절은 두 개의 겨울로 이뤄져 있는데, 하나는 그나마 초록빛 나뭇잎을 볼 수 있는 겨울이고, 다른 하나는 그마저도 볼 수 없는 회색빛 겨울이라는 말이다. 이러한 기후에서 덴마크 사람들은 장작을 많이 사용한다.

덴마크 사람들이 양초와 장작 같은 점화원 또는 가연물들을 애용한다는 점을 고려하면 수도 코펜하겐[71]이 몇 차례 대화재를 겪었다는 사실은 별로 놀랍지 않은 일이다. 코펜하겐에서는 19세기에 무려 5번이나 큰 화재가 있었는데, 1차 코펜하겐 대화재의 원인은 촛불이었고, 3일간 도시의 25%를 태웠다고 한다.

---

[71] Copenhagen은 영어 이름이고, 덴마크어로는 Köbenhavn(쾨벤하운)이다.

판의 공포

    깊은 숲속을 지날 때 사람들은 두려움 같은 것을 느낀다. 호랑이와 같은 맹수나 산적 떼가 출몰한다기보다는 산신령이라도 나타날 것 같은 신비스런 분위기로서의 어둠과 적막은 사람의 마음으로 하여금 어떤 미신적인 공포를 느끼게 한다. 이렇듯 아무런 명백한 원인이 없는 두려움을 '판의 공포'라고 한다.

    희랍신화의 목신(牧神) '판(Pan)'은 상반신은 사람이요 하반신은 염소인 반인반수(半人半獸)로서, 삼림과 들의 신이기도 하고 양 떼나 양치기의 신이기도 하다. 작은 동굴에 살면서 산이나 계곡을 방황하며 수렵을 하거나 님페들의 무용을 지도하기도 한다. 판이 낮잠을 즐길 때 누군가의 방해를 받으면 성을 내며 헛소문 하나를 인간세계에 내보내는데, 군중은 이로 인하여 공포에 떨게 되고 심한 경우 다수의 난동으로 변하게 된다.

    '패닉(Panic)'은 판의 공포에서 연유한 말로서, '돌발적인 극도의 스트레스 상황의 시초에 가장 일어나기 쉬운 인간 행동' 또는 '생명이나 생활에 위해를 가져올 것으로 상정되는 위험을 회피하기 위해서 일어나는 집단적 도주 현상'으로 풀이한다. 패닉은 형태에 따라 도주패닉, 획득패닉, 정보패닉으로 분류하며, 요약하면 표 1과 같다.

[표 1] 패닉의 분류

도주패닉	지진, 화재 등 위기적 상황에 직면한 개인이나 군중이 그 위기상황에서 벗어나려고 하여 일어나는 혼란
획득패닉	어떤 물품을 구하기 위하여 쇄도한 군중이 일으킨 혼란
정보패닉	각종 정보가 전달과정을 통하여 변형되어 개인 및 군중에 정신적으로 강한 불안을 초래하는 등의 혼란

위 분류에서 특히 화재와 관련이 깊은 '도주패닉'의 발생조건은 군중 심리학에서 ①공통의 공포·고통·불안 ②갑작스런 쇼크 ③연대성의 결여 ④리더의 부재 ⑤경쟁적 사태 등에서 기인하는 것으로 지적하고 있는데, '피난설계 조건'에 위 5가지 항의 전부 또는 일부를 대입하면 효과적일 것이다.

도주패닉의 특징은, 공포감이 커진 상태에서 군중의 개개인이 어느 정도 탈출이 가능하다고 생각할 때 심한 혼란으로 이어지지만, 반대로 쉽게 탈출할 수 있거나 전혀 탈출이 불가능한 경우에는 이런 혼란이 발생하지 않는다.

표 2에서와 같이 도주패닉의 현상을 화재 측면에서 살펴보면, 일반 장소의 화재에서 위기를 당했을 때는 이성에 의한 판단이 어느 정도 가능하지만(35%), 디스코클럽 등 굉음에 가까운 음악과 현란한 조명의 고조된 화재현장에서는 냉정한 탈출 자체가 거의 불가능한 것을 알 수 있다.

[표 2] 도주패닉의 현상

구분	냉정형	저돌 맹진형	우왕좌왕형
일반장소의 화재에서 위기를 당했을 때	35%	40%	25%
디스코클럽 등 흥분된 장소의 화재에서 위기를 당했을 때	0%	70%	30%

분서갱유(焚書坑儒)

중국 최초의 황제, 독재자 진시황(秦始皇)을 기억나게 하는 역사적 사실 가운데 하나가 분서갱유(焚書坑儒)다. 〈사기(史記)〉에 기록된 분서의 경위는 다음과 같다.

진시황 34년(기원전 213년)에 함양궁에서 주연이 열렸다. 그 자리에서 군현제도를 찬양하는 학예장관 주청신과 봉건제도의 부활을 주장하는 순우월이 시황 앞에서 날카로운 대립각을 세웠다. 시황은 이 문제를 신하들에게 토의하도록 했으며, 진시황 독재 실현의 주역을 맡았던 이사는 토의 과정을 교묘히 이용하여 서슬 퍼런 결론을 내렸다.

"선비들의 그 같은 태도는 임금의 권위를 떨어뜨리고 당파를 조장하는 결과를 가져오게 되므로 이를 일체 금해야 한다"고 전제한 다음, 구체적 시행방안을 제시했다.

"사관(史官)이 맡고 있는 진나라의 기록 이외의 것은 모두 태워 없앤다. 박사(博士)가 직무상 취급하고 있는 것 이외에 감히 시서(詩書)나 백가어(百家語)들을 가지고 있는 사람이 있으면 모두 고을 수령들에게 바치게 해서 태워 없앤다. 감히 시서를 말하는 사람이 있으면 모두 저자에 끌어내다 죽인다. 옛날 것을 가지고 지금 것을 비난하는 사람은 일족을 다 처형한다. 관리로서 이를 알고도 검거하지 않은 사람도 같은 죄로 다스린다. 금령이 내린 30일 이내에 태워 없애지 않은 사람은 이마에 먹물을 넣고 징역형에 처한다. 예외적으로 태워 없애지 않아도 되는 것은 의약, 점술, 농사에 관한 책들이다. 만일 법령을 배우고자 할 때에는 관리에게 배워야 한다."

시황은 이사의 이 안을 채택하여 실시하게 했다. 이것이 분서의 내력이다. 이듬해 시황은 그의 시책에 반대하는 460여 명의 학사를 함양에 생매장하였는데 이것이 갱유이다.

'분서갱유' 외에도 불(火)을 바탕으로 하여 유래된 성어(成語)는 많다.

앙급지어(殃及池魚): 아무런 죄도 없는 연못의 고기들에게까지 재앙이 미친다는 뜻으로서, 이유 없이 화를 당하거나 뜻밖에 화재를 당하게 되는 경우 비유적으로 쓰인다.

초미지급(焦眉之急): 눈썹이 타게 될 만큼 위급한 상태라는 뜻으로, 그대로 방치할 수 없는 매우 다급한 일이나 경우를 비유한 말이다.

포락지형(抱烙之刑): 기름을 칠한 구리기둥을 숯불 위에 놓고 죄인으로 하여금 건너가게 하여 미끄러져 떨어지면 숯불에 타 죽게 되는 형벌로서, 잔인하고 가혹한 형벌의 대명사처럼 쓰인다.

요원지화(燎原之火): 요원의 불길, 즉 무섭게 번저가는 들판의 불을 말하는 것으로서 어떤 일이 무서운 기세로 확대되어 가고 있는 형세를 가리킨다. 또 세력이 대단하여 막을 수 없는 경우를 비유할 때도 쓰인다.

빙탄불상용(氷炭不相容): 얼음과 불은 성질이 정반대여서 서로 용납하지 못한다. 즉, 성질이 서로 상반되어 도저히 화합할 수 없음을 뜻하는 말이다.

살라만드라

살라만드라(Salamander)는 실존하는 동물로서 화사(火蛇)라고도 하고 불도마뱀이라고도 부른다. 또 불을 먹는 요술사(Fire-eater)라는 별명도 있다. 우선 살라만드라를 이해하기 위하여 다음의 표 3을 보사.

[표 3] 방화(防火)의 상징 살라만드라

구분	상징적 의미	사실적 의미
존재	불도마뱀	한국 등지에서 발견되는 도롱뇽의 일종
생태	아리스토텔레스 등 고대 철학자들은 살라만드라가 불에 견딜 수 있을 뿐만 아니라 불을 끌 수도 있다고 하였으며 불꽃을 보면 마치 정복할 방법을 잘 알고 있는 것처럼 불꽃을 향하여 돌진하였다고 함	속이 빈 통나무 등에서 동면하다가 장작과 더불어 불속에 들어가면 신체의 기공(氣孔)으로부터 우유와 같은 액을 다량 분비하여 잠이 깨어 탈출할 때까지 자기의 몸을 불로부터 방어한다
용도	살라만드라의 가죽을 방화용 작물로 이용하였다고 하며, 석면직물의 기원으로 풀이함	전설의 불도마뱀과 이름이 같은 도롱뇽의 껍질을 방화용 직물로 사용
어원	불속에서 산다는 전설상의 동물 (불도마뱀) ※ Salamander를 어원으로 하는 Salamandrine은 '내화(耐火)'의 뜻이 있음	

살라만드라는 전설상의 불사조(不死鳥) 등과는 달리 지구상에 존재
하면서도 불과 더불어 전설 같은 이야기가 얽힌 흥미 있는 동물이다.

16세기 이탈리아의 조각가 첼리니 경이 다섯 살 무렵의 일이었다.
벽난로에서 참나무 장작불이 기분 좋게 타고 있을 때 그의 부친은 불
속에 있는 동물을 보게 한 후 갑자기 아들의 따귀를 때렸다.

울기 시작한 그를 달래며 부친은 다음과 같이 설명하였다. "내가 너
를 때린 것은 잘못한 일이 있어서가 아니다. 저 불 속의 조그만 동물
이 살라만드라라는 것을 오래도록 기억시키기 위해서이다. 이 동물은
내가 아는 한 지금까지 사람의 눈에 띈 일이 없었다."

임어당은 소동파(蘇東坡)의 사상을 불(火)로 상징하여 말하고 싶다고
하였다. 소동파의 성품이나 생애 그 자체가 마치 타오르는 불꽃과 같
아서 가는 곳마다 용기와 생명력을 넣어 주었고, 동시에 어떤 것들을
파괴하였기 때문이다. 불로 상징되던 동파가 노년에 귀양지인 담주에
서 동생에게 쓴 편지의 일부를 보자.

'이곳의 기후는 습기 차다. 늦여름과 초가을 사이쯤에는 모든
물건들이 다 썩어버린다. 사람이 돌이나 쇠로 만들어지지 않은 이
상 이런 날씨를 어떻게 오래도록 견딜 수 있겠는가? 그런데도 나
는 이곳에서 80, 90세 된 노인은 말할 것도 없고 100세가 넘는 노
인들도 많이 보았다. 이를 보니 장수의 비결은 환경에 잘 적응하
는 데 있는 것 같다는 생각이 든다. 불도마뱀은 불 속에서도 살
수 있고, 누에의 알들은 얼음 속에서도 살아남는 것처럼…'

대원군이 경복궁을 중건할 때 잇따른 화재가 발생하자 풍수도참설을 빌려 이를 무마하려고 동원한 동물이 '해태'였고 미국방화협회(NFPA)가 1951년 소방의 심벌(symbol)로 지정한 것이 '스파크견(sparky)'이다. 우리나라 원산의 살라만드라(불도마뱀)를 화재예방의 상징으로 정하면 어떨까.

선망방화(羨望放火)

일본사람, 특히 교토(京都) 지방의 사람들은 금각사(金閣寺)를 이 세상에서 가장 아름다운 건축물이라 생각해 왔다. 넓은 연못가에 지어진 3층 누각으로서 1398년에 준공되었는데, 외관을 금으로 장식하였기 때문에 금각이라 불렀다. 금각이 석양의 햇빛을 받아 황금빛으로 반사될 때의 아름다움은 이 세상의 어떤 건축물보다 아름답다고 한다. 금각은 본래 명문가의 별장으로 세워진 것이었으나 후에 선찰의 불당이 되어 금각사라 부르게 되었다.

1951년 7월 2일 보슬비가 내리는 새벽, 550여 년 동안 일본인들이 그렇게 아끼던 금각사는 어처구니없게도 어린 수도승의 방화(放火)로 형체도 없이 불타 없어지고 말았다.

당시의 사고 조사에 의하면 말더듬이인 데다가 못생긴 얼굴로 열등감을 갖고 있던 이 절의 한 수도승이 제 또래의 민간인들이 여자와 함께 절 구경을 오는 모습을 보고 심한 부러움을 느낀 나머지 불을 지르게 된 것으로 알려졌다.

방화를 범죄로 생각하지 않고 자신의 쾌락으로 삼는 이상 행동자를 가리켜 방화광(放火狂, Pyromania)이라고 말한다. 방화광은 대개 알코올 중독자이거나 주벽이 심한 사람 또는 성적인 장애가 있는 사람, 대인관계가 원만하지 못한 사람, 권위에 대한 적개심을 가지고 있는 사람 등이며, 이 가운데 특히 성적인 열등의식을 가지고 있는 사람이 많은 것이 특징이다. 이들은 타는 불길을 자신의 남성으로 생각하여 쾌감을 느끼거나 또는 불길에서 나는 소리를 여체의 뼈마디 소리로 인식하여 희열을 느낀다는 설도 있다. 이 증상이 나타나는 연령은 청소년층이 많으며 여자보다 남자 쪽에서 많은 것으로 나타나고 있다.

과학철학자로 알려진 바슐라르는 〈불의 정신분석〉에서 방화를 섹스의 연소(燃燒)라고 했다. 톨스토이의 소설 〈크로이체르 소나타〉에서는 질투에 불타올라 아내를 죽인 주인공이 격정을 가눌 수 없을 때마다 종이 나부랭이에 불을 지르는 것으로 그리고 있다.

한편, 낙태가 어려웠던 옛 사회에서 불의의 관계로 아이를 배게 되었을 때 이를 귀태(도깨비불과 교접하여 임신함)로 위장하기 위하여 자기 집에 연속하여 불을 지르는 일이 많았다고 전해지며, 민속적으로 이를 구제하여 주었다 함은 수절이 강요되었던 그 시절의 아이러니라 할 수 있겠다.

1991년 한 해 동안 국내에서 발생된 1,312건의 방화사건의 원인으로서 가정불화가 216건, 싸움 157건, 비관이 83건 등의 순서로 집계되었는데, 이러한 방화원인의 이면에는 각종 선망이 바닥에 깔려있음을 쉽게 짐작할 수 있다.

예전에는 살인, 강도, 강간, 방화를 4대 강력사선이라 하였으나 요즈음에는 방화가 제외되고 그 대신 폭력과 절도가 추가되어 그것을 5대 강력사건으로 부르고 있다. 이는 방화범죄에 대한 대응이 약화된 것이라고도 할 수 있겠지만 한편으로는 화재보험산업의 활성화에 따른 자연스런 변화로 보는 시각도 있다.

방화부적(防火符籍)

음양오행설은 고대 중국에서 생겨난 자연철학 가운데 하나이지만, 컴퓨터 시대의 요즘 사람들은 이를 흔히 미신의 근원쯤으로 생각한다.

음양오행(陰陽五行)은 음양과 오행의 합성어로서, 음양의 음은 본래 산 북쪽의 그늘을, 양은 산 남쪽의 양지를 가리키는 것이었는데, 그런 연유로 세상사의 명과 암, 소극과 적극, 마이너스와 플러스 등의 대비를 나타내기도 한다.[72] 오행이란 우주 만물을 형성하는 5종의 원소인 火·水·木·金·土를 말하며, 그 생성의 변화에 따라 생과 극, 즉 상생설(相生說)과 상극설(相剋說)로 구분하여 쓴다. 한방 의약이 곧 이 생극의 이치를 기본으로 한 것으로서, 목은 금에게 제압되고, 금은 화에게, 화는 수에게, 수는 토에게 그리고 토는 다시 목에게 제압되는 상극, 또는 그 반대인 상생의 원리를 인체의 각 부위에 적용한 것이다.

이와 같이 음양과 오행은 별도의 개념이지만, 대개 이 둘을 합하여 사물의 원리를 설명하는 데 쓰여 왔다. 음양오행설과 직접적인 관계는 없으나 현대인에게 거의 같은 이미지로 받아들여지고 있는 민속 가운데 부적을 들 수 있다. 부적(符籍)이란 무속 신앙에서 악귀와 잡신을

---

[72] 천문에서 음양은 달과 해, 오행은 수금화목토의 다섯 행성에 대응한다.

쫓고 재앙을 물리치기 위하여 사용되는 것으로서, 글씨 모양의 특이한 그림을 종이에 그려 몸에 지니거나 집에 붙이는 것인데, 불교 또는 도교 등의 주류 신앙에까지 파고들었다.

부적에는 대개 붉은색이 사용되는데 이는 암흑, 공포, 병귀를 물리치는 광명의 상징인 불이 붉은색이기 때문이라고 한다. 부적을 지니는 목적이 보통은 현세의 행복과 불로장생을 기원하는 것이지만 구체적인 기능으로서는 화재예방을 위한 것도 있다. 이를 '화재예방부(火災豫防符)'라고 하며, 일반 부적과 달리 검은색을 사용한다. 즉, 물 수(水)자를 검은 글씨로 써서 불을 사용하는 장소에 거꾸로 붙이는 것인데, 이는 서경에 '양(陽)인 불은 위를 태우고 음(陰)인 물은 아래를 적신다'는 데에서 연유한 것으로 보고 있다.

국보 남대문의 현판 숭례문(崇禮門)은 그 글이 세로로 쓰여 있는 것이 특징이다. 숭(崇)자를 예서로 쓰면 불꽃이 타오르는 형상이요, 예(禮)는 오행설로 따져 불(火)에 해당하므로 불이 잘 타오르게 하기 위하여 세로로 써 붙였다고 한다. 왜냐하면 서울 풍수에서 관악산은 화산(火山)이기에 그 불로부터 서울을 보호하기 위하여, 불은 불로 막는다—소위 맞불을 놓는다—는 뜻으로 관악산이 보이는 숭례문 현판을 그렇게 세웠다는 것이다. 보물인 동대문의 현판은 흥인지문(興仁之門) 넉 자를 가로 두 줄로 썼다. 숭례문에서 지(之)자가 생략된 것은 세로쓰기에 4자가 너무 많아 균형을 이루지 못한다는 것 외에, 양(火)에 강하다는 음(水)의 극수가 3인 까닭이라고 한다.

개화기 때 한옥의 문기둥이나 처마 밑에, 개구리를 말려 걸어둔 것을 본 외국인이 한국 사람도 개구리를 먹는다고 기록하였는데 그것은 오해였다. 개구리를 먹는다는 게 틀린 말은 아니지만 본래의 뜻과는 차이가 있다. 물에서 사는 개구리를 집안에 걸어두면 불이 나지 않는다는 방화부적(防火符籍)으로서의 개구리를 잘못 이해한 것이다.

대형 재해가 꼬리를 무는 요즈음, 앞만 보고 달리는 현대인에게 부적 대신에 안전의식을 철저히 탑재하도록 주의를 환기해야 할 것이다.

항주의 자위소방대

하늘에는 천당, 땅에는 항주(杭州).

중국 대륙의 중남부 절강성의 성도 항주는 중국에서도 가장 아름다운 도시로 알려져 있으며, 또한 가장 여성적인 도시로 유명하다. 볼 것 많은 나라 중국에서도 10대 명승지로 꼽히는 서호가 있고, 월나라 최고의 미인 서시의 혼이 살아있으며, 역사 속에서 많은 문인묵객들이 사상한 곳이 바로 항주다. 특히, 이곳은 그의 사상이 흔히 불(火)로 비유되는 동파 소식(蘇軾)이, 관리로서 혹은 자연인으로서 오랜 세월동안 즐겨 시를 읊었던 곳이기도 하다.

문명과 파괴, 은혜와 재앙…, 이렇듯 불(火)이란 선과 악의 '두 얼굴을 가진 신'이라고 믿었던 고대사회에서부터 방화관리 조직이 있었다. B.C 300년경 고대 로마에서는 민간단체인 'Familia Publica'라는 일종의 자위소방대가 조직되었으며, 이들이 야간의 방화순찰과 화재 시 진압활동을 담당하였다.

중국에서도 이와 유사한 소방활동이 있었는데, 기록에 나타난 중국 최초의 소방조직은 13세기경 항수의 자위소방대(自衛消防隊)다. 마르코 폴로의 동방견문록에 따르면 당시 항주에는 소방활동을 수행하기 위한 민간조직이 있었고, 이들을 소방대 또는 화재감시대라고 불렀다.

이 소방대의 당시 대원은 무려 1,000~2,000명 정도로서, 주로 경계활동과 화재진압 활동을 하였으며, 한 지역에 10명 단위로 순찰대를 편성하여 5명씩 주·야간 교대근무를 하였다고 전해진다.

정신문화와 물질문명이 근대에서 초현대까지 걸쳐 있는 중국, 고대 인류문명의 발상지가 있고 그들이 세상의 중심이라고 믿는 중국, 눈만 크게 뜨면 자연스레 세상 제일의 것이 지천인 나라 중국. 이 나라에서 자랑하는 친하의 절경 항주를 어렵사리 찾았을 때, 의당 700여 년 전, 한 나라 수도의 소방을 담당했을 그 시절의 자위소방대 흔적을 찾아보고자 욕심을 내어보았으나 한마디로 난감한 일이었다.

'인생에서 뜻대로 안 되는 일이 열에 여덟아홉이야' 하는 그 지방의 속담이 귓전을 스칠 뿐…

미스터리 파이어

특별히 전문성을 부여하지 않는다면 번개, 벼락, 그리고 낙뢰는 같은 말로 이해하여도 좋다.

번개를 일으키는 것은 보통 소나기구름이라고 부르는 적란운이다. 구름 속의 작은 물방울 입자가 기류에 의해 파열하면 물방울은 플러스(+)로, 주위의 공기는 마이너스(-)로 대전하는데 구름 주위에 마이너스 전하가 많이 쌓이면 구름과 구름 사이, 또는 구름과 지면 사이에서 방전하여 번개가 발생한다. 번개의 전압은 최고 10억 볼트 정도이고, 번개가 한 번 떨어질 때의 전기에너지는 대략 100와트 전구 10만 개를 1시간 켜 논 정도의 크기라고 하니, 낙뢰를 안전하게 처리하는 피뢰침이 발견되기 전에는 번개 치는 날의 세상은 온통 공포의 도가니였을 것이다.

작은 번개라고 부르는 '정전기'는 예로부터 불가사의한 일 가운데 하나로서, 고분자 물질이 다양하게 사용되는 요즈음에 와서는 산업과 일상생활의 여러 분야에서 연구와 관심이 더욱 커지고 있다. 화학섬유로 된 옷을 벗을 때 '찌득찌득' 하는 소리와 함께 일어나는 불꽃방전은 겨울철 우리 주변에서 흔히 볼 수 있는 정전기 현상 가운데 하나다.

고대 그리스의 자연철학자 탈레스가 호박(琥珀)을 문지를 때 먼지를 흡착하는 현상을 보고 시작된 의문은 16세기 말 영국 엘리자베스 여왕의 시의였던 길버트에게로 이어졌다. 길버트는 여러 실험을 통하여 정전기가 주로 마찰에 의하여 발생하는 것을 알아내고 이를 마찰전기라고 불렀다. 또 호박 외에 유황·유리·수정 등에서도 같은 현상이 일어나는 것을 알고 이 형태를 호박화(electrify, 電化)한다고 하였으며, 이 말이 전기(electricity)의 어원이 되었다.

정전기란 고체의 마찰 또는 액체의 유동 등에 의해 물질에 전하가 축적되는 현상(帶電), 또는 대전된 전하가 주위 물질에 전이되는 현상(放電) 등을 말하는 것으로서, 반도체 소자에 손상을 입히거나 인쇄 품질을 저하시킬 수도 있고 가연성 분위기에서 화재 폭발을 일으키는 점화원이 되기도 한다. 정전기는 전압은 높으나 그 에너지가 작기 때문에 인체에 치명적이지는 않지만 불안전한 위치 등에서는 순간적인 자극으로 심각한 2차 재해를 가져올 수도 있다.

정전기의 발생을 억제·감소시키는 방법으로서 가습, 접지와 본딩, 제전(除電)제 또는 제전기의 사용 등이 있다. 건조한 날 자동차 문을 열 때 정전기에 의한 충격을 줄이기 위하여 감각이 둔한 엄지손가락 바닥으로 가볍게 접촉한 뒤에 손잡이를 잡는 것도 한 방법이요 요즘 셀프주유소 주유기에 꼭 붙어있는 정전기 방지 패드는 중요한 제전장치다.

1970년 겨울, 캐나다 국방부는 '폭발물 주변에서는 외투를 벗지 말라'는 명령을 각 군에 시달했다. 군인들이 누터운 외투를 벗을 때 발생하는 최고 1만6천 볼트 이상의 순간전압이 원인이 되어 폭발사고가 자주 일어났기 때문이다. 미국에서는 정전기 불꽃으로 일어나는 화재를 '미스터리 파이어(Mystery Fire)'라고 부른다. 화재의 원인이 모호하거나, 그 원인이 정전기로 추정되었다 해도 화재 발생에 어느 정도 영향을 미치는지 정확히 규명되지 않았기 때문에 붙여진 이름일 것이다.

정전기가 발견되고 천년이 세 번 바뀌었어도 이의 정확한 실체는 아직 '미스터리'에서 크게 벗어나지 못하고 있다.

백 드래프트(Back Draft)[73]

미국 유니버설 영화사가 제작한 '백 드래프트(Back draft)'는 불(火災)을 주제로 한 영화 가운데 최고의 것으로 평가받고 있으며, 우리나라에서는 '분노의 역류'라는 제목으로 의역(意譯)되어 상영된 바 있다.

순직 소방관의 두 아들 또한 소방관이 되었는데, 형인 '스티븐'은 사명감 없는 동생이 마땅치 않고 동생 '브라이언'은 독불장군인 형을 싫어해서 사사건건 부딪친다.

이 무렵 시카고에서, 백 드래프트라는 흔치 않은 화재폭발 현상으로 3명이 차례로 죽는 사건이 발생한다. 화재조사관이 수사에 착수하고, 형에 대한 열등감을 견디지 못한 브라이언은 소방서를 나와 이 조사관의 조수로 일하게 된다.

조사 과정에서, 사고가 아니라 살인을 목적으로 한 방화라는 사실을 알고 시의원인 '스와이잭'을 용의자로 지목하지만, 범인이 그마저 죽이려다 미수에 그친 사건이 발생하자 사건은 미궁에 빠진다. 전문 방

---

73 백 드래프드는 열과 연료가 충분한데도 불구하고 산소 부족으로 연소가 억제되었던 상황에서 산소가 갑자기 추가 공급될 때 발생하는 폭발적 연소현상이다. 흔히, 소방대가 소화활동을 위하여 화재실의 문을 개방할 때 신선한 공기(산소)가 유입되어 실내에 축적된 가연성가스가 단시간에 폭발적으로 연소함으로써 폭풍을 동반한 화염이 실외로 분출(역류)하는 형태로 나타난다. 영화에서 베테랑 소방관 에드콕스는 이 현상을 방화 살인에 응용하였다.

화범으로부터 힌트를 얻은 브라이언은 형의 오랜 친구이자 동료인 소방관 '에드콕스'가 범인이라는 걸 알게 된다.

그러나 화학공장에 대화재가 발생하는 바람에 사고 현장에 함께 출동하게 된 이들은, 돈을 벌기 위해 소방인력을 감축하려는 부정한 음모를 꾸며 결국 소방관의 생명을 위협한 시의원과 그의 동업자들을 살려둘 수 없었다는 에드콕스의 고백을 듣고 갈등한다. 그 순간 건물이 무너지고, 불 속에 떨어진 에드콕스를 구하려다 스티븐도 같이 위험에 처한다. 에드콕스는 숨지고 스티븐은 동생에게 에드콕스가 범인임을 밝히지 말라는 유언을 남긴 채 세상을 떠난다. 화재조사관과 브라이언은 시의원 스와이잭의 모든 비리를 밝혀내고, 브라이언은 다시 소방대에 복귀하는 것이 영화의 줄거리이다.

이 영화의 클라이맥스는 화학공장 화재 현장에서 사투하는 시카고 제17소방대 소속 두 형제 대원의 활약이라 할 수 있는데, 촬영 세트장의 직접 체험도 스릴 만점이다.

로스앤젤레스의 명물로 자리 잡은 유니버설 스튜디오에서는 이 영화사가 제작한 킹콩, 죠스, 주라기공원 등 명작 영화의 세트를 직접 체험할 수 있다.

1992년에 개장된 백 드래프트관은 위 이야기를 주제로 하여 대화재의 공포를 체험하는 세트로서 3개의 스테이지로 나누어져 있다. 이곳의 하이라이트 또한 영화에서의 화학공장 화재장면인데, 실제상황을 방불케 하는 불길을 정신없이 바라보다가 갑자기 천장과 바닥이 내려앉아 역시 실제상황처럼 놀라기도 한다.

유니버설 스튜디오는 고도의 상업성을 바탕으로 세워진 놀이공원의 하나일 뿐이지만, 이 시설의 일부인 백 드래프트 체험관에는 흥미진진한 즐거움과 함께 무서운 불의 세계, 그리고 참으로 알기 어려운 인간 세계에 대한 반면교사(反面教師)가 있다.

선운사 동백나무

얼마 전 화재로 소실된 향일암이며 내장사 대웅전을 생각한다면 목조 건축물의 대표 격이라 할 사찰의 방화(防火)에 관하여 좀 더 많은 관심이 필요할 것 같다.

목재에서는 세월이 지날수록 수분이 빠져나간다. 목조건물 일색인 사찰은 산불 앞에서 화약고나 다름없다. 그래서 유서 깊은 절들은 산불에 대비하는 전통도 남다르다. 수분이 많아 쉽게 타지 않는 수종으로 '내화수림대(耐火樹林帶)'를 조성하는 한편, 불이 쉽게 옮겨붙지 않도록 한 공간, 즉 '방화대(防火帶)'를 만들어 두었다.

고창 선운사에는 500년 이상 자란 동백나무가 숲을 이루고 있다. 하얀 눈 속에서도 빨간 꽃봉오리를 볼 수 있어 잘 알려진 선운사 동백나무는 원로 시인의 시로써, 이름 날리던 가수의 대중가요로써 더욱 유명세를 타게 된 것 같다.

대웅전 뒤로 울창하게 조성된 동백나무는 실은 관상용이 아니라 산불이 절집으로 번지는 것을 막기 위한 내화림(耐火林)으로서 이미 조선시대에 가꾸어진 것이다.

동백나무 숲은 대낮에도 컴컴할 정도로 수관이 빽빽하고 잎이 두툼하여 불에 강하기 때문에 산과 사찰의 경계에 띠 모양으로 심어줌으로써 화마가 사찰에 미치는 것을 방어할 수 있다.

선운사는 또 대웅전에서 동백나무 숲까지 15m 이상 공간을 띄워 산불이 동백 숲에 옮겨붙는다 해도 절 마당까지는 쉽게 침범하지 못하도록 하고 있다.

일반적으로 활엽수보다는 침엽수가 송진 때문에 발열량이 커서 산불에 취약하다. 소나무는 불이 났을 때 가장 잘 타는 나무 가운데 하나이며, 삼나무나 편백나무도 그다음으로 불에 타기 쉽다. 낙산사가 그처럼 빠른 시간 안에 소실된 것도 절을 둘러싼 소나무가 가장 큰 원인이었다.

상록활엽수인 동백나무는 잎이 두껍고 수분함유율이 높아 사철 산불의 진행을 최대한 더디게 하는 효과가 있으며, 단풍나무는 수피에 다량의 수분을 함유하고 있어 방화기능이 뛰어나다.

화두목으로 부르는 은행나무도 불에 강한 편이며, 이 밖에 고로쇠나무, 음나무 등도 불에 잘 견디는 수종으로 알려져 있다.

낙산사 화재 이후 새삼 조명된 내화수림대는 산불이 났을 때 불길이 경내로 들어오지 못하도록 하기도 하지만, 거꾸로 사찰에 불이 났을 경우 이 불길이 숲으로 쉬이 옮겨붙지 못하도록 하는 기능도 한다.

내화수림대와 더불어 화재방호에 큰 역할을 하는 '방화대'는 잔디 외에 아무것도 심지 않은 공간을 말하며, 낙산사 화재 이후 조계종이 권장한 방화대의 폭은 50m이다. 방화대 바깥에 있는 가장 큰 나무의 높이를 25m로 보고, 이 나무가 불에 타서 쓰러졌을 때 안전을 담보할 수 있는 거리를 나무 높이의 2배로 잡은 값이다.

에디슨 연구실 화재

1914년 12월. 에디슨의 연구실에서 화재가 발생하여 완전히 불타고 말았다. 화재로 인한 물적 재산 손실만 해도 당시 화폐로 2백만 달러가 넘었는데, 건물 화재에 한하여 가입된 보험금액은 23만 8천 달러에 불과하였다. 연구실도, 실험기구도, 연구 자료도 모두 소실되어 이제 에디슨의 연구도 끝이라 생각되는 상황이었다.

추운 겨울밤, 그가 이룬 평생의 업적들이 화염 속에서 잿더미로 변하고 있는 동안, 에디슨의 스물네 살 난 아들 찰스는 불길이 치솟는 화염 속에서 미친 듯이 아버지를 찾았다. 마침내 아들이 아버지를 발견했는데, 뜻밖에도 에디슨은 조용히 서서 그 불타는 장면을 지켜보고 있었다. 얼굴은 깊은 생각에 잠겨 있었고, 그의 흰 머리는 바람에 날리고 있었다.

다음 날 아침 에디슨은 타고 남은 잔해를 둘러보며, 아버지가 걱정되어 가슴 아파하는 아들에게 말했다. "재난 속에는 큰 가치가 있다. 그동안 우리가 겪었던 온갖 시행착오가 모두 불에 타 버렸기에 이제 우리는 다시 새롭게 시작할 수 있다." 에디슨의 나이 67세의 일이다. 화재가 나고 3주일 뒤, 에디슨은 자신의 첫 번째 축음기를 발명하는 데 성공하였다.

자신의 삶이 전쟁, 범죄, 혁명, 사고, 질병, 기타 심각한 사회적·경제적 격변에 의해 방해받지 않고 늘 하던 경로대로 지속될 것이라는 한 개인의 기대가 실현되는 것을 '안전'이라고 말한다. 안전(security)이라는 말은 '걱정 없는'이라는 의미의 라틴어에서 비롯되었다.

반대로 '위기'는 위험(Risk)을 제대로 관리하지 않음으로써 재난이 되는 경우를 말한다. 우리의 생활에서 발생하는 수많은 위험을 안전한 상황으로 바꾸는 것이 위기관리다. 위기(crisis)의 그리스어 어원은 '결정적 순간, 운명의 갈림길, 분기점'을 의미한다.

에디슨이 아들에게 '재난의 가치'를 이야기하였지만, 사실 재난이 가치 있다는 뜻은 결코 아니었다. 재난이라는 위기의 현실을 극복하고자 하는 다짐, 그래서 무엇보다 안전이 소중하다는 말이었을 것이다. 발명왕 에디슨이 연구를 계속하느냐 포기하느냐 하는 갈림길에서, 그는 반대편에 있는 안전을 그리며 위기를 극복하였던 것이다. 에디슨의 마음속에는, 눈에 보이는 모습보다 훨씬 커다란 나, 다른 사람들은 상상도 할 수 없는 깊이와 넓이를 지닌 진정한 내가 있다는 믿음이 있었다. 그 믿음이 최악의 화재에서 에디슨을 회생시켜 더욱 성장하게 하였던 것이다. 내 안의 진정한 나를 깨닫게 한 기회가 바로 위기상황이었다.

세월호 참사 이후 한 여론조사에 따르면 정부의 정책이 성장보다 안전에 더 초점을 맞춰야 한다는 응답이 70%에 달했다. 그러나 같은 조사에서 응답사의 70%는 안선을 위한 증세에 반대한다고 답했다. 안전환경이 개선되기를 바라지만, 그 비용을 내가 부담하고 싶지는 않다는 뜻으로 해석된다. 충분한 재원조달 없이 안전시스템을 마련하고 운영하는 것은 불가능하다. '무상 안전'은 어디에도 없다.

에디슨은 추운 겨울밤 그의 연구실이 불에 타고 있는 동안 자신의 얼어붙은 몸을 녹이며 스페인 속담을 몸소 실천(?)하였다. 그는 이렇게 말한다. "나는 실패한 게 아니다. 잘 되지 않는 방법 1만 가지를 발견한 것이다." 에디슨은 그날 밤 화재의 보상으로, 편리한 전기의 큰 걱정 거리였던 과부하·단락(합선) 사고로부터 안전을 담보하는 '퓨즈' 등 수많은 안전 기구를 발명하였다.

촛불의 미학

한 모금의 연기도 없이 / 그을음도 하나 남기지 않고

필요 이상 축내지 않으며 / 잡히면 꺼질 줄 알고

돌보지 않아도 제 살 태우며 / 깊지도 얕지도 않은 우물 만들어

바람도 없는 창가에서도 / 그림자 따라 울며 한없이 흔들리는

너는 호숫가에 비치는 노란 그믐달 같구나

하여 너는 나방 죽여 시를 만들고 / 어둠을 살라 빛을 만드는

종교와 더불어 생사를 넘어 살고

늘 젖어 있기에 방 한가득 밝히고도 남을 사랑

뜨거운 분수 겸손한 모래시계

악한의 두 손을 시인의 가슴으로 보듬고

야속함을 그리움으로 애무하는

차가운 새벽은 너로 인해 부드럽다

어렴풋한 추억과 아련한 환상을 넘나드는

아름다운 부사여 짝사랑의 주어여.

촛불을 사랑한 시인 이가림이 번역한 〈촛불의 미학〉은 프랑스의 철학자 가슈통 바슐라르가 쓴 책이다. 시인은 이 책을 우리말로 번역하

고, 원저자에게 같은 제목의 헌시(獻詩)를 남기고 떠났다.

바슐라르는 철학자답게 '촛불의 미학에 접근하였다.

같은 불이면서도 본질적으로 다른 것이 촛불이다. 촛불은 처음부터 저 혼자서 타며 스스로 연료를 마련하기 때문에 다 닳아 없어질 때까지 고독하게 똑같은 불꽃으로 탄다.

촛불의 불꽃은 조용하며 미묘한 생의 한 전형이다. 아마도 사색하는 철학자의 명상 속에 이질적인 생각이 교차될 때처럼 약간의 바람으로도 그것을 흔들어 놓을 수 있는 것이다.

촛불의 불꽃은 혼의 정밀성을 재는 예민한 압력계, 섬세한 조용함, 생의 세부에 이르기까지 내려가는 조용함의 척도가 될 수 있다. 촛불의 불꽃은 수직성에 대한 모든 몽상을 준비한다. 불꽃은 꿋꿋하고 약한 수직이다. 한 번의 입김이 불꽃을 흐트러지게 하지만 그것은 다시 곧바로 선다. 일종의 상승력이 그의 마력을 회복시키는 것이다.

촛불이라는 단어만큼 다양한 뜻을 가진 말도 드물다. 촛불에는 세상의 이치가 숨어 있다. 오묘한 과학의 세계마저 하나의 촛불로 설명된다. 초가 타들어가는 모습에서 인간은 자신들의 살아가는 모습과 이치를 느끼기 때문에 촛불에 더욱 정감을 가지는지도 모르겠다. 촛불에는 그래서 인간의 역사가 스며 있으며, 철학과 과학이 있다. 지금에는 단순히 어둠을 밝히는 조명기구로서가 아니라 낭만과 분위기를 위한 소품으로 주로 사용되고 있지만 촛불의 사회적·역사적 의미는 크다.

나비·나방의 유충을 뜻하는 촉(蜀)이라는 한자에 불(火)이 합쳐져 초나 촛불을 뜻하는 촉(燭)이라는 글자가 생겼다. 촉은 벌레가 갉아

먹듯이 하면서 불을 밝힌다는 뜻이다. 남을 위해 자신을 태우는 사회적 인간의 모습이다. 동서고금을 통해 수행자들은 촛불을 가까이한다. 그래서 촉관법(촛불명상)도 생겼다.

촛불은 그렇게 다양한 모습으로 우리 주위에 존재한다. 문학에서 과학에서 종교에서, 그리고 화재공학에서…

촛불 연소공학

물질이 타기 위해서는 세 가지 조건이 필요하다. 탈 수 있는 물질이어야 하고 탈 수 있는 온도 이상이 되어야 하며 충분한 산소를 공급받아야 한다. 이 가운데 어느 한 가지라도 없거나 모자라면 불이 꺼지게 된다.

불꽃을 입으로 후우 부는 경우 숯불과 촛불은 전혀 다른 형태의 반응을 한다. 숯불은 후 불면 빨갛게 타오르지만 촛불은 대개 쉽게 꺼지고 만다. 왜 그럴까.

그 까닭은 타는 물질에 따라 연소의 세 가지 조건이 다르게 충족되기 때문이다. 즉 물질에 따라 얼마나 맹렬히 연소하는가, 얼마나 많은 산소를 얼마나 급하게 필요로 하는가가 서로 다른 것이다. 숯은 단단한 탄소 덩어리여서 공기가 침투하기 어려워 연소할 때 일시에 충분한 산소가 공급되지 않는다. 따라서 움직임이 없는 공기 중에서 탈 때보다 숨을 후우 불어주거나 바람을 일으켜 공기의 흐름을 만들어 줄 때에 산소를 더 많이 얻게 되어 그만큼 더 잘 타게 된다.

반면 촛불은 숯불처럼 많은 공기를 소요하지 않는다. 촛불은 휘발된 소량의 유증기가 타는 것이어서 숯에 비해 상대적으로 연소가 완만하여 강한 바람이 불면 산소를 많이 얻는 효과보다 연소할 수 있는 물질이 바람에 날아가 버려 연소에 부정적 효과가 더 크다. 즉 촛불은 녹은 양초 증기가 후우 부는 순간 날아가 버리기 때문에 불이 꺼지는 것이다. 이처럼 촛불과 숯불은 똑같은 연소 작용을 일으키면서도 바람에 대해 각기 다른 반응을 보인다.

확산화염

확산화염이란 농도 차이에 의하여 연료가스와 산소가 반응대(reaction zone)로 이동하는 화염을 말한다. 잉크 한 방울을 물 컵에 떨어뜨리면 물속으로 확산하여 푸른 물이 되는 것과 같은 원리로, 연소에 의하여 화염대에서 산소와 연료가 소모되면 농도가 높은 공기 중의 산소는 화염 쪽으로 이동하고, 반대로 연료는 화염대의 안쪽에서 화염대로 이동한다. 연소 생성물은 화염대에서 위로 확산한다.

자연적으로 발생하는 대부분의 불꽃화재는 확산화염이다. 확산화염의 대표적인 예가 성냥불과 촛불이다. 양초의 경우 화염에 의하여 파라핀 왁스가 용해되고 모세관 현상에 의하여 심지로 이동한다. 화염이 이 왁스를 증발시켜 기화한 연료는 화염으로 확산하여 산소와 만나게 된다. 또한 목재로 된 성냥은 화염에서 발생되는 열에 의하여 가스와 숯(char)으로 분해된다. 이러한 과정을 열분해라고 한다. 촛불은 전형적으로 얌전하게 확산하는 층류확산화염(laminar diffusion flame)이다.

난류확산화염은 조금 더 복잡하다. 높이가 1피트 이상인 화염은 자연적으로 예측할 수 없는 유체역학적인 비정상 특성으로 소용돌이 (eddy)가 나타난다. 이러한 특성을 가지는 확산화염을 난류확산화염이라고 한다. 큰불이나 큰 굴뚝에서 나오는 연기가 이러한 특성을 가지고 있다. 주위에 유동이 없는 조건에서도 담배에서 나오는 연기가 30cm 정도 상승하면 연기는 흩어진다.

촛불화염

촛불은 자연연소와 확산화염의 필수적 특성을 대부분 갖기 때문에 화재를 공부하기 위한 훌륭한 도구가 된다. 촛불화염의 실험은 19세기 영국의 과학자 패러데이가 처음 시도하였다. 이 실험은 과학 쇼 가운데 하나로서 어린이들에게도 이해될 수 있는 쉬운 내용인데, 그 내용이 책으로 편찬되어 오늘날까지 애용되고 있다. 여기에서 패러데이는 화재를 알고자 하는 사람들에게 촛불화염에 함축된 연소 과학을 쉽고도 심도 있게 설명하였으며, 또한 "자연철학을 연구하기 위하여 양초의 물리적 현상을 고찰하는 것보다 더 좋은 방법은 없다"라고 말한 바 있다.

패러데이의 촛불실험

'패러데이의 법칙(전자기 유도법칙)'으로 잘 알려진 패러데이가 촛불실험을 하고 나서 '양초 한 자루의 화학적 역사'라는 제목으로 강연을 했다. 한 자루의 초가 타는 과정에서 화학 원리를 끌어내어 설명하며, 산소, 수소, 이산화탄소, 물이 생성되고 소멸되는 과정을 통해 알 수 있는 여러 가지 자연적, 물리적, 화학적 과학 반응들을 대화하듯이 알기 쉽게 풀어냈다.

예컨대, 촛불은 눈으로 보면 다 똑같은 촛불이지만 실제로는 그 온도의 차이가 천차만별이라는 것을 설명하였다. 예상과 반대로 겉불꽃이 1,400℃로 가장 온도가 높고 불꽃심이 400~900℃로 가장 낮다고 말한다. 보통은 온도가 높을수록 밝기가 밝고 낮을수록 어둡지만 촛불의 경우에는 적용되지 않는 사실을 설명하였다. 속불꽃이 가장 밝게 보이는 이유는 미처 연소되지 못한 탄소 알갱이가 가열되어 빛을 내고 있기 때문이며, 온도가 가장 높은 겉불꽃은 기체의 연소에 필요한 산소 공급이 원활히 이루어지기 때문이라고 했다. 우리나라에서는 〈촛불 속의 과학 이야기〉라는 제목으로 출간되었다.

패러데이의 생각을 확장하여 정리하면 다음과 같다. 물질이 탈 때 그 성분 중에 탄화수소 분자를 구성하는 탄소가 많아질수록 미처 타지 못하고 남아도는 탄소원자가 많아진다. 이렇게 남아도는 탄소가 가열되어 밝게 빛난다. 그래서 탄소원자가 하나뿐인 메탄은 불꽃이 거의 보이지 않고 탄소가 많은 파라핀류는 불꽃이 밝으면서 검댕이 많이 생긴다. 밝은 불꽃에 검댕이 더 많다는 것은 일반적 관념과 다르다. 그러다 검댕이 너무 많아 불꽃을 가리면 불꽃은 어두워진다. 검댕이 주변 물체에 묻은 것이 그을음이다.

패러데이

빈민의 자식이었던 패러데이는 정규교육을 받지 못하고 13살 때부터 제본소에서 일을 했는데, 학문적 호기심이 많았던 그는 제본을 맡긴 책들을 읽으며 독학으로 지식을 쌓아나갔다. 그렇게 열심히 공부하는 그를 눈여겨본 제본소 주인은 당시 왕립학회[74] 최고 인기 강사였던 험프리 데이비의 화학강연 티켓을 얻어줬는데, 데이비의 강연을 듣고 감동한 패러데이는 꾸준한 접촉으로 결국 데이비의 실험실 조수가 되어 위대한 과학자로 성장하게 되었다. 데이비는 죽기 전에 자기의 가장 위대한 발견은 과학자 패러데이를 발견한 것이라는 말을 남겼다고 한다.

---

[74] 런던왕립학회는 찰스 2세의 후원으로 1660년 설립된 세계에서 가장 오래된 과학학회로 뉴턴, 다윈, 아인슈타인, 스티븐 호킹 등 위대한 과학자들을 배출한 근현대과학의 요람이며, 현재까지 80여 명의 노벨상 수상자를 배출하였다.

책을 마치며

⋮

주역은 8괘를 겹쳐 64괘를 만들고 거기에 세상의 작동원리 64가지를 대응시켜 인생을 예측하는 점서(占書)다. 1괘 하늘과 2괘 땅으로 출발하여 63괘 기제(旣濟)와 64괘 미제(未濟)로 끝난다.

63괘, 불 위에 물이 있는 모양(수화, 水火) 기제(旣濟)의 문자적 의미는 완결, 즉 다 끝났다는 것이다. 물이 불을 덮어 끄는 것이기도 하고 불이 물을 끓일 위치에 자리 잡은 것이기도 한, 정위치로 안정되었거나 정리된 상황이다. 세상사에 대한 주역의 설명을 마무리하는 것이다.

마지막 64괘, 불이 물 위로 올라간 모양(화수, 火水) 미제(未濟)는 아무것도 정리되지 않은 미개척 상황을 나타낸다. 우주의 한 사이클이 끝나고 새로운 출발점의 혼돈상황을 뜻하는 것이다.

지난 수십 년의 실무적 여정에서 학문적으로도 정리된 것처럼 보이지만 체계가 없어 산만한 소방학의 입문서를 화문학이라는 이름으로 출발점에 세우려 한다. 다시 한 사이클, 기제(旣濟)를 향하여 한 걸음을 뗀다. 시작은 미약하지만 언젠가 빛나는 결과를 이룰 것을 믿는다.

김진수 · 이종인 · 김동일